なぜ環境保全はうまくいかないのか

現場から考える「順応的ガバナンス」の可能性

宮内泰介●編

新泉社

なぜ環境保全はうまくいかないのか——現場から考える「順応的ガバナンス」の可能性

目次

第4章 地域環境保全をめぐる「複数の利益」

青森県岩木川下流部ヨシ原の荒廃と保全

第5章 「望ましい景観」の決定と保全の主体をめぐって

重複する「保護地域」としての青森県種差海岸

III 地域社会の順応性と強靱さ《レジリアンス》

第6章 自然順応的な村の資源保全と「伝統」の位相

福島県檜枝岐村のサンショウウオ漁と人びとの暮らし

IV 順応的ガバナンスに向けて
―相互作用のダイナミズムと持続可能性

終章

「ズレ」と「ずらし」の順応的ガバナンスへ
地域に根ざした環境保全のために

ブックデザイン……藤田美咲
カバー写真(表)……二宮咲子・宮内泰介・寺林暁良
カバー写真(裏)……菊地直樹・寺林暁良・宮内泰介・高崎優子
本扉写真……関 礼子
三一七頁写真……菊地直樹
＊特記のない写真は、各章の執筆者撮影

なぜ環境保全はうまくいかないのか

現場から考える「順応的ガバナンス」の可能性

序章

なぜ環境保全はうまくいかないのか

順応的ガバナンスの可能性

●宮内泰介

1 うまくいかない「正しい」環境保全政策

私たちがこの本で議論したいのは、環境保全にかかわるガバナンスのあり方である。環境保全を誰がどのように行っていったらよいのか、そのしくみのあり方を考えるのがこの本の主題だ。

今、「自然を守る」ことが大事だと私たちの多くは考えている。そしてその自然の守り方についても、単に木を植えたり、あるいは、単にある希少種を保護したりするだけでは駄目だということを知るようになった。自然は「生態系」というシステムとして成り立っているので、その全体を守るということが大事なのだということも学んだし、「生物多様性」という概念が鍵になることも知るようになった。

さらにもう少し進んで、環境保全や自然資源管理が、単に科学的な管理にとどまるものでなく、市民参加や合意形成など、社会的な側面に目を向けなければならないということも学んだ。とすれば、「環境についての正しい理解のうえに、みんなが参画して活動し、環境を守る」、それが環境保全を進める社会的なしくみについての「正解」であるかのようにも思える。

しかし、そういう「正解」のもとに設計された多くの環境保全の政策が、なぜか、現実にはうまくいっていない。湖沼の自然再生のために設置された合意形成の場が住民によって無視され、あげくの果てに住民から批判されたり（第1章）、獣害に強い地域づくりを政策として進めようとしても、獣害で困っているはずの住民の参加を得られなかったり（第2章）、といった事例は少なくない。むしろそういう事例の方が多いくらいだ。

科学的知見にもとづき、社会的に正しいと思われる市民参加[1]、合意形成といった手法を使っても、なぜかうまくいかない環境保全。いったい何が問題なのだろうか。私たちはここでもう一歩先を考える必要がある。「正しいやり方をしているのに住民がついてこれない」、「予算が足りなくて十分な啓蒙活動ができないから」という言い訳に逃げ込むのではなく、もう少し本質的な次の一歩を考えたい。

2 科学の「問い」と社会の「問い」のズレ

なぜ「正しい」環境保全政策がうまくいかないのか。その「正しさ」を、①科学的な知見という

「正しさ」と、②市民参加、合意形成といった社会的な手法の「正しさ」とに分けて考えてみよう。

まず、科学的な知見の「正しさ」について。そこで考えなければならないのは科学の不確実性という問題だ。

環境保全の政策を展開するには、科学的なデータや科学の知見にもとづいて行わなければならないとされる。科学的な根拠のない環境保全はだめだと言われる。しかし、科学がすべてに答えてくると考えるのも幻想だ。

そもそも自然科学が得意にしてきたのは、ある一定条件のもとで観察されるデータをもとに、その条件下で最も蓋然性の高い仮説を抽出することだった。条件を絞ることで逆に「一般性」を確保しようとすることだ。これは、「どこでも通用する真実」を追求する姿勢であるが、あくまで「一定の条件下ならばどこでも通用する真実」である。しかし、現実には、どこでも条件は大きく違う。現実はたいへん複雑で、それを全部ひっくるめて考えることは科学的手法ではほとんど無理である。また、複雑な事象を相手にする以上、それを定量的に扱おうとする科学は、統計学の手法を用いて、「この統計的手法を使うと確率論的にこういうことが言える」という記述のしかたになる。決定的な結論が得られるのではなく、「いま持っているデータではだいたいこういうことが確率論的に言えそうだ」という話になる。

相手が複雑で、しかも科学は確率論的な記述しかできないから、正しい把握ができているかどうかわからない。しかし、何もしないわけにはいかない。そこで、わかる範囲でがんばって調べて、その結果、こんな方法でやればよいのではないかというプランが立てられ、実施に移される。

しかし、それでよかったかどうか常に検証が必要なので、それをちゃんと行う。結果がよさそうならばそのままで、そうでなければ軌道修正しながら進めていく。

この考え方は「順応的管理《アダプティブ・マネジメント》（adaptive management）」といわれ、すでに世界中で自然資源管理の主流になりつつある。

しかし、科学的なデータにもとづいて順応的管理を行えばうまくいくのかというと、そうでもない（第1章）。というのも、環境保全における科学の役割において問題なのは、「不確実性」だけではないからだ。科学の「答」と社会の「答」とのズレ、という問題が残っている。たとえ科学が「答」を出したとしても、それが社会にとっての答でないことが多い、ということだ。

このズレには二つのズレがある。一つは、科学の「問い」と社会の「問い」のズレである。たとえば、科学は「aとa'の違いは何か」という問いを問題にしている一方で、社会は「aとa'ではどちらが危険なのか」を知りたいと考えている。社会は科学者に「aとa'はどちらが危険なのか」と聞くが、科学者は「それはこういう条件ではこう、こういう条件ではこう、つまりaとa'の違いはこう」と答える。社会はいらだつ。「それでどっちが危険なの?」——最後に科学者は「それは科学者が決めることではない」と言う。

科学と社会では、そもそも「問い」にズレがある。「問い」のズレがあるから、もう一つのズレ、科学が生産する知識と受けとめる社会の側のズレが生じることになる。科学が「こういう条件のもとで考えると、危険率五パーセント以下で（九五パーセント以上の蓋然性で）Aが起きることが考えられる。しかし研究が進むと違う結論もありうる」としたものを、社会は「科学的に言うとAは起きる」として受け取る。そして往々にしてそれにもとづいた政策が作られてしまう。

結局のところ、社会が求める答を科学が出すことはできない。社会が決めるしかないのである。

3 市民参加や合意形成の難しさ

とすれば、社会の側でどう決めるか、社会としてどう答を出すのか、という問題が次に来る。

先に述べたように、これについても「正しい」答が一応用意されている。住民・行政・専門家などステークホルダー(利害関係者)が共同で決めていく、というのがそれだ。その自然に、あるいはその環境問題に関係するステークホルダーが集まって話し合い、社会的な答を出そう、ということである。事実、今日の環境保全政策のなかでは、「市民参加」「合意形成」などがどこでも謳われるようになってきている。

しかしながら、それらが現場でかならずしもうまくいっているとはかぎらない。いや、むしろうまくいっていない方が多いと言えるかもしれない。

なぜだろうか——。

第一に、誰がステークホルダーなのか、誰が参加すべきなのか、という問題がある。とにかく関係者すべてに参加してもらうのがよいのか。もし、すべてに参加してもらったとして、その環境に深くかかわっている人も、少しだけ関係している「関係者」も、同じ土俵で同じくらいの発言力を持つべきだろうか。いや、それには差をつけるべきだ、ということになると、では、どういう差をつけるべきなのか。あるいは、参加には制限を設けるべきなのか。はたまた、「深くかかわっている人」の発言回数を増やせばよい、という話なのか。

第二に、市民参加の難しさである。「市民参加」はすでに日本でも一定程度の蓄積をもっていて、さまざまな政策のなかに取り入れられている。そのこと自体は歓迎すべきだが、広がりをもてばもつだけ、問題も生じている。多くの現場では、「市民参加」や「協働」は「上からの協働」「市民参加の強制」になりやすい。たとえば、何か環境保全にかかわるプロジェクトがあるとして、それをまず始めようとするのは行政であることが多い。あるいは、行政がお金を出して「市民」にやってもらおうとすることも多くなってきた。あくまでイニシアティブは行政にあり、行政のイニシアティブのもとで「市民」に「自主的参加」を促す、という矛盾した構図が、日本における「市民参加」の悪いパターンとしてなかば定着してしまった。もちろん行政主導でなく、研究者や市民グループ主導のプロジェクトも多くあるが、その場合も、主導する人たちが他の住民たちに「参加」を促し、それがうまくいかない、という事例は多い。

第三に、合意形成の難しさである。いろいろな価値観、いろいろな思いが存在する以上、意見の一致を見るということはほんとうに難しい。合意を形成しなければ、とまじめに考え、「熟議」を繰り返すが、なかなか合意に至らず、そのうち、みな疲れてしまって、当初の目的が何だったのかよくわからなくなる事態さえ生じている。合意形成の試みは、悪くすると、逆にコンフリクト（衝突や対立）を顕在化させてしまうことさえある。そもそも「合意」とは何だろうか、という難しい（しかし現場では重要な）問題も横たわっている。

そうした問題の解決のために、参加型合意形成の技法はいろいろに研究されている。たとえば、無作為抽出された市民による討議(プラーヌンクスツェレ)によって何かを決定するというやり方、あるいは、やはり無作為に選ばれた市民が、十分な情報提供を受けてじっくりと議論し、そのうえで投票して民意を測る討論型世論調査(deliberative poll)というやり方などが現在試みられている。[2]これらは、全体的な政策を決めるときには、たしかにおもしろい手法である。しかし、利害関係者が複雑にからんだローカルな問題を解決するには少し力不足だと言わざるをえない。

第四に、「市民参加」や「合意形成」を銘打つと、かえってしくみが硬直化しやすいことがある。「市民参加でやらなければ」、「合意形成の場を作らなければ」とまじめに考えると、そういうしくみを作ることから考えることになる。行政やコンサルタントが得意な分野である。枠組みを作って、最初はうまくいっているように見えたが、次第に問題を抱えるようになることが多い。このとき行政が不得手なのは、作ったしくみを壊すことである。あるしくみで最初はうまくいって、そこに予算をつぎ込んでいくと、それがうまく機能しなくなったときにしくみを変えていくことが難しくなる。また、実際の市民参加の場からおもしろい動きが新しく出てきても、最初に作ったしくみが邪魔して、その動きをうまく生かすことができないこともよくある。

「市民参加」や「合意形成」は以上のような課題をいつも抱えていて、なかなかうまくいかない。そうすると、行政やプロジェクト・リーダーたちの間では、「一般市民の関心はまだまだ低い」、「より多くの市民・住民の啓発が必要」、「なんとかもっと参加してもらわなければ」という言葉が吐かれることになる。しかし、そうしたありきたりの言い方に逃げ込んでしまうと、ことの本質が見えなくなる。

4 順応的ガバナンスへ

どうすればよいのだろうか――。

一つの方向としてよく考えられるのは、誰もが認めうるスタンダードな指標や方向性を出そうとすることである。議論の土台を作らずにただ集まって合意形成と言っても混乱するばかりなので、みんなが納得できる指標を作ってから集まろう、というやり方である。このあたりは自然科学や経済学が得意であり、たとえば、アナン前国連事務総長のイニシアティブで行われた「国連ミレニアム生態系評価」(二〇〇一～二〇〇五年)は、多くの科学者を動員し、世界の生態系がこの五〇年でどう変化したか、またそれによって生態系が社会にもたらす種々の恵み(「生態系サービス」)がどう変化したかを定量的に示した[Millennium Ecosystem Assessment 2005＝2007]。さらに、経済学者を中心に国際的に取り組まれた「生態系と生物多様性の経済学(TEEB：The Economics of Ecosystems and Biodiversity)」という研究プロジェクト(二〇〇八年に中間報告書、二〇一〇年に最終報告書が出された)では、現在進んでいる生態系の喪失がどのくらいの経済的損失をもたらしているかを定量化して見せた[TEEB 2010]。

もっとも、こうした定量化の試みは、やっている方もそれが精緻な科学的なものだとは思っていない節がある。TEEBの報告書自身も、「経済学的な評価は、生物多様性を管理していくための一つのツールとして見るべきであり、行動を起こすための前提条件と見るべきではない」と書いている［TEEB 2010:10］。多分に合意形成のためにデータ提示をしようとしている側面が強いと考えた方がよい。

こうした定量的な評価は、全体的な方向性を考えるための素材としては、たしかに悪くない。私たちは全体としてどこに立っているのか、全体の方向としてどうすべきか、を考えるには大いに役に立つ。しかし一方、私たちがこの本で議論するような個別具体的な現場での問題には、直接役に立たないことが多い（もともとそれを目指した指標ではない）。マクロなデータにもとづく推論を重ねた議論は、現場で具体的にどういう選択肢がふさわしいかといったミクロな問いにはなかなか答えてくれない。

再び、ではどうすればよいか——。

問題は現場にあるが、ヒントも現場にある、と私たちは考える。「正しい」政策からこぼれ落ちるもの、一見うまくいっていない事例、そうしたものを拾い上げていくと、そこに解決のための大きなヒントがあるのではないか。

実のところ現場では、なんだかよくわからないが、とにかくうまくいっている、ということがよくある。現場のダイナミズムのなかで、とくに何か問題として現出するわけでなく、なんとなくうまくいっている、ということが起きている。一〇〇パーセントの出来ではないが、おおよそうまく進んでいる、ということがある。そこに学ぶことができるのではないか。

次章以降の各章は、そうした現場からの報告であり、考察であり、提言である。少し結論を先取りすることになるが、そうした現場の試行錯誤から学んだとき、環境保全のガバナンスについては、次の三つのポイントが重要であることが見えてくる。

第一に、試行錯誤とダイナミズムを保証すること。

何か「うまくいくモデル」を考えようとすること自体に無理がある。モデルを考えること自体は悪くないし、他事例に学んでしくみを作ること自体も悪くない。しかし、それを硬直的に考えると、おかしくなってしまう(第1章)。むしろ、単一のしくみに任せないで、複層的なしくみに身を任せることが大事になってくる。さらに、そうした試行錯誤を認めることができるように、あいまいな領域を確保しておくことが必要で、そうすることによって硬直化を回避し、しくみを動かし続けることができる。新しいアクターが登場したときに取り込むのではなく、好きにやらせて、全体として動きが持続するなら、それに任せる。任せるような度量や柔軟性を含んだしくみにしておく。そのように試行錯誤やダイナミズムを保証しておくことがまず大事だろう。

第二に、多元的な価値を大事にし、複数のゴールを考えること。

環境保全とは本来、幅広い価値を含んだものである。自然を保護したいという思いから、田舎の風景を残したい、農業・林業を守りたい、あるいはエコツアーを成功させたいなどといった幅広いものを含んでいる。実のところ、幅広い「環境保全」は、お互いに矛盾する内容も含んでいる。まずはそのことを認めよう。そして、ゴールを単一にせず、価値の対立ではなく、価値の併存へもっていく。

たとえばある現場では、「生物多様性の保全」という大目標のもと、「ここをこういうふうに自

図0−1　順応的ガバナンスの3つのポイント

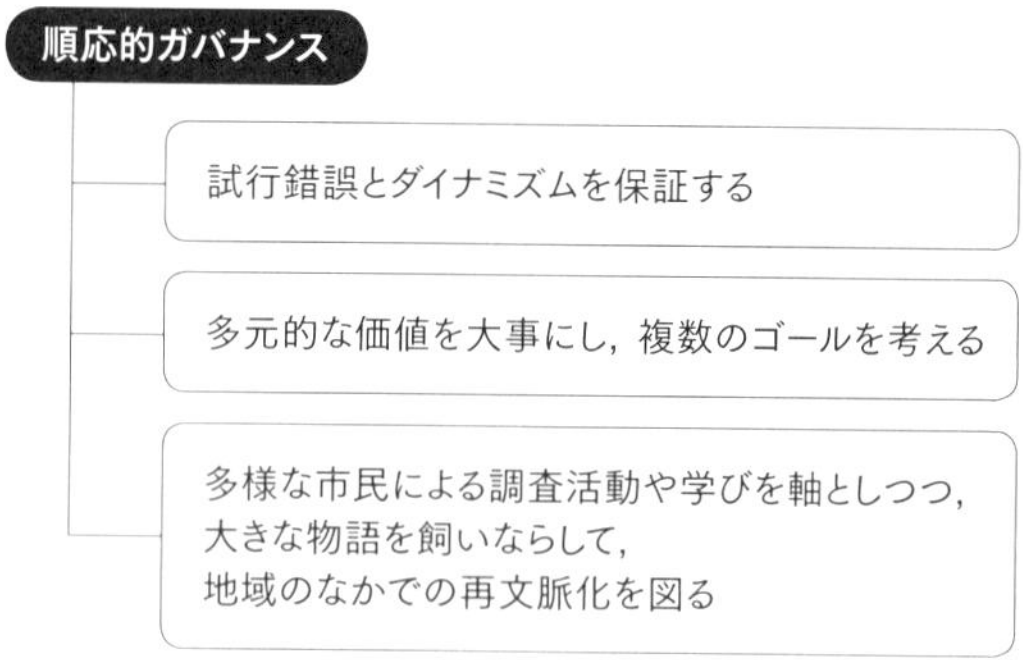
順応的ガバナンス
試行錯誤とダイナミズムを保証する
多元的な価値を大事にし，複数のゴールを考える
多様な市民による調査活動や学びを軸としつつ，
大きな物語を飼いならして，
地域のなかでの再文脈化を図る

然再生させよう」ととりあえず意見の一致を見たとしよう。しかし、事態が進むなかで、いろいろな思惑が出てきた。あるいは、最初の合意に加わっていなかった人たちが登場し、別の動きをし始める。そうすると、自然再生のプロジェクトのみにフォーカスを置くわけにはいかなくなる(第4章・第5章)。柔軟なしくみのもと、そうした多元的な価値を大切にすることが大事になってくる。思い切って問題をずらし、多元的な営みにしていくことで、たとえば生物多様性の保全もまちづくりも進むようになる(第2章・第3章)。お互いの営みは、ときに調整したり、ときにお互い勝手にやったり、ときに一緒にやったりする。中心はいくつもあってよい。そこでは、人びとの思いとか志といった、数値では測れないもの、質的なものが大事になってくる。また、硬直化した目標そのものよりも、文脈や関係が大事になってくる。

第三に、多様な市民による調査活動や学びを軸としつつ、「大きな物語」を飼いならして、地域のなかでの再文脈化を図ること。

今日の世界においては、生物多様性の保全、地球温暖化防止といった「大きな物語」が地球的規模で広く流布している。しかし、そうしたグローバルな価値は、地域社会の文脈とコンフリクトを生む可能性があるし、実際にそうしたことが現場から数多く報告されている。一方で、グローバルな価値は、大枠では間違っていないし、それを軸に多くの機関や地域や人びとが動いているから、それを否定するわけにもいかない。

ヒントになるのは、それらのグローバルな価値を「使いこなしている」地域だ（第7章・第8章・第11章）。一例を挙げると、第8章でも取り上げる兵庫県豊岡市は「コウノトリの野生復帰」事業で有名だが、豊岡の試みで重要なのは、それがコウノトリの野生復帰という単一の目標に収斂していないことだ。たとえば稲作においては、「コウノトリ育む農法」と称し、冬期湛水（冬に田んぼに水を張る）や無農薬ないし減農薬での栽培を行い、そのお米は「コウノトリ育むお米」というブランドで売られている。コウノトリを軸としながら、それと地域づくりや農業再生とをうまくつなげている。一見関係のなさそうなコウノトリの野生復帰と農業の問題、地域の問題をつなぎ、そこにストーリーを作ることで、両者が関連しながら進んでいくしくみを作っている［菊地 2006; 鷲谷編 2007］。

グローバルな価値を鵜呑みにするのでも、頭から否定するのでもなく、自分たちの地域の文脈のなかに埋め戻す。地域のなかでの共同の学びの場、地域のなかでのゆるやかな組織化が、そうした再文脈化を支えるだろう（第10章）。

試行錯誤とダイナミズムを保証すること、多元的な価値を大事にし複数のゴールを考えること、地域のなかでの再文脈化を図ること。そのようなガバナンスのあり方を「**順応的《アダプティブ》ガバナンス**（adaptive governance）」と呼んでみよう。ここでいう順応的ガバナンスとは、環境保全や自然資源管理のための社会的しくみ、制度、価値を、その地域ごと、その時代ごとに順応的に変化させながら、試行錯誤していく協働のガバナンスのあり方、ととりあえず定義しておきたい。

そのような柔軟で順応的なガバナンスこそが、実は社会の強さをもたらす。社会がしなやかに継続する強さ、危機から回復できる強さ、柔軟だが壊れない強さ。そうしたレジリアンス(回復力)を社会にもたらす(3)。

ロナルド・ブラナーらは、『順応的ガバナンス――科学と政治と意思決定を統合する』[Brunner et al. eds. 2005]という本のなかで、従来の「科学的管理」と順応的ガバナンスの違いについて、表0-1のように表している。すなわち、科学的管理において還元主義的、経験的、量的、かつ断片的だった科学のあり方は、順応的ガバナンスにおいては、複数の方法を使いながら、文脈主義的で、質的、解釈的であり、かつ不確かで、不完全なものを含んだ科学になる。政策のあり方も、科学的管理においては、科学的評価にもとづく問題設定がなされ、技術による解決が目指されるのに対し、順応的ガバナンスでは、複数のゴールが掲げられ、人間の関心などの文脈にもとづく問題設定がなされる。ローカルな知識と科学的知識の双方による解決が目指されるのである。政策決定のあり方も、科学的管理においては、単一の中央集権的な権威によるトップダウンであり、専門家のみが計画に参加していたのに対し、順応的ガバナンスでは、分散した権力からのボトムアップによる政策統合がなされる。そこでは、地域社会のイニシアティブのもと、問題にかかわるすべての人にオープンな参加が図られる(4)。

このような順応的ガバナンスを考えようとするとき、理論的なモデルを立てるところから始め

表0-1　科学的管理と順応的ガバナンス

	科学的管理	順応的ガバナンス
科学のあり方	観察された行動にもとづく関係であり，安定的． 還元主義的． 経験的，量的，「硬い」方法論． 閉じられた系内での知識であり，曖昧さがないが断片的．	関係は変化する． 文脈にもとづく． 質的，解釈的，統合的などの複数の方法が必要． 知識は限定的．オープンな系での知識で，偶発的で不確か．
政策のあり方	単一のゴール． 科学的評価にもとづく問題設定． 科学にもとづく技術による解決． 計画中心．	複数のゴール． 人間の関心などの文脈にもとづく問題設定． ローカルな知識と科学的知識の双方による解決． モニタリングや評価，失敗した政策の中止などが中心．
政策決定	単一の中央集権的な権威によるトップダウン． 専門家のみが計画に参加． 官僚制． 長期にわたる標準化された計画． 科学が政治にとってかわる．	分散した権威からのボトムアップによる政策統合． 問題にかかわるすべての人にオープンな参加． 地域社会のイニシアティブ． ローカルな知や信頼が重要． 政治が不可避．

出所：Brunner and Steelman［2005］の表をもとに筆者作成．

るよりも、多様な事例からのボトムアップで考える方がふさわしい。次章以降の各章では、さまざまな地域でのさまざまなガバナンスのあり方（その失敗も含めて）が提示され、考察される。各章の執筆者の多くは、現場に積極的にかかわっている者なので、その記述はかなりの程度文脈的になるが、その現場の文脈から読み取れることには、多くの共通点がある。現場の環境保全は実に複雑なプロセスであるが、それを各章では解きほぐし、問題を抽出し、解決策が提示される。

これからの環境保全のあり方はどうあるべきだろうか。順応的なガバナンスのあり方はいかに可能だろうか。

すべての答は現場にある、と素朴に考える私たちは、この本で、現場にこだわりながら、問題と解決を提示したい。

註

（1） この章では、住民参加と市民参加はとくに区別せず用いている。

（2） 無作為抽出市民による討議については篠藤［2010］、討論型世論調査（deliberative poll）については曽根［2011］などを参照。

（3） レジリアンス（resilience）概念は、もともと生態系の回復力を示す概念として提起されたが、今日、社会と自然の関係における回復力、あるいは社会そのものの回復力やしなやかな強靱さを示す概念として使われるようになっている［Folke et al. 2002; Allen and Holling 2010］。

（4） 順応的ガバナンス（adaptive governance）についての文献としては、Folke et al.［2005］、Lebel et al.［2006］、Olsson, Folke and Berkes［2004］、Olsson, Folke and Hahn［2004］、Olsson et al.［2007］、Olsson et al.［2006］、Young and Lipton［2006］などがある。代表的な論文の一つ、Folke et al.［2005］は、順応的ガバナンスの重要なポイントとして、①資源や生態系のダイナミズムについての知識を積み重ねること、②生態学的な知識を順応的な管理活動に加えること、③柔軟なしくみ、多層的なガバナンスのしくみを作ること、④気候変動や政策の変化といった外部の変動や不確実性、不意打ちに対応できること、の四つを挙げている。

I

環境保全政策の何が問題なのか？

第1章

なぜ順応的管理はうまくいかないのか

自然再生事業における順応的管理の「失敗」から考える

富田涼都

1 順応的管理が陥る「失敗」とは

順応的管理（アダプティブ・マネジメント）とは、ある事業を一つの「仮説」として実行し、その結果をモニタリングによって評価して事業にフィードバックさせるという試行錯誤の繰り返しであり、「為すことによって学ぶ（learning by doing）」とされる政策実践の手法である（図1-1）［勝川 2007：656；Walters and Hilborn 1976：146］。近年では科学的知見にもとづく「生物多様性の保全」や、河川管理などの自然環境にかかわる政策の遂行において広く応用されている［鷲谷・草刈編 2003：18］。

もともと順応的管理は、持ちうる科学的知見に限界があり、未来の正確な予測ができない状況において事業を行っていくための手法として考案された。つまり、順応的管理はさまざまな要因

図1-1　順応的なプロセス

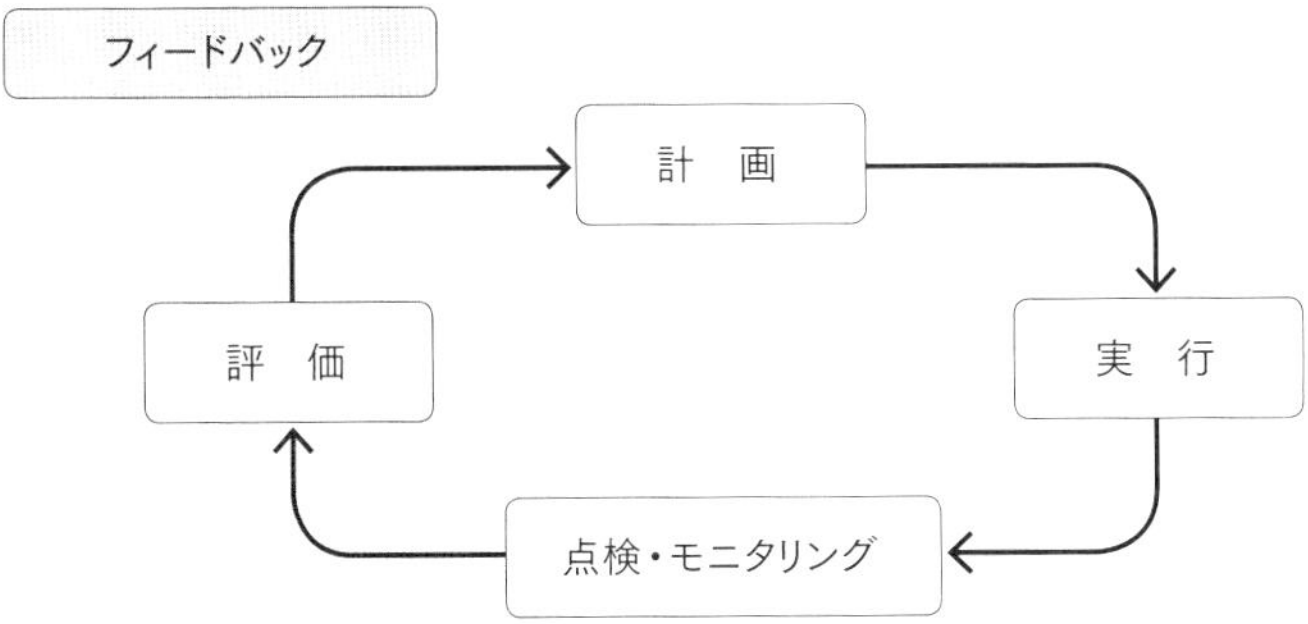

によって事業が予想どおりに進まないことをあらかじめ想定している。したがって、ある仮説（取り組み）が予想どおりの成果を挙げられなかったとしても、種の絶滅や資源の枯渇など事業の対象が失われないかぎり、科学的な観点からは順応的管理自体の失敗とされるわけではない。むしろ、取り組み自体が予想どおりにいかないことは「想定内」とされる。

しかし、近年、順応的管理による生物多様性の保全や自然再生事業などが現実の政策として実施されるようになり、前記の管理の対象が失われる失敗とは別の意味で「失敗」し、場合によっては政策自体がとん挫する例があることがわかってきた。結論をやや先取りすれば、これは順応的管理を政策として行う際のガバナンスの「失敗」なのだが、ここではこの種の「失敗」について、茨城県南東部から千葉県北東部にかけて広がる日本第二位の面積の湖である霞ヶ浦における事例研究から分析を行い、順応的管理の枠組みを超えたガバナンスのあり方について考えたい。

2 霞ヶ浦の自然再生事業と粗朶《そだ》の流出

ここで検討する事例は、霞ヶ浦で二〇〇〇年から行われた自然再生事業である。霞ヶ浦では、沿岸の堤防の建設や大規模な水資源開発などにより陸地から水面にかけての緩やかな傾斜の水辺が失われ、生物多様性や景観、漁業資源などの保全が課題になっていた。そこで、湖岸植生帯保全の「緊急対策」として霞ヶ浦の一一カ所において大規模な植生帯復元事業などが国交省によって行われた[河川環境管理財団 2001]。施工総延長六三八六メートル、総工費三四億六三〇〇万円をかけたこの事業は、事業主体の国土交通省だけでなく、保全生態学や応用生態工学などの専門家、環境NPOなどが参加する「検討会」の設置や多様な主体の協働、科学的な順応的管理の実施などの点において、その後の二〇〇三年施行の自然再生推進法のモデルとなった[鷲谷・草刈編 2003]。

一一カ所の植生帯復元事業では工区によってさまざまな施工方法が実験的に試されたが、基本的には、護岸の内側に緩やかな勾配の砂浜などの水辺を作り、そこにヨシなどの抽水植物、アサザなどの浮葉植物、クロモなどの沈水植物といった多様な水辺の植生を復元しようとするものだった(図1-2)。このとき、沖に消波堤が設置された工区も複数あった。水辺の植生帯を失い護岸化された現在の霞ヶ浦では、強風によって発生する波浪やその打ち返しによる侵食が強い。砂浜などの水辺の環境を維持するためには、少なくとも水辺の植生が十分に広がり波浪による影響が小さくなるまでの間、消波堤が必要だった。

この消波堤の材料として、霞ヶ浦では一九九七年頃から粗朶《そだ》が用いられていた。粗朶とは長さ一〜数メートル（国土交通省の規格では直径二五〇ミリ、長さ二七〇〇ミリ）の木の枝の束である（写真1–1）。もともとは、水による洗掘を防御するなどの目的で川床等に設置されてきたもので、少なくとも近世には治水工事に用いられていた［佐藤ほか編 1997］。この粗朶を、消波堤の材料として利用したのが粗朶消波堤である（写真1–2）。石積みなどの従来の消波施設に比べて透水性を持つため、波

図1–2　植生帯復元工事のイメージ

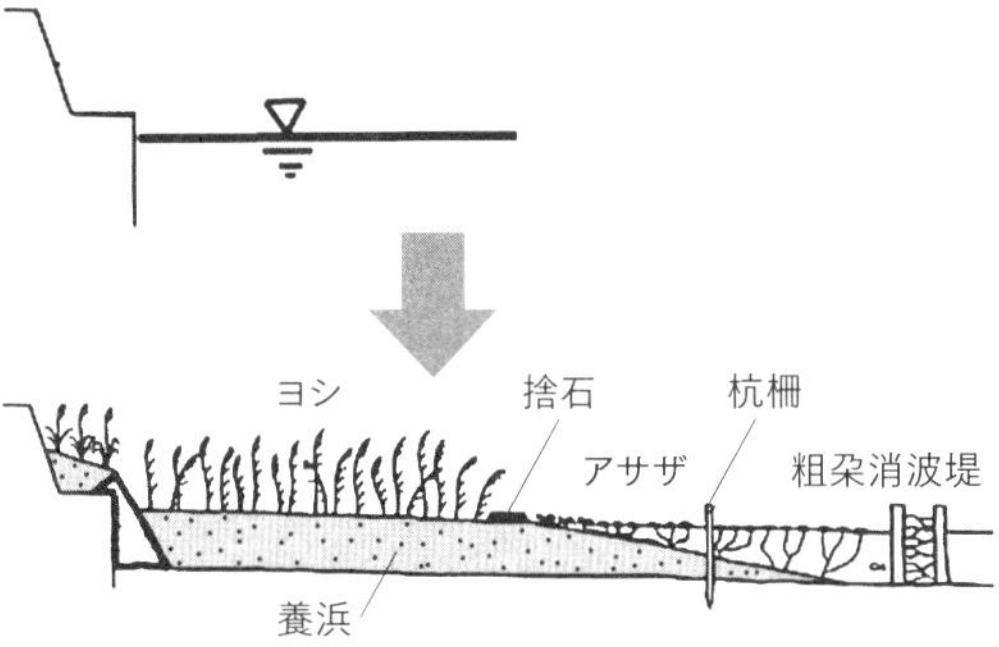

写真1–1　粗朶.

写真1–2　粗朶消波堤の一例.

の打ち返しによる湖底の侵食などの影響が少ないと考えられることや、仮に設置して不都合が生じた場合でも撤去・修正が比較的容易なのが利点とされた。このほか、粗朶を流域の森林から供給することによって、それまで利用価値を失い放置され荒廃していた「里山」に新たな経済価値をもたらし、林野の管理を兼ねることができるようになったことも、流域単位の生物多様性の保全にとって大きなメリットだった（実際に粗朶の産出によって少なくとも一七〇ヘクタールほどの放棄林地が利用されることになった）。こうした背景から、二〇〇〇年の「緊急対策」による植生復元事業でも大量に用いられたのである。

しかし、伝統工法である粗朶沈床が常に川底にあり水に浸かった状態であるのに対し、粗朶消波堤は水面上にも構造物が露出しているため、とくに上部は干出と浸水を繰り返し、想定以上に構造物の劣化が早かった［霞ヶ浦河川事務所 2007］。そのため、消波堤から大量の粗朶が流出し、沿岸に大量に打ち上げられたり、魚網に引っかかり操業に支障をきたしたりするようになってしまった（写真1−3）。

もともと自然再生事業は順応的管理の重要性が謳われているように、すべてを予測することはできず、ある政策が予想と異なる結果をもたらす可能性があることを前提に行われている。この粗朶の流出の問題も、予想以上に構造物の劣化が早かったことに起因しているが、そのこと自体は「予想と異なる可能性」の範疇となる。このとき、科学的な順応的管理の観点からすれば、その改善策を講じていくこと（結果のフィードバック）が重要になる。そもそも粗朶は、石積みなどに比べて後からの改修や撤去などのフィードバックが容易であることも大きなメリットだった。これに対して、国土交通省は、金網で粗朶をさらに囲んだり、割石を粗朶の上に載せたりして補強するなどの対策を講じており、設置当時と比べれば、流出の問題はかなり軽減されたとしている［霞ヶ浦河川事務所 2007］。

ところが、この粗朶の流出によって、とくに漁業者や湖岸周辺の住民などは、粗朶に対して悪い印象を持つ人が多く発生してしまう結果となった。湖岸周辺の住民からは「失敗してしても謝罪も何もないからな。（中略）縛ったぐらいではとんでもないよって言ったんだよ」[1]という声が聞かれ、霞ヶ浦に関する公的な討論の場でも何度となく取り上げられた。たとえば、霞ヶ浦周辺の住民が数多く集まった「第四回　霞ヶ浦意見交換会」（二〇〇三年五月一七日）では、「粗朶消波工は二〜三年で粗朶がほとんどなくなり、湖岸でゴミになり植生を痛めているように、粗朶消波工は脆弱であり霞ヶ浦に適さないのではないか」と大きく問題提起されたり、公開シンポジウムにおいて、粗朶にかかわる霞ヶ浦の自然再生事業全体が「失敗」として断じられ、粗朶消波堤にかかわった国土交通省、専門家、環境NPOが激しく非難された

写真1–3　魚網に引っかかった粗朶（矢印）.

りすることにもなった［霞ヶ浦研究会 2002］。こうした批判の表面化は、すでに存在していた霞ヶ浦の開発事業や環境保全をめぐる市民の間の路線の違い［淺野 2008］をあらためて浮き彫りにし、粗朶に関わったかどうかを軸として、関係者の間に大きな溝を作る結果になってしまった。

結局、粗朶の流出は「検討会」にもとづいて行われた自然再生事業の「失敗」として位置づけられ、関係者にとってセンシティブな記憶となってしまった。そのため、粗朶についての流域保全や経済的な効果などを含めた総合的な評価はされることなく、取り組みは事実上立ち消えとなってしまった。この一連の騒動は、その後の霞ヶ浦の自然再生事業の推進や流域をめぐる市民や専門家、行政などの多様な協働の広がりに影を落とすことになったのである。

3 順応的管理のガバナンスの「失敗」

霞ヶ浦で起きた粗朶の流出事件は、冒頭にも取り上げた順応的管理の観点からすれば、かならずしも順応的管理自体の失敗と位置づけられるわけではない。順応的管理によって行われた事業が対象とした植生帯は失われていないし、もともと予想と異なる結果がもたらされる可能性が前提とされている以上、その後のフィードバックができれば問題はないはずである。しかし、流出した粗朶が打ちあがった湖岸周辺住民の「失敗しても謝罪も何もない」というネガティブな反応や、その後の協働の広がりへの影響からすれば、「予想外のことが発生する可能性ははじめから織り込み済みで、そうした「失敗」は仕方がない」という順応的管理の観点による主張は受け入れられていない。むしろ、フィードバックどころか粗朶という取り組みそのものが「失敗」という非難のなかで事実上立ち消えになり、関係者間にもセンシティブな記憶を残すことになってしまった。

つまり、霞ヶ浦の粗朶流出の事例は、当初の計画の予想とは異なる結果が発生したことにより社会的な批判が発生することで、図1-1でも示したような「実行した計画のモニタリングを行い、その評価を次の計画にフィードバックさせていく」という社会的な実践が不可能になり、順応的管理それ自体が機能不全に陥ることを示している。これは、管理の対象が失われるという意味の失敗ではないが、社会的な批判が巻き起こってフィードバックのための活動が社会的に葬られることで、順応的管理によって政策を実践していくことに「失敗」している。それは、まさに政策の実行プロセスとしての順応的管理のガバナンスの「失敗」である。これまでの順応的管理の議論においては、モニタリング技術の向上、フィードバックにおける数値目標の導入などの技術的な問題が主に論じられることが多かった［松田 2001; 鷲谷 1998］。しかし、順応的管理が自然再生事業などの実際の政策に実装されるようになった近年では、ここで示しているガバナンスの「失敗」が政策を進めていくうえで大きな課題となっているのである。

霞ヶ浦の事例から見ると、ガバナンスの「失敗」が発生する直接的な原因は、「失敗しても謝罪も何もない」という言葉に象徴されるように、ある政策によって当初の予想と異なる結果が発生したときに、それがある種の「失敗」として責められ続けてしまう点にある。こうした事態が発生する理由は、政策を決定するプロセスの外にいるしかなかった人に注目すると理解しやすい。事例として取り上げた植生復元事業では、沿岸への粗朶の打ち上げにしても魚網への引っかかりにしても、実際にその影響をこうむり、リスクを負ったのは「検討会」の外にいるしかなかった人びとだった。「検討会」は、行政と専門家、そして環境NPOのみで組織されており、漁業者や沿岸の住民などの地理的にも事業現場に近く、リスクを背負う可能性が高い人びとが直接関与することはできなかったのである。

すなわち、「検討会」という枠組みの外に置かれた彼ら／彼女らにしてみれば、あずかり知らぬ政策が自身のリスクとなっていること自体が不条理であり、怒りの対象となっている。したがって、その結果の「失敗」自体が避け難いことを説明したところで的外れでしかない。むしろ、その結果の「失敗」が科学的なプロセスとしてある種の合理的なものとして説明されるならば、火に油を注ぐことになりかねない。すなわち、ガバナンスの「失敗」が発生している状況での専門家や行政による精緻な科学的な知識による「ご説明」は、的外れになりがちであり［富田 2008］、場合によっては状況を悪化させるのである。

4 公論形成の場は問題を解決できるのか？

こうした事態を避けるためには、少なくとも「「失敗」してもやり直そう」という合意が、リスクを受けやすいと考えられる範囲の人びとの間で事前になされている必要がある。したがって、科学的な知識などを用いて事業のメリットやリスクの可能性を説明し、関係者の合意を得るために、多様な主体の参画と討議による公論形成の場を設置することが一つの手段として考えられる。

公論形成の場とは、これまで行政組織などの意思決定の外に置かれていた人びとの要望や意思を、(行政などの)意思決定に反映させるためのものであり[舩橋 1998]、その設定と適切な運用が、環境問題においても「解決論」として議論されることが多い[足立 2001]。この公論形成の場やそのあり方についての議論は、社会的な意思決定の機能不全を背景に市民参加で行われる公共空間での議論[原科 2005]や、行政やＮＰＯなどが対等な立場で協力関係や共同作業を行うとされるコラボレーション[長谷川 2003]など、多くの論者によって議論されてきた。自然再生事業においても、二〇〇三年に施行された自然再生推進法では、「自然再生協議会」という公論形成の場の設置が義務づけられている。

霞ヶ浦の粗朶流出に関していえば、その前提となる植生復元事業などについて、住民が自由に参画できるような公論形成の場はそもそもなかった。そのため、霞ヶ浦でも事前の公論形成の場の設置が有効な対策だったといえる。

しかし、公論形成の場を設置しさえすればよいわけではない。実際、霞ヶ浦では先に紹介した植生復元地区とは別の場所で、二〇〇四年に自然再生協議会が設置され、当初は公募委員五一人のうち二二人の事業実施地区周辺の住民の参加があった。しかし、地元委員の欠席の常態化や辞任が相次いでしまい、漁業者や沿岸の住民などの地理的制約にも影響を受け、リスクを背負うだろう人びとの納得を得て「「失敗」してもやり直そう」と合意していく場としての機能は大きく損なわれることになった。つまり、公論形成の場を設置するだけではガバナンスの「失敗」が解消する保証はない。むしろ、問題になるのは公論形成の場をどのように設計し、合意に向けたプロセスをつくるかという点である。

また、この合意は、うまくいかない可能性や負の影響がある可能性を前提として行われるため、当事者にとってはリスクを負うある種の賭けになってしまう。つまり、順応的管理をめぐる公論形成の場に求められるのは、単に協議会などへの多様な主体の参加、市民参加を得ることだけではない。そのうえで、ある種の賭けとなるリスクを負う合意を成立させる必要がある。

5 リスクを負う合意の課題

ところが、このリスクを負う合意を得る公論形成の場は、霞ヶ浦の事例からも「無視」されがちである。そのため、政策を推し進めようとする行政や専門家は、「なぜ「失敗」を非難するのに「無視」するのか」と地域住民に対して不信を募らせやすい。結果、「無視」に対して「住民は環境保全に無関心だからもっと教育しなければならない」とか、「失敗」への非難に対して「住民はゼロリスクを求めるばかりで合理的かつ順応的な判断ができない」という主張が発生してしまう。

もちろん、地域住民とされる人びとは一枚岩でもないし、常に「正しい」行動をとるわけでもない。しかし、地域住民が「無関心だ」とか「ゼロリスクを求める」と断じることは、かならずしも問題の本質をとらえていない。

まず、無関心という主張には、そもそも何らかの関心があるからこそ「失敗」が非難されるという点を指摘しておこう。霞ヶ浦では専業の漁業者が多く残っているし、そうした漁によって得られる魚を専門に引き受ける「問屋」も沿岸の各集落に存在している（霞ヶ浦では漁業者と問屋の直接取引によって産物が流通する）。漁業者は問屋が近くに存在していなければ漁獲物を効率よく捌くことができないし、通常、問屋では煮干や佃煮などの加工も行っているが、なじみの漁業者との関係がないと安定的に漁獲物を仕入れることができないという密接な関係にある。また、霞ヶ浦の沿岸にはレンコン農家が多いが、肥料の流出が富栄養化に影響すると指摘されるため、農家の霞ヶ浦の水質に対する意識は高い［村田 2000］。ほかの意識調査の結果を見ても、霞ヶ浦周辺の住民は決して湖という自然環境に無関心ではない［鳥越 2010］。湖にじかに接する漁業者だけでなく、問屋のように湖に連鎖的につながっている人びともいる。その意味でも、霞ヶ浦と関係があり、また、霞ヶ浦に対して関心を持つ（持たざるをえない）人は少なくない。

むしろ、辞任した元委員の「言ってることがかけ離れていた。われわれのぜんぜん地元の声をきかねぇ。自分で案を作ってね、上の執行部だけでそんでぽーっんとね。（中略）話にならん。で、去年辞表を出したの。とても見てられないから」[2]という語りや、往々にして「生物多様性の保全」が科学的な知見によるトップダウンで事業内容が決められ、かならずしも住民の生活との関係から内容が議論されない［富田 2008］ことを踏まえると、公論形成の場が「無視」されるのは、地域住民が湖という自然環境に関心がないというよりも、協議会などの公論形成の場の運営の問題か、自然再生事業の中身に関心が持てないことが原因だと考えるべきだろう。

また、地域住民が「ゼロリスクを求める」かといえば、これもそうではない。たとえば、これまでの霞ヶ浦の漁業者の歴史的な変遷を追ってみると、地域住民は開発事業などによる湖の自然環境の変化や経済事情などの社会的環境の変化に応じて、さまざまな技術や人間関係、価値観などを取り入れて巧みに操業形態を工夫し、生活を持続させる「算段」をつけてきた。

ある霞ヶ浦の専業漁業者は一九五五年頃に本格的に漁を始めたが、その頃、数年間だけメソというウナギの稚魚が大量に獲れた時期があり、かなりよい収入源となっていた。しかし、このメソは一九六〇年頃にはすっかり獲れなくなった。そのため、コイの潜水漁を小貝川の漁業者から習ったり、淡水真珠の母貝のイケチョウガイ漁をやったりした。その後、一九六五年頃から、常陸川《ひたちがわ》水門をはじめとする開発事業の進展にともなって行政の指導があり、網生簀《あみいけす》によるコイ養殖を始めたという。この頃は霞ヶ浦の淡水化やアオコの大発生など、霞ヶ浦の自然環境に大きな変化があった時期でもあった。とくに、水門の「閉鎖」が決まる一九七四年頃は、「開けろ、開けられないの応酬。水産業もそこで終わりだと思った」というほどの年だったという。それでも中国などに販路を拡大しつつコイ養殖を続けていたが、二〇〇三年のコイヘルペスウイルス病によって休業状態となってしまった。しかし、それでも湖で大量に漁獲されるようになった外来魚のハクレンに目をつけ、魚粉などの商品化ができないかどうかを試しているという(3)。

この漁業者の履歴は、まさに状況に応じて試行錯誤を繰り返していく順応的なものである。そして、明らかに設備投資などでリスクを負う「覚悟」をして、未来への賭けをしながらも、「なんといっても魚とりはおもしろいからな」と湖の漁を持続させ、魚と関わりながら生き続けることにこだわり、操業形態などを工夫しながら生活を持続させる「算段」をつけている。すなわち、地域住民はリスクをとる判断ができないのではない。人生においては当たり前のことかもしれないが、その場の状況に応じて、人びとはときにはリスクを負いつつも、未来に対しての行動を起こす「覚悟」をして、みずからの生活を持続させる「算段」をつけてきたのである。

それでは、ときにゼロリスクを求めているようにも見える地域住民の一見ちぐはぐな対応はなぜ発生するのか。これは、リスクを誰が引き受けるのかという点に注目すると理解できる。霞ヶ浦にかぎらず、自然環境に対する何らかの働きかけによって想定外の結果が発生したときのリスクは、多くの場合、地理的に近い現場の地域社会に偏在してしまう。そのときに、直接日々生きることに対してリスクを負わない外部の研究者などが「失敗してもやり直せばいい」と言い放つことは、「失敗」のリスクの偏在と不公正に対する理不尽さを増大させるだけになる。おそらく自然再生事業にかぎらず、環境汚染などについても、(もともと順応的な生き方をしているはずの)地域住民が「失敗」を非難し、一見ゼロリスクを求めようとするのは、自分にとって納得のいか

写真1-4　霞ヶ浦の漁獲の水揚げ風景.

写真1-5　水産物の加工(塩茹で).

ない理不尽なリスクの引き受けを拒否しているだけである。つまり、地域住民はリスク自体ではなく、リスクの引き受けについて理不尽さを感じているからこそ、リスクの引き受けを拒否し、それを無視して行われた事業の「失敗」を非難している。

したがって、公論形成の場などを設けて合意形成やリスク・コミュニケーションをやろうとしても、そもそもの管理のための問題設定やプロセスが地域住民にとって関心の持てない的外れなものになっていたり、結果的に理不尽なリスクの引き受けを迫られるだけだと受け止められたりすると「無視」されてしまうと考えられる。すなわち、リスクを負う合意が可能になるかどうかは、公論形成の場において事業内容が関係者それぞれにとって関心が持てる内容やプロセスとして設計されているかどうか、そして、そのプロセスや決定がリスクの分配の理不尽さを解消するかどうかという点にかかっているといえるだろう。

6 順応的ガバナンスへの発想の転換

それでは、順応的管理に必須のリスクを負う合意はいかにして可能になるのか。霞ヶ浦の事例から見るに、少なくとも以下の二つの要因が必要と考えられる。

一つは、順応的管理によって実行される政策が、その状況下においてステークホルダー(利害関係者)の生活を持続させていく「算段」をつけるうえで有益な手段の一つとなりうるかどうかという点である。もちろん、それが「算段」をつけるうえで有益かどうかを判断するために、政策によってどのようなメリットが得られるか、あるいは、どのようなリスクが生じる可能性があるのか、という未来の予測についての情報も必要だろう。たとえば、霞ヶ浦で湖岸の植生帯を復元することによって、どのような生物が生息・生育するようになり、どのようなリスクが生じるのかを科学的な知見や地域の経験的な知恵を用いながら示すことは、地域住民が生活を持続させる「算段」に自然再生事業を組み込めるかどうかを判断する重要な材料になる。エコツーリズムなどのアイデアは、自然再生事業などの政策を地域住民の生活を持続させる「算段」に組み込みやすくする効果を持っている。

しかし、それだけでは不十分である。どんなに綿密に数字やアイデアを並べても、それが関係者に信頼されなければ合意形成には貢献しない。どんな優れたアイデアも、信頼されなければステークホルダーの「算段」には組み込まれないからである。また、あるアイデアを「算段」として取り込むかどうかは、その時点での自然や社会の状況に応じてまさに「順応的」に判断されるという点も、単にアイデアだけでは「算段」が定まらない一因だろう。

そのため、うまくいった場合のメリットだけでなく、状況の変化や予想外の結果という「失敗」によって生じるリスクも踏まえたうえで、リスクを引き受けてでも取り組むべきだと思う、人の心の「覚悟」が必要である。この「覚悟」は、膨大な情報や優れたアイデア、綿密な論理があればできるわけではない。むしろ、同じアイデアであったとしても、それがどのようなプロセスにおいてどのように語られるかによって、「覚悟」が得られるかどうかは異なる。この「覚悟」は、論理的な討論における合意によって得られるというよりも、対話のプロセスにおいて行われる（ときに非論理的な）納得によって得られる［富田 2010］。そのため、順応的管理における公論形成の場では、政策にともなうリスクを負う「覚悟」を得てステークホルダーの「算段」に組み込むためのプロセスづくり、いわば筋の通し方が重要になる。そのなかでリスクが引き受けられたり、ある種のリスクの分かち合いが可能になったりすると言える。公論形成の場からこの「覚悟」を得る納得のプロセスが欠落すると、どんなによいアイデアであっても、リスクを負う側からすれば、理不尽なリスクの受容要求にしかならなくなってしまう。したがって、冒頭の問題に戻れば、順応的管理におけるガバナンスの「失敗」が発生してしまう原因は、リスクを負わずにすむ人が、そこで発生するリスクの受容を地域住民に一方的に迫る理不尽な構図に陥っているからと言える。

もっとも、霞ヶ浦の漁業者の例を挙げるまでもなく、そもそも生活者としての人間は、自然と社会の変化に「順応的」に対応し（あるいは、対応せざるをえずに）生きている。したがって、この隘路から抜け出すためには、従来のように、政策の立案者や専門家が政策の問題設定を科学知にもとづいて先に行い、その受容を（リスクを最も負う結果になる）地域住民に迫るのではなく、実際に地域住民がどのような工夫をしながらに生活を持続させて生きているのかという「算段」を知り、そこに政策を組み入れられるだけの「覚悟」が得られるような筋の通し方を重視した対話プロセスへの発想の転換が必要だろう。

もちろん、どんなに手を尽くしても、ある政策を行ったことによる自然や社会の反応、結果は完全には予測できない。たとえば、「やり直せばいい」と合意した以外の人に、その結果のリスクが新たに降りかかった場合は、その人にとってはやはり「失敗」は理不尽でしかなく、非難されてしまう可能性はある。この点において、どこまで順応的なガバナンスが可能であるのか、技術的な問題はあると考えられる。しかしながら、人は日常生活を生きるうえで、かならず何らかの未来へのリスクを負う賭けを行ってきたことを考えれば、また、「理不尽な影響」を受けてしまった人も含めて、彼／彼女の生活を持続させる「算段」を知って、対話を続けることで再び「覚悟」を得て納得することは不可能ではない。おそらく、この順応的なプロセスにおいて本質的に重要なのは、緻密な論理や目の覚めるような斬新なアイデアではなく、専門家などの知識や技能を生かしつつも「失敗」のリスクを公正に分かち合えるような、人びとの納得を得るための筋の通し方である。このプロセスは、非論理的な納得やあいまいさが生じる可能性があるため、論理的な一貫性を求める従来の政策遂行プロセスにはなじみにくいかもしれない。しかし、リスクの受容を迫るプロセスから、リスクを分かち合うプロセスへの根本的な発想の転換が、自然と社会の相互作用において、順応的管理のガバナンスの「失敗」を回避し、むしろ順応的な人間と自然の関係を実現させる「順応的ガバナンス」への第一歩となるだろう。

註

（1）二〇〇七年六月一三日の聞き取りによる。
（2）同前。
（3）二〇〇七年六月六日の聞き取りによる。

第2章

なぜ獣害対策はうまくいかないのか

獣害問題における順応的ガバナンスに向けて

●鈴木克哉

1 はじめに

野生動物は自然生態系の重要な構成員であり、私たちの生活にさまざまな恵みを与えてくれる存在である。ところが最近、野生動物が人間の生活や生産活動に与える負の影響が大きな注目を集めている。本来、森林で生活しているはずの彼らが、農地や集落に出没し、さまざまな被害を与えているからだ。たとえばシカ、イノシシ、サル、クマなど中・大型哺乳類による農作物被害金額は年間二〇〇億円を超えている。野生動物が市街地にまで出没し、対応に苦労するというニュースも近頃では珍しいものではなくなってしまった。このような野生動物が引き起こす農林漁業被害や人身被害は「獣害」と呼ばれ、深刻な社会問題にもなっており、適切な管理が求められている。

野生動物の管理については、欧米でワイルドライフ・マネジメントと呼ばれる長い歴史をもつ学問分野があり、科学性や計画性が重要とされている。日本ではこの分野の歴史はまだ浅いが、最近になって「不確実性」や「非定常性」を想定した順応的管理の考え方を導入し、行政による科学的な個体数管理が実践されるようになってきた。

一方で、被害軽減のためには、対策を行政まかせにするのではなく、地域住民みずからが被害発生要因や被害対策のための知識を学習したうえで、地域が主体となって効率的に被害軽減を図る方法論が注目されている［井上 2002; 室山 2003］。最近では、研究や実務として、この問題に携わる人も増えており、行動特性を踏まえた有効な防護柵の開発や野生動物を引き寄せない営農管理など、地域が実施可能な具体的な技術開発と普及活動が着々と進んでいる。さらには、これらのノウハウを生かすための獣害対策研修会などの人材育成や、補助事業などによる財政的な支援も年々充実しつつある状況だ。つまり、被害を効率的に減らすための材料はかつてとは比較にならないほど整備されてきている。

ところが、実際に獣害対策を地域に普及しようとした際に、現場で直面する課題はまだまだ多い。ある成功集落ではうまく受け入れられた考えや方法論であっても、別の地域では、それがたとえ被害を減らすための「効率的な提案」であっても簡単に受け入れられないことも少なくない。それどころか、被害軽減のために「正論」を重視しすぎると、かえって軋轢を深刻化させてしまうこともある。今、直面している問題は、これらの手法を現場に適用させ、獣害対策を推進するガバナンスのあり方にありそうだ。この章では、具体的な事例を紹介しながら獣害対策の現場で抱える課題を整理し、なぜ獣害対策がうまくいかないのかを考えてみたい。

2 獣害問題への従来のアプローチ

獣害は古くて新しい問題

人と野生動物との軋轢は、最近になって新しく始まったことではない。実は人間が農耕を始めた頃にその起源をたどることができる[三戸 2008]。人口が増加し、開墾が進んだ江戸時代には農作物被害が各地で発生していたようだ。その頃の人びとは、長距離のシシ垣を築いたり、見張り小屋を設置して寝ずの番をして追い払いにあたったり、害獣対策が個人としても集落としても農作業の一環として組み込まれていたことが史料には記されている[花井 2008]。

ところが明治期以降、新たに射程距離や連射性、殺傷能力など性能が格段に向上した近代銃が開発され、狩猟が自由化された。このことが、その後の人と野生動物の関係性を一変させる結果となる。獣害対策としてだけでなく、当時は、食用や薬用など野生動物の資源価値も高かったため、彼らに対する狩猟圧は一気に高まり[三戸・渡邊 1999]、奥山へと押しやられた結果、野生動物と人間の生活空間は大きく乖離することになったのである[室山・鈴木 2007]。したがって、この時期は例外的に野生動物との軋轢はなかった。しかし戦後、減少した鳥獣の保護政策や生息地の改変により、再び野生動物の分布域が拡大し、人里に接近してしまう。

こうして発生しているのが現在の獣害問題である。軋轢がなかった空白の期間を経て、人びとの生活様式や価値観、社会システムは大きく変化し、さらには農業における伝統的な獣害対策の知識・経験・技術を失わせてしまった。現在の農家にとって、獣害は「今までこんなことはなかった」というまったく新しい問題であり、「どうしたらよいのかわからない」対処困難な問題でもある。

有害捕獲の実際

被害を発生させる野生動物への対策として、「どうしたらよいのかわからない」農家からの要望のなかで、最も多いものが「捕獲」という方法である。シンプルでわかりやすい、古くから実施されている古典的なやり方でもある。かつては「有害駆除」と呼ばれていた。現在においては、「有害鳥獣捕獲」と呼ばれる制度があり、被害が現に生じているかまたはそのおそれがある場合に、その防止および軽減を図るために行うものとされている。さて、その効果はどうだろうか？

たしかに加害個体を特定して捕ることができれば、その個体による被害は直接的に解消することができる。しかし、実際にそれは難しい場合が多い。有害捕獲は被害者からの届け出にもとづいて行政が許可を出して実行する捕獲であり、捕獲に従事できる者は狩猟免許保持者が原則となる。多くの農家は狩猟免許を持ち合わせておらず、加害個体を直接的にタイミングよく捕獲することは難しい。このように、実際のところ捕獲が被害軽減におよぼす直接的な効果は限定的だと考えられている。しかし、被害農家から「駆除」を要望する声は根強く、これらの苦情に応えるために、確実な対策効果を上げることよりも、対症療法的な捕獲が優先的に実施されてきたという背景もある。

順応的な個体数管理

野生動物管理において「捕獲」にはもう一つの重要な役割がある。動物の個体数が増えすぎたり減りすぎたりしないよう個体数を調整することである。伝統的に狩猟文化が根付いている欧米では、狩猟動物という生物資源を持続的に利用するために、科学的、計画的に動物の個体数や生息地を管理するワイルドライフ・マネジメントと呼ばれる分野が今日まで発展してきた。最近では、生物多様性の保全や野生動物と人の軋轢の深刻化に対応する学際的、実践的な学問として、ますます需要が高まっている。

野生動物の個体数を管理するといっても、自然界で起こるさまざまな現象について、因果関係をすべて明らかにすることは不可能に近い。また、野生動物の数や状態は絶えず変化しているものである。したがって、このような「不確実性」と「非定常性」を考慮し、当初の予測がはずれる事態が起こりうることを、あらかじめ管理システムに組み込み、常にモニタリングを行いながらその結果に合わせて対応を柔軟に変えていく順応的管理という考え方が必須となる。

日本はこの分野では立ち遅れていたが、一九九九年に鳥獣保護法改正にともない特定鳥獣保護管理計画制度が創設され、順応的管理が導入されることになった。現在、四六都道府県で一一七の特定計画(二〇一一年四月一日現在)が作成され、科学的、計画的な保護管理が進展している。

3 地域が主体となった獣害対策への注目

個体数管理は、行政が中心となって計画的に行うべき対策であるが、「捕獲」は被害に対して即効性のある対策ではない。被害を直接的に防ぐためには、被害地における住民の自助努力が不可欠となるため、最近では、地域住民が主体的に実践する獣害対策に注目が集まっている。

防護柵は維持管理が重要

たとえば「防護柵」は、適切に使用されれば大変優れた被害対策ツールであり、即効性も高い。金網やネットなどの資材を用いて動物が乗り越えられない高さの柵を設置すれば、動物の侵入を物理的に遮断できる。サルなど木登りが得意な動物に対しては、あらかじめ設置した電線に一定間隔で高圧の電流を流し、接触した際に与える電気ショックで柵内への侵入を防ぐ「電気柵」と呼ばれる装置が有効だ。最近では、さまざまな獣種の行動特性に対応した防護柵が開発されており、設置にかかるコストも一時期と比べてずいぶん安価になってきている。しかし、柵の構造上の特徴や対象となる動物の性質を十分に理解しておらず、せっかく有効な防護柵を設置しても、その機能を活かしきれていない事例は少なくないのが現状である［鈴木 2007, 2009］。

個人の農地を守るためだけでなく、林縁や山中などに広域的に金網柵など頑健な恒久柵を設置し、集落全体を守る方法もあり、これは「集落防護柵」などと呼ばれている。設置範囲が広くなれば、それだけ守ることができる範囲も広くなるので、一見効率的な対策に思える。しかし、気をつけておかなければならないのは、防護柵は風雨にさらされる野外に長期間設置されることになるので、放置しておけば、倒木により柵が破損されたり、破れたりするなど、野生動物の侵入経路がいずれかならず発生するということである（写真2―1）。そのため、柵の効果を維持するためには住民による日々の点検作業がかならず必要となり、広域的な柵ほどその負担は大きくなる。集落防護柵は多額の費用がかかるので、国や地方自治体の補助金を用いて設置されるケースがほとんどであるが、これまで肝心の維持管理に関しては事前情報がほとんどなく、その結果、集落内で点検・補修体制が十分に組めていないため、次第に効果を消失している事例も多い。一方で作業を分担して定期点検を実施し、問題点が見つかった場合は速やかに補修するなど、防護柵の保守管理体制をきっちりと定めている集落は、長期にわたり高い効果を発揮している（写真2―2）。

個人柵にせよ集落防護柵にせよ、本来有効であるにもかかわらず、活用方法が適切でないために、効果を発揮できていない事例は非常に多い。また、そのことから柵の効果に対して懐疑的になっている農家も少なくない。被害にあう獣種に応じた適切な柵の選択と効果的な運用方法について情報提供や指導が必要とされている。

地域には獣害を助長する要因が多くある

最近になって、地域主体の対策が注目される点は、防護柵の管理面における役割だけではない。現在の集落環境が野生動物に対してとても利用価値の高い環境を提供しているという現状が明らかになってきたからだ。

まず、集落内で被害にあう野菜や果樹などの農作物は高栄養で消化率が高く、野生動物にとっては非常に魅力的な食物資源である。また農作物は可食部も多く、農地に集中して栽培されているため、採食効率が非常によいうえに、森林内の食物を探し求めて動き回るよりも探索コストを低くすることができる理想的な採食場所といえる。

さらに最近の研究では、集落内で野生動物の餌となっているのは、人間が食べられて困るもの

写真2−1　倒木により破損された集落防護柵．
野外に長期間設置される防護柵は，
放置しておけば野生動物の侵入経路がいずれ発生するため，
住民による日々の点検作業が必要となる．

写真2−2
集落住民による防護柵の定期点検と補修作業．
兵庫県市川町の集落にて．

写真2–3　兵庫県篠山市で山ぎわに放棄されている柿の木に群がるサル．
昔は貴重な食物資源だった柿や栗も，現在は利用されなくなって集落に多く放置されており，
野生動物の餌となっている．
写真提供：長尾勝美氏

写真2–4　青森県下北半島で集落内に捨てられたクズいもを採食するニホンザル．
人間が被害と感じないものであっても，野生動物にとっては森林内の食物より高栄養であり，
集落への誘因として被害を助長する要因となっている．

だけではないということがわかってきた。たとえば、人里には柿や栗など人が現在利用していない果樹も多く存在する（写真2-3）。農地では収穫されなかった野菜が時期を過ぎてもそのまま放置されていたり、農地の脇や集落内には生ごみやクズ野菜などの投棄場所があったりして野生動物の餌となっている（写真2-4）。稲刈り後に発生するひこばえなども、森林内に食べ物が少なく栄養状態が悪くなる冬季に格好のエサ資源だ（写真2-5）。これらは人間が「被害と感じない」ものも含まれるが、野生動物にとっては、とても質の高い食物資源であり、このような採食場所が集合している集落は、森林内には存在しないとても魅力的な環境となっているのだ。

写真2-5　兵庫県光都農業改良普及センターで実施されたひこばえの採食量調査.
シカが入れないように囲いをした箇所以外のひこばえは，ほとんどシカの餌となっていることがわかる.
写真提供：安井淳雅氏

集落は食物環境として好条件である反面、人や犬などに遭遇する機会も多く、野生動物にとって身の安全を確保しづらい不利な条件もかつてはあった。しかし、近年の中山間地では人口減少や高齢化が進行し、飼い犬には係留が義務づけられるようになった。里山林が手入れされないようになって繁茂した竹林や雑木林が集落のすぐ裏まで迫り、野生動物の接近を助けているとともに、年々増加する耕作放棄地は、絶好の隠れ場となっている。

「獣害に強い集落づくり」の推進

このような被害の発生要因や助長要因をみずから提供している農業や集落環境のあり方を見つめ直し、野生動物の被害にあいにくい集落づくりを目指そうという活動がここ一〇年ほどで大きな広がりを見せている。野生動物対策を行政まかせにするのではなく、地域住民みずからが主体的に被害対策のための知識を学習したうえで、適切な防護柵の設置・維持管理を行うほか、集落全体で放棄野菜や稲刈り後のひこばえなど、食べられても「被害と感じない」餌をなくしたり、野生動物が出没しづらくなるよう環境を整備するなど、獣害対策に取り組もうというものだ。このような考えは「獣害に強い集落づくり」や「地域ぐるみの獣害対策」と呼ばれている。

「獣害に強い集落づくり」のステップは、まず集落で学習会や集落点検を実施し、住民自身がこれまで気づかなかった集落の弱点や被害を防ぐための具体的な知識・技術を身につけることから始まる。基礎的な知識を身につけたうえで、自分たちが実行可能な対策を検討し、また対策の成果をきちんと検討したうえで、次にとるべき対策へとフィードバックさせるというものだ。重要なのは、地域住民が主体的に被害軽減のための試行錯誤を重ねることで、行政はその支援を行う。

最近は行政による支援体制も充実しつつある。二〇〇六年には「鳥獣による農林水産業等に係る被害の防止のための特別措置に関する法律（鳥獣被害防止特措法）」により、市町村が被害防止計画を策定して主体的に被害対策を推進させる協議会を作り、それを国が財政的に支援する枠組みが作られた。従来の捕獲や恒久柵の設置などハード事業だけでなく、研修や普及、モデル集落育成などのソフト事業に対しても財政的な措置がとられるようになってきたのは大きな変化と言える。研究や実務として、「獣害に強い集落づくり」に携わる人も増えており、さまざまな野生動物の行動特性を踏まえた有効な防護柵開発や、野生動物を引き寄せない営農管理など具体的な技術開発も着々と進んでいる。また最近では、地域社会や住民を対象として、獣害対策を推進するための社会科学的な研究も実施されるようになってきている。

4 獣害対策の現場で直面する課題

人口減少・高齢化による労力不足の問題

最近では、こうした支援をうまく活用し、獣害を軽減することに成功した集落も現れ、他の集落が目指すべきモデルとして紹介され始めた。しかし、このような取り組みは一部の集落で成果をあげているものの、地域全体としてなかなか対策が進みづらい場合も多くある。ある地域ではうまくいった方法でも、他の地域で導入した結果、成果がなかなか出ないということも少なくない。成功の影には多くの失敗事例が埋もれているのだ。獣害対策の実践現場では何が問題となっているのだろうか？

その一つは、被害住民の意欲不足によるものである。「被害を防ぎたい農家自身が獣害対策に意欲的でない」と聞くと、意外に思われるかもしれない。しかし実際には、行政担当者向けの研修会などで、「意欲がない集落に対して、意欲を引き出すためにどうしたらよいか?」といった質問の声があがることが多い。

その大きな理由は、獣害に困っている地域のほとんどは人口減少・高齢化が進行している中山間地域であり、慢性的な人手不足や労力不足に悩まされているため、獣害対策にそれほどの労力や資金がかけられないといった状況があるからだ。したがって、被害住民のために獣害対策を推進させたいが、住民からは思うような反応が返ってこない、という悩みは、多くの担当者が共通して抱える課題となっている。

対策をしないという選択もある

さて、労力や資金の不足だけが住民の意欲不足の要因だろうか? ここからはもう少し、当事者の意識を掘り下げて考えてみたい。

被害を受ける農家が獣害対策にどの程度、労力や費用などをかけるかの判断には、コストに比してどの程度の成果が得られるかの予測が不可欠である。具体的な技術・方法についての情報量が少ない状況では、成果についての算段が立てづらく、対策に踏み込むかどうかに二の足を踏むこととなるだろう。とくに資金面ではそれが顕著だ。したがって、被害農家が判断材料を手にするための適切な情報提供を行うことが必要となる。

しかし、十分な情報を手にしていたとしても、コストに見合う成果が得られないと判断された場合もまた、対策が実践されないという結果を生む。

ある集落で区長ほか役員さんに集まっていただき、「獣害に強い集落づくり」の説明会を実施したことがある。[1] 冬季にシカの餌となっているひこばえ対策として、稲刈り後にもう一度耕耘することで、ひこばえの発生率を抑制できるという手法について説明したときだった。集落内で唯一という専業農家のAさんが、「秋に耕起すると、燃料費がかかるうえ機械も傷み修理費がばかにならない。収支計算した結果、秋耕はしないようにしている」と反論された。野生動物に食べられても、「被害ではない」もののために、そのような出費はできないというのだ。秋耕は切りワラなどの有機物の腐熟促進など、次年度水稲初期生育の促進と安定を図るための土壌管理技術でもあるのだが、販売用作物に対する費用対効果を計算した結果、対策を実施しないという決断を下したとしたら、それは当事者による経済的に合理的な選択の結果といえるだろう。

次のような事例もある。[2] ある自家用作物を栽培しているBさんの畑に電気柵が設置してあるが、それに隣接して桐の木が数本立っていた。しかし、その枝からサルが電気柵を飛び越えて畑のかぼちゃなどに被害を与えていた。所有者はそのことを認識しているが、対処をしようとしない。その理由は、「もう少し桐の木が上に伸びて電線に届くようになれば、電力会社から一本あたり一万円の補償を受けることができる」というものだった。作物を食べられるというリスクよりも、近々得られるだろう現金収入を当てにして対策を実施しないという選択である［鈴木 2007］。

自家用農業における課題

一方で、得られる「成果」があいまいなため、対策にコストをかけることを躊躇するというパターンもある。

サルの被害が深刻化するある地域で、被害にあう農家の方々に、生産作物の用途や農作業目的を尋ねるためのアンケート調査や聞き取り調査を実施した。(3) その結果、この地域のほとんどが自家用農家であり、収穫した農産物は、自家消費されるか、遠くにいる子どもや孫など近親者への贈答用や近所へのおすそ分けとして利用されており、農作業の目的としても、昔からの習慣や趣味として楽しむことのほか、みずからの健康維持のためだったり、農作業を通じた近所づきあいだったり、人びとが収穫以外の多様な目的や価値を農業に見いだしていることがわかった[鈴木 2007, 2009]。

たとえば、この地域の被害農家であるCさん(女性)は、自身が農業を行う理由として、「昔から土いじりが好きだ」、「一生懸命農作業をして、喜んで野菜をもらってくれる人がいたらありがたい」という積極的な動機づけのほか、「これ(昔からやっている農業)しか知らない」、「家にいたってボケてしまう」、「ほかに勤めに行くところもない」という消極的な動機も語ってくださった。(4) 実は家庭内でも、旦那さんに「野菜を作らなければ自分たちが食べるのに困る状況でもないから、サルの被害にあうくらいならもう畑をやめてしまえばいい」と言われるらしい。しかしCさんは、「家にいても、ほかにやることもないから、多少被害にあってもまたやる」と返答したという。

このような農業に対する被害は、いわば「生きがい」に対する被害といってもよい。自分自身の「遊び」「健康維持」のために、または収穫物を近親者にあげることによって「喜んでもらう顔が見たい」などといった精神的、社会的動機づけによって地域農業が成立している部分がある。本来、

図2-1　自家用農家の獣害対策に対する心情

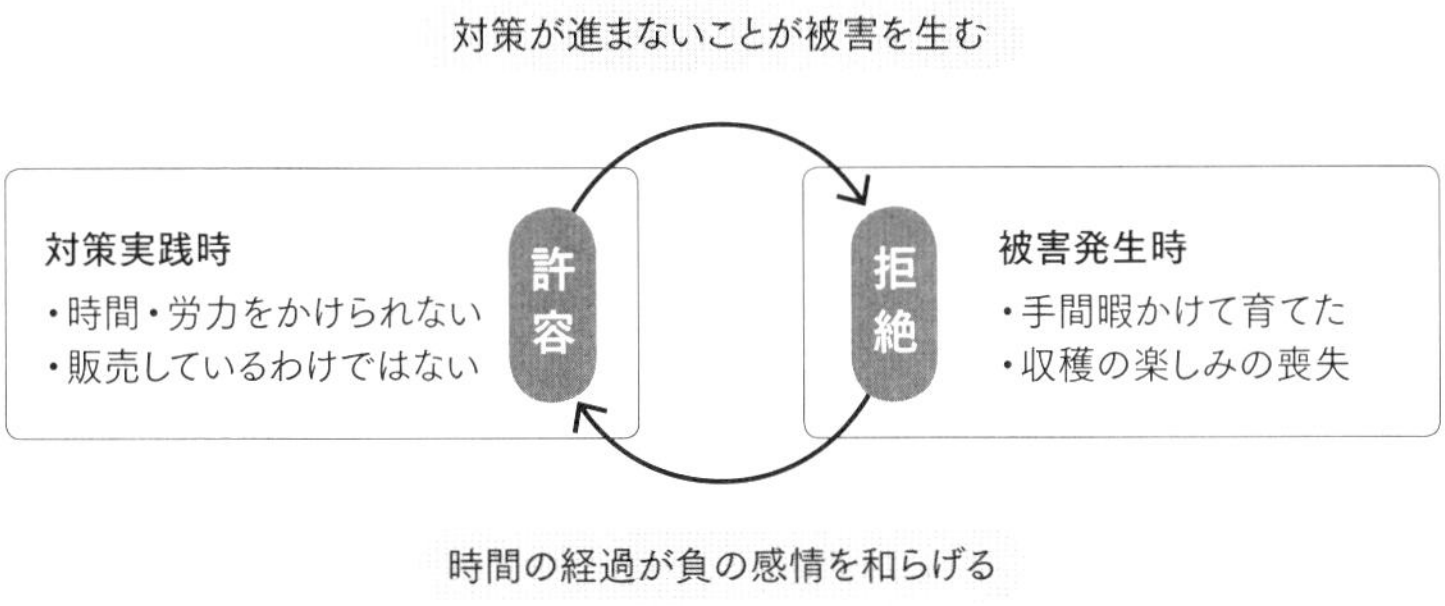
対策が進まないことが被害を生む
対策実践時
・時間・労力をかけられない
・販売しているわけではない
許容
拒絶
被害発生時
・手間暇かけて育てた
・収穫の楽しみの喪失
時間の経過が負の感情を和らげる

自家用農家では被害が許容(覚悟)されやすいため,
対策が不完全になりやすく,繰り返し被害が発生してしまう.
被害発生時にはもちろん被害は拒絶されるが,時間の経過が負の感情を和らげるので,
対策実践時には再度不完全な対策が実施されることが多い.

「生きがい」は「収益性」とはまた性質の異なるかけがえのない守るべき対象であるはずだが、当事者としてその価値を積極的に認識しておらず、販売農家のように「収益」を向上させるといった明確な目標を見いだしにくいことが多い。

その結果、ある程度の被害を受けることに許容的な態度を示す場合もあり、単に知識や情報を提供しただけでは対策実践は向上されにくい。しかし、対策が進まない状況は、再びその場所で被害を発生させることにつながる。もちろん、被害発生時には当事者にとって被害は受け入れられず「拒絶」されるのだが、それが対策へのモチベーションとして働くことは少なく、時間の経過が当事者の負の感情を和らげ、「しょうがないか……」と被害が再び許容(覚悟)されることになってしまう(図2-1)[鈴木 2009]。

5 硬直化するガバナンス

それでも放っておけば問題は深刻化する

獣害対策を推進する立場からすると、「自家用作物に対する被害だから……」といって放っておくわけにもいかない。対策が不完全であることが、野生動物の学習を促進し、農作物を彼らの採食レパートリーに含めてしまうことになる。また、栄養価の高い食物への依存は、繁殖率や生存率を向上させ、人為的な環境に馴化した個体を増加させることになる。こうなると対策はさらに難しくなるし、個体数管理の成果も希薄になる。

なにより被害農家の意識面に与える影響も大きい。「収穫」は農作業の集大成であり、最大の達成感をもたらしてくれるものである。手塩にかけて育てた農作物を収穫し、それを食べたり、喜んでくれる人にあげたりすることで得られる幸福感はかけがえがない。したがって、当初は「仕方ないか……」と許容されていた被害も、発生時に負の感情が生じることは避けられず、それが積み重なることで営農意欲も次第に低下してしまうだろう。

さらに、地域住民が抱く負の感情は、意思表示の場面で先鋭化してしまうことも指摘されている(図2-2)[鈴木 2008]。先述したように日常レベルでは、とくに自家用農家は、ある程度の被害を受けることを許容(覚悟)のうえ、対策にそれほどコストをかけないという選択が採用されやすい。しかし、被害発生時には負の感情を抱くことは避けられず、野生動物の存在に対する否定的見解だけが断片化され、被害経験を共有しない知人や家族、親戚など近親者にも訴えられることになる。したがって、被害が持続すれば、次第に被害を受けていない人も含めた集落や地域社会において、野生動物に対する否定的見解が共有されることとなる。さらに、問題がいよいよ深刻化してくると、地域での会合や懇談会、市町村議会などで、住民の代表者が被害の窮状を行政に訴えるようになる。このような意思表示の場面では、日常の被害農家の複雑な心情ではなく、被害を受ける地域社会の一般的な見解が、代表者によって「代弁」され、さらには「強調」されるなど被害認識が先鋭化してしまうというものだ。

図2-2　住民の被害認識の先鋭化プロセス

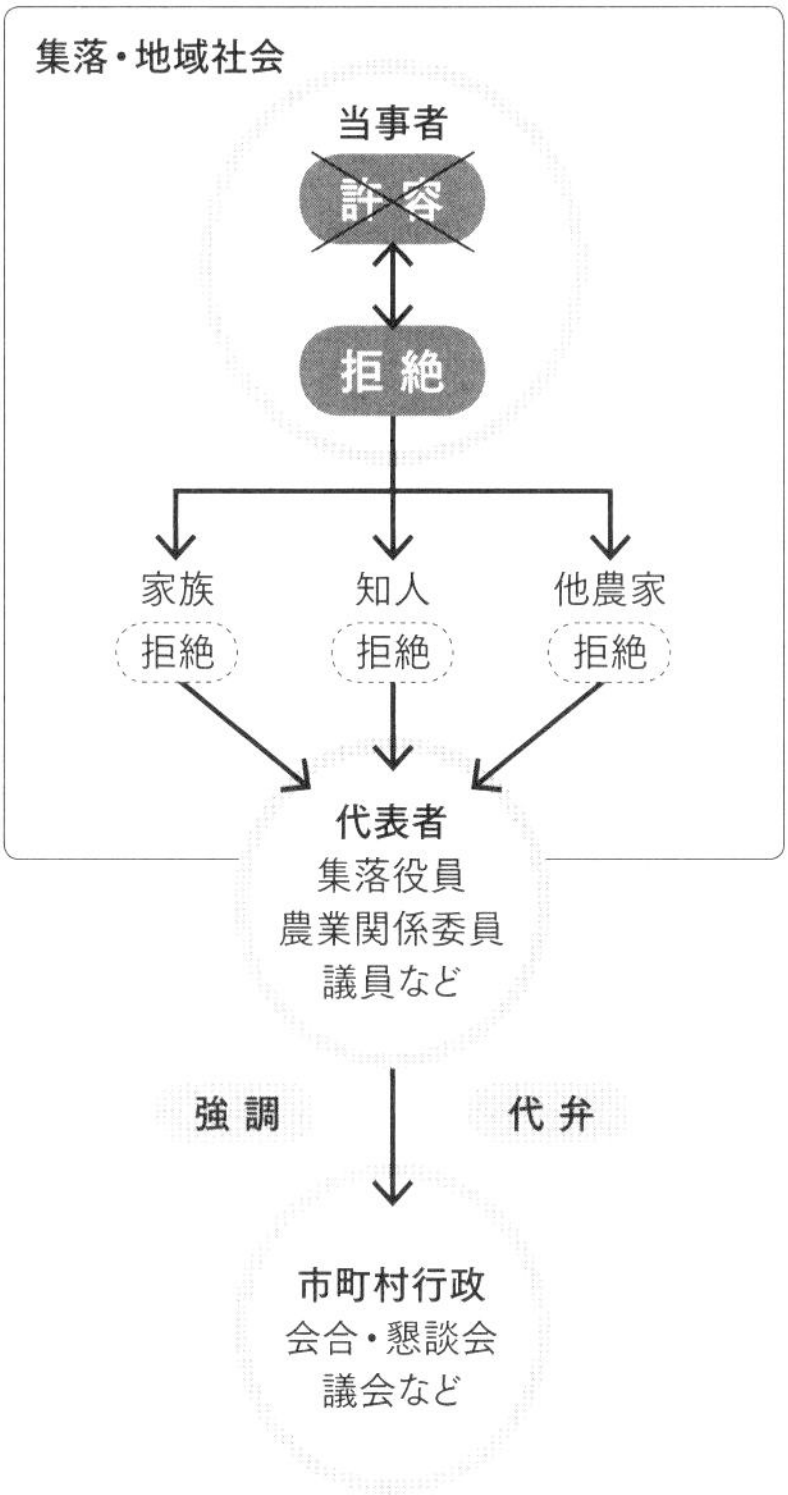

日常レベル（とくに対策実践時）では
当事者には許容されることもある被害であっても，
被害が継続されることにより，
次第に野生動物に対する負の認識だけが断片化され，
地域内で共有される．
さらに問題が深刻化して与えられる意思表示場面では，
地域内で共有される「負の認識」だけが
代表者によって「代弁」され，「強調」されるなど，
被害認識が先鋭化する．

理解を深めるために、具体的な事例も紹介しておきたい。サルの被害が発生しているある集落で、被害軽減のためのサル対策学習会を開催したときの話である。(5) この集落は自家用農家が中心ではあるが、ほとんどの住民が農作業に携わっている農業集落である。実は、学習会以前のK集落の何人かの農家に対する聞き取りや行動の観察から、「サルが来ないとさみしい」、「サルが来た方が(みんなで追い払うので)村が活気づいていい」といった、サルの被害に対して許容的、肯定的にとらえる複雑な「被害認識」が確認されていた[鈴木 2007]。しかし、この場では、サルを許容するような価値観が語られることはなく、被害対策のための知識・技術を学習するという本来の主旨を離れ、地域住民の苦情が次々と発せられる場となった。

「農業生活している人たちは、市場に出すために、朝早くから行って収穫せねばならない。傷つけられた農作物を市場さ出せるわけないいし。深刻なんだよ」

これは、この村で農業委員を務めるDさんからの被害状況の説明である。ところがのちにDさんの奥さんに対して聞き取りを進めると、Dさんの家庭では販売用作物は栽培していないことが判明した。また、集落内にも販売用作物を栽培している農家はほとんどおらず、農作物を簡易直売所で販売しているのは二名だけで、そのうちの一人は「兄弟に分けてあげたり、子どもに分けてあげたり。お金にするのはほんの少し」である状況が明らかとなったのだ。ご本人も、農業に対する価値観を「サルに食べられるから蒔かないほうがいいんだけど、黙って家にいるわけにもいかないいし、少しだけ蒔いている」と語っている。これらのことを総合すると、農業委員であるDさんの発言は、集落の最も深刻な被害状況を、第三者に代表して訴えかけるものであったと推測される。

被害の窮状を訴えかけるのは、実際に被害を経験している農家だけではない[鈴木 2008]。以下は、先ほど紹介した事例と同じ地域で、被害現場に偶然通りかかった清掃業者の社員からサルの被害状況の調査をしていた筆者に発せられたものである。

「サルの人よ、どうしてくれるんだ？　サルがここの人をこんな目にあわせてんだ。サルなんか間引けばいいんだ。サルの保護と言ったって、人間は食べていけなくなっていいのか？　どう考えてんだ？　何やってもどうにもなんねぇんだ。殺すしかないいんだ(6)」

この発言から、被害の困窮さが切に伝わってくるが、「人が食べていけない」といった状況説明は、先述したこの地域の農業実態の現実とはそぐわない表現であると解釈できる。また、後の確認で、この話者自身は農作業を行っていないことが明らかになった。住民の被害認識の先鋭化は、被害を共有しない第三者と対峙するさまざまな意思表示の場面で、ときには厳しい言葉をともないながら起こりうる[鈴木 2008]。また、政策的な議論が行われる合意形成の場でも起こることが報告されている[丸山 2003]。

被害認識が先鋭化してしまうと対策が捕獲に収斂しやすい

先鋭化した地域住民の要望として最も顕著なのは、加害する野生動物の「駆除」を「行政」に求めることである。先にも述べたが、野生動物を駆除することは古典的で明瞭な方法であり、また最も有効な方法であると信じられているためだ。人口が減少し、高齢化した現状では自分たちでは対処できないという気持ちも強く影響していると思われる。

それでも、住民自身にも自助努力を求めることが、被害軽減には「効率的」な手法であり、それを公共的に支援するのが行政の役割である。ところが、多くの市町村の担当者は、他の農林業に係る担当業務の片手間に鳥獣害対応をこなしているため、住民主体の対策推進を図るには、慢性的な人材不足の現状がある。また、捕獲を「強く」望む住民の声（いわばクレーム）に対して、市町村の担当者が「あなたたちがやりなさい」というのはなかなか難しい。担当者自身もコミュニティの一員である場合がほとんどで、常日頃、被害に対する「声」は耳にしているし、高齢化して体力低下している現状も一番よくわかっているからである。小さい市町村ならこの傾向はなおさらだ。

要望どおり「捕獲」で対応することは、住民の不満をまず解消させる最も簡便な方法でもある。不満を解消するという対策は決して悪くはないが、しかし、それが一時的なものに終わり、同時に住民主体の被害対策も進めなければ、また被害は発生してしまう。そうするとまた、住民からは「もっと捕獲を」という要望が出てくる。こうなると、対策は次第に「捕獲」に収斂してしまうことになる。

「正論」の押しつけはガバナンスの硬直化を生む

シカなどの繁殖力が高く個体数が増加傾向にある種への対応であれば当面の心配はないが、個体数が少なく絶滅が危惧されるような種や地域で、対策が捕獲一辺倒になった場合は保全上の問題が生じる。個体群の存続性に大きな影響を与える危険性があるからだ。このような状況になると、問題は市町村レベルではなく、県（国）行政、専門家などが関わることになり、専門家からは、個体群の存続性を確保するためにも「捕獲」だけに頼るのではなく、住民が主体となった被害管理を推進させる必要性が指摘される。

この主張は、先述したとおり、被害軽減の面においても「正論」なのだが、住民が要望する捕獲（先鋭化した意見としては根絶）を制限するものであり、住民に自助努力を求めるものである。また地域住民からすれば、専門家は自分たちの被害の実情をよく知らない「よそ者」であり、被害を受けるコミュニティの代表者の立場はより鮮明になるため、いっそう先鋭化の傾向は強くなる。その結果、「なぜ捕獲できないのか」という捕獲の是非に議論の争点はすり替わってしまいやすい。被害軽減のための「正論」は受け入れられないばかりか、「正論」を通そうとすると、逆に施策をめぐって意見の対立が生じやすく、獣害対策の推進体制（ガバナンス）が硬直化してしまうことになる。硬直化したガバナンスのもとでは、被害軽減のための試行錯誤や成果のフィードバック、体制の柔軟な変化を実践することは難しく、さらに捕獲が推進されることにより、対象種を絶滅に追い込む危険性が高まる。

6 獣害問題における順応的ガバナンスに向けて

現在、獣害を軽減するための技術や方法論の整理が進み、普及用の資料も作成されつつある。残されている技術的課題についても、今後さらに住民に活用されやすいような開発やコストダウンが進むだろう。にもかかわらず、獣害対策の推進がうまくいかないことが多く、それは技術や手法の開発が進むことによって改善される類のものではなさそうだ。今、直面している問題は、これらの手法を現場に適用させ、管理を運用するガバナンスのあり方といってよい。

公共サービスとしての行政の役割

まず考えなければいけないのは、対策が「捕獲」に収斂して獣害対策の推進体制が硬直化してしまう事態を避けることである。そのためには、獣害問題の軽減に向けて、行政がどのような役割を担うかを明確にし、住民に対する十分な説明責任を果たすことが必要となるだろう。

生物多様性の保全活動や自然再生事業と違って、獣害問題に特徴的なのは、人間社会に負の影響を与えている存在に対する管理であり、放っておけば取り返しのつかない事態にもなりかねない種類の問題であることだ。これまでの行政による獣害対策のあり方は、効果を上げることよりも、住民からの苦情に対するサービスとして対症療法的に対応してきた傾向がある。しかし、野生動物問題は年々深刻化している。生息頭数の増加や被害の拡大は、農山村における一次産業に与える影響にとどまらず、人身事故の発生や森林生態系に与える影響、都市近郊での被害発生など、問題の内容も多様化しつつある。このような現状では、治山や治水、治安維持、道路などのインフラの整備などと同じように、住民の生活の安全を確保し、産業の基盤を確保するために必要不可欠な公共事業として、獣害対策を認識すべき状況になりつつある［坂田 2010］。

とくに個体数調整などは、行政が広域的な空間を対象にして取り組まなければならない対策である。被害を出している野生動物が増加傾向にあるなら、分布域が拡大して被害地域が広がったり、被害程度が今よりも深刻にならないように、生息数や被害発生状況について科学的なモニタリングや状況分析を行いながら、順応的な個体数管理を継続して行うことが欠かせない。

行政が果たすもう一つの重要な役割は、地域住民が主体的に実施する対策への支援である。なかでも市町村行政は住民にとって最も身近な行政機関であり、被害を軽減するうえで問題となっている集落の課題の抽出や住民ニーズの把握を行いながら、適切な情報や技術を提供し、補助メニューを整備していくことなど支援体制を充実させることが重要だ。県行政は、さらに広域的な視点で保護管理計画の策定や、専門機関による知識の提供・助言、必要な技術開発などで、市町村に対する支援を行う役割がある。集落内で取り組みを推進するリーダーや地域での指導者など、必要な人材を育成していくことも必要となるだろう。

このように住民と行政の役割分担を明確にし、地方自治体が公共サービスとして獣害対策を施策に位置づけ、科学的な状況分析のもとに、役割を確実に実行していく体制をまず築く必要がある。できれば地方自治体に専門の部局を置くことが望ましいが、野生動物の管理や被害対策の推進にかかわるさまざまな部局横断的な対策チームをつくり、被害対策のための情報拠点づくりや、新たな施策の展開に取り組んでいる事例もある。今後、社会ニーズの変化に応じて、行政も柔軟に体制を変化させていくことも望まれるだろう。いずれにせよ、行政が果たすべき役割について、中・長期的な計画立案と施策方針を定め、住民に対する説明責任を果たすことは、次に述べる「農地」や「集落」などの空間における住民の自衛意欲向上や、被害に対する不満解消にとっても重要なことである。

ローカルで柔軟なガバナンスによる軋轢の解消

軋轢の解消をさらに積極的に考えるのであれば、地域みずからが改善すべき課題や目標を定め、さまざまな組織や関係者が必要に応じて主体的に関与しながら、意思決定や合意形成を図っていく、ローカルで柔軟なガバナンスが不可欠である。

野生動物対策は獣種によって必要な対応が異なる。また同じ獣種でも、人や集落環境への馴化程度によって被害の出し方や対応の仕方が異なってくる。一方、被害を受ける地域社会もそれぞれの条件がある。専業農家と自家用農家では実施できる対策は異なるだろうし、集落ぐるみの獣害対策となると、人口構成や農家戸数、組織運営のあり方から、集落内のまとまり具合までさまざまだ。効率的な成果を得るためには、これらの情報を収集・整理し、必要な調査・分析をしたうえで、どのような選択をすべきか判断することが必要で、それはやはり被害を受ける地域が主体的にならざるをえないことである。

一方で直面する課題は、地域住民は被害に対して決して一枚岩ではないことだ。住民それぞれがさまざまな価値観のもとに農業を営んでおり、合理的に、ときには感情的に獣害に対応している。また、獣害が深刻化している中山間地域のほとんどは人口減少や高齢化が課題となっている。遠くない将来として、限界集落化が心配される地域も少なくない。このような条件下で、どのように住民の意欲や努力を引き出し、まとめていくかという問題は、区長や役員など集落側のリーダーとなる立場の人たちの頭を悩ます原因となっている。

したがって、行政をはじめ関係機関による支援が必要になるが、外部からの獣害対策の「正論」を「押しつけ」ては、かえって被害認識を強める結果となることもある。獣害対策への意欲やまとまりづくりに向けては、「正論」を住民が取り組みやすい課題に「置き換え」て提案するような試みが今後必要なのではないだろうか。

たとえば目標設定のあり方である。獣害は地域にとって負の課題であり、「獣害解消」という目標が立てられることが多い。ところが、これは「マイナスをゼロにする」という発想である。専業的な販売農家であればまだしも、獣害を克服できたとしても地域の衰退が避けられない状況下では、獣害対策に投入できる意欲もかぎられてしまう農家は多いだろう。そこで、これからの獣害対策の目標設定として目指したいのは、獣害を解消した後の地域ビジョンを明確にしつつ、その阻害要因として獣害を位置づけ、解消を図ることだ。

ところが、実際問題として、獣害で困っている集落に「将来ビジョン」を求めていくことは口で言うほど簡単なものではない。とくに鳥獣関係の担当者がその役割を担うのは立場的にも難しい。多くの場合、彼らは地域住民に深刻な被害をもたらす「害獣担当」であって、住民からはシビアに「捕獲」や「即効性のある対策」を求められることが多いからだ。たとえ熱心な担当者だったとしても、集落の住民と一緒に将来を考えるスタートにたどり着くまでに相当な時間がかかってしまうことだろう。しかし、これが最初から自分たちの「味方」となってくれる立場からの提案だったらどうだろうか。たとえば「農業改良普及員」による「集落営農の推進」や、「集落支援アドバイザー」

などによる「地域づくり計画」である。

「集落営農」や「地域づくり」が対象とする中山間地域のほとんどで「獣害」は深刻化している。さらに、少子高齢化はもちろん、集落機能の低下、まとまり不足、集落放棄地の拡大、里山林の荒廃など、地域活性化分野が抱える課題の多くは、獣害軽減に向けた課題と共通している。必要に応じて地域活性化と獣害対策にかかわるさまざまな機関や関係者が連携し、双方が抱えるウィークポイントを補完し合い、共通課題に対処することは、小規模・高齢化傾向にある集落が「持続可能な地域づくり」を目指すうえでも重要な契機となる可能性がある。

たとえば、耕作放棄地に牛や羊を放牧して野生動物が近づきにくい緩衝帯をつくる「放牧ゾーニング」と呼ばれる方法が、獣害軽減効果のほかに、住民の憩いの場を創出したという事例や［上田 2003; 山中ほか 2008］、労力不足を解消するために誘致した獣害対策ボランティアによって都市住民との交流が図られた事例など、地域活性化に貢献するような多面的な価値を持った獣害対策も存在する。最近では、獣害軽減のために地域が一丸となって対策に取り組むこと自体が、住民の獣害対策への意識だけでなく、農地管理意欲も向上させるという研究成果［山端 2011］も報告されているのだ。

集落で獣害対策の座談会をした際には、「他の集会でこんなにも人が集まることはなかった」という声も聞こえてくるほど、獣害は関心の高い問題となっている。地域のみんなの共通課題である獣害対策に取り組むことを契機に、新たな特産品や生きがいの創出を生み出すことを目指していく――獣害対策を地域再生へのスイッチとする――ような発想の転換や連携の仕方も興味深い。

現状では、野生動物は地域社会に対して負のイメージが強い存在であるが、獣肉の有効活用や観光資源としての活用など、野生動物の存在を潜在的な地域資源ととらえ、前向きに評価し直すことも可能だ。

獣害問題は野生動物による物質的な被害が根源だが、たとえ同じ量の被害を受けたとしても、獣害対策の目標設定や周囲の支援のあり方、関わり方によって、被害住民の受けとめ方はまったく異なるものになることもある。これからの野生動物との軋轢の解消を目指した獣害ガバナンスの形成や発展にとって重要だと考えられるのは、地域がそれぞれ抱えるさまざまな社会的課題の解消と獣害対策を結びつける視座や人材であり、必要に応じてさまざまな組織や関係者が関与しながら柔軟に支援や推進体制を変化させていくことのできるしくみなのだろう。

獣害をどのように克服していくのか――、その答えは地域の数だけあるはずだ。

註

(1) 二〇一〇年二月九日、兵庫県篠山市O集落にて。
(2) 二〇〇三年八月九日、青森県下北郡佐井村H集落での聞き取り。
(3) 二〇〇三～二〇〇四年、青森県下北郡佐井村で実施。
(4) 二〇〇四年八月二日、青森県下北郡佐井村H集落での聞き取り。
(5) 二〇〇三年八月八日、青森県下北郡佐井村K集落にて。
(6) 二〇〇三年七月五日、青森県下北郡佐井村H集落にて。

II 試行錯誤の現場から

――多元性に満ちた地域社会のなかで

第3章

希少種保護をめぐる人と人、人と自然の関係性の再構築

北海道鶴居村のタンチョウ保護と「食害」

●二宮咲子

1 はじめに――希少種保護にひそむ社会的問題

世界で絶滅の危機に瀕する生物種は、動物一万六一一五種、植物九一九五種が確認されており[(1)]、現代は、地球史上で初めての人為的要因による大量絶滅の時代といわれている[Wilson 1992＝2004]。そのため、希少種の保護は国際的に関心が高く、一九〇カ国以上が批准する生物多様性条約(生物の多様性に関する条約)においても中心的な施策に位置づけられている。一方で、希少種を保護することが、希少種が生息する地域に暮らす人びとの利益になるとはかぎらない。希少種保護の取り組みが、地域住民の反発を受けることも往々にしてある。

しかし、それを単に、希少種保護・生物多様性保全の取り組みと、生業・経済活動との間での、

いわゆる「自然か人間か」という〝相容れない価値観の対立〟とみるのは、早計にすぎる。なぜなら、地域にはそれぞれに特有の、人間と自然との密接なかかわりの歴史があるからだ。その歴史的文脈を紐解くなかで、希少種保護・生物多様性保全への地域住民からの反発の多様な意味と、さらには、反発を生み出している社会構造的な要因をとらえる必要がある［二宮 2011］。

そもそも、希少種保護・生物多様性保全に、地域住民はなぜ反発するのだろうか。また、本当に、地域住民の利害・関心は、希少種保護・生物多様性保全の理念と対立しているのだろうか。さらには、地域住民の利害・関心を踏まえたうえで、希少種を保護し、生物多様性を保全する道を求めることはできるのだろうか。これらのことを、ある希少種を保護する政策的取り組みの現場から考えてみたい。

2 釧路湿原におけるタンチョウの「絶滅」と「再発見」

その現場とは、北海道の釧路湿原流域に位置する鶴居村《つるいむら》である。国内最大の湿地面積を誇る釧路湿原は、ラムサール条約（特に水鳥の生息地として国際的に重要な湿地に関する条約）の登録湿地（一九八〇年）や国立公園（一九八七年）として保護され、開発行為が規制されてきた。また、二〇〇二年からは自然再生推進法にもとづき、湿原の中央を流れる釧路川の再蛇行化や、湿原上流域での植林を中心とした国の直轄による自然再生事業が、協議会方式で実施されている。

釧路湿原に優雅に舞い降りる鶴、タンチョウ（*Grus japonensis*）は、アイヌ語で「湿原の神（サルルン・

カムイ）」と呼ばれている（写真3−1）。大きな白いつばさ、その付け根は漆黒に輝き、頭のてっぺんは鮮やかな赤い色をしていて、とても美しい。その美しさゆえの乱獲と生息地の開発が原因で、明治期に絶滅したと思われていたが、一九二四（大正一三）年に釧路湿原で再発見され、一九五二（昭和二七）年には国の特別天然記念物に指定された。狩猟規制と生息地保護のもと、観測数は一九五二年の三三羽から徐々に増加していった。

写真3−1　鶴居村のタンチョウ.

　タンチョウ保護の政策的取り組みは、一九九三年、種の保存法（絶滅のおそれのある野生動植物の種の保存に関する法律）の国内希少野生動植物種に指定されて以降は、生物多様性保全を理念として、専門家の科学的知見にもとづき行われるようになった。生態や生息状況の調査と、指定給餌場での人工給餌を中心施策とした環境省（二〇〇〇年までは環境庁）主導の保護増殖事業の展開にともない、観測数は急激に増加していった。そして、二〇〇五年には観測数が初めて一〇〇〇羽を超え、二〇一二年現在、タンチョウの生息数は一三〇〇〜一四〇〇羽にまで回復したと考えられている。(2)

このようにタンチョウは、国の政策的取り組みによって、最も古くから、重点的に保護されてきた希少種の代表格といえる。国内に生息するタンチョウのおよそ二分の一、約六〇〇羽が生息し、国の三大給餌場のうちの二つが位置する鶴居村は、タンチョウ保護の政策的取り組みの現場として、とくに重要な地域だ（写真3-2・3-3）。

ところが、一九九〇年代以降、酪農業を営む地域住民がタンチョウ保護に強く反発するようになってきた。その理由として挙げられるのは、タンチョウが作物や飼料を食べてしまうという「食害」である。これは個人経営の酪農家にとっては死活問題であり、反発が大きくなることは容易に理解できる。しかし、その反発の背景にあるのは、単に、作物や飼料を食べられてしまうからという、生業・経済活動への個人的な利害・関心だけなのだろうか。また、とくに近年に

写真3-2　下雪裡給餌場での給餌の様子.
写真提供：タンチョウコミュニティ

写真3-3　観光名所となっている下雪裡給餌場.

なって反発が強まっているのは、単に、タンチョウ保護によって生息数が増えたという生態学的な現象が、「食害」をひどくしたからなのだろうか。

私たちはここで、酪農家のタンチョウ保護への反発を、「タンチョウ保護か、それとも酪農業か」という〝相容れない価値観の対立〟の構図に安易にあてはめてしまうのではなく、再発見から約九〇年間、タンチョウとともにこの地で生まれ育ち、生活を営んできた地域住民の、自然と人間とのかかわりの歴史的文脈を紐解くなかからタンチョウ保護への反発を詳細に読み解き、これからの地域社会を基盤とした希少種保護・生物多様性保全のあり方を探ってみよう。

3 鶴居村におけるタンチョウ保護と「食害」——その現状と課題

希少種保護と生物多様性保全への関心が国際的に高まっているなか、なぜ、明治期からタンチョウ保護の政策的取り組みが実施されてきた鶴居村において、とくに近年になって、地域の基幹産業を担う酪農家からの反発が強まっているのだろうか。

その理由について、ある酪農家は次のように語ってくれた。

「今年(二〇〇九年)は相当やられたよ。うーんと(たくさんデントコーンの芽をタンチョウに)抜かれちゃって。ちょうど(タンチョウが農場に)来る頃は、搾乳をやっている頃。朝晩。そうしてね、搾乳やめて(タンチョウを追い払いに)行くべよ。自転車ここ(牛舎の前)に停めてあるでしょ。大変だよ、俺もう年寄りだから。ここ何年かは俺、ツルの会合(タンチョウ保護活動)あったって行かないんだべや。行ったら文句ばっか言うから、俺、行かねえの[3]」

このように、酪農家がタンチョウ保護に反発する理由、それは「食害」である。このような酪農家の反発に対しては、「シカやカラスによる食害もあり、タンチョウだけが悪いわけではない」という見方もある。しかし、タンチョウによる「食害」には、他の野生動物によるものとは異なる特徴が大きく三つあるのだ。

一つめは、経済的側面での被害の大きさである。とくに深刻な被害は、春先、コーンの芽が出たところで、タンチョウがそれを引き抜き、根元に残っているコーンの粒を食べてしまうこと(写真3-4)。そして、飼料を発酵させながら貯蔵するビニール製の覆いをつついて破り、飼料中のコーンの粒をついばむために、飼料全体が内部から腐食してしまうことだ。このようなタ

写真3-4 デントコーン播種時のついばみによる「食害」.
写真提供:タンチョウコミュニティ

ンチョウの「食害」は、一年分の飼料に影響をおよぼす可能性がある。個人経営の酪農家にとって、経済的損失や経営リスクが非常に大きい。

二つめは、被害の質的な広がりだ。経済的な側面にとどまらず、地域の人間関係にまで影響がおよんでしまう。たとえば、酪農家が乳牛用の飼料をついばむタンチョウを発見した際には、そのとき、その場で、すぐに追い払う必要がある。しかし、保護増殖事業主体である環境省の行政機関は、村から四〇キロメートルほど離れた釧路市内にある。そのため、酪農家の憤りの矛先は、同じ村に住む地元の役場職員やタンチョウ保護関係者へと向けられてしまうのだ。

そして、「ヤツラ(タンチョウ)がいっぱい来てるぞ! お前たち(タンチョウ保護関係者)が増やしたんだから、お前たちがなんとかしろ!」という酪農家からの苦情の電話。役場職員やタンチョウ保護関係者は、すぐに現場に駆けつける。タンチョウに向かって走って行き、大きな声を出しながら追い払う。

なぜ、このような対策になってしまうのか。それは、タンチョウは鶴居村という村名の由来であり、村章の図案であり、村の鳥でもある。つまり自治体行政のシンボル的存在だ。さらには特別天然記念物であるため、他の野生動物による「食害」対策とは異なり、むやみに驚かせたり、傷つけるおそれがある狩猟や電ぼく柵などの方法では対策をとることができない。このような、「食害」対策の困難さが、他の野生動物と異なる、タンチョウの「食害」の三つめの特徴である。

以上のような三つの特徴をもつ「食害」は、酪農家がタンチョウ保護に反発する直接的な理由であり、「食害」をめぐって、地域社会の人間関係にまで軋轢が生じてしまっているのが現状だ。

ところが、鶴居村における地域住民とタンチョウとのかかわりの歴史をさかのぼっていくと、かつての酪農家は、自主的なタンチョウ保護活動の中心的な存在だった。彼(女)らは、昭和三〇年代には、地元の小学校での児童による給餌活動のために、乳牛飼料用のデントコーンを寄贈したり、ニオと呼ばれる、ヨシを被せた木組みの小屋を作り、それがエサ台として使われていた。

しかも、タンチョウによる農作物のついばみは、近年に始まったことではない。昭和初期には自家用のソバやトウモロコシを荒らされ、「タンチョウに殺される思いをした」[4]という。今よりも生息数が少なかったからといって、ついばみの影響が小さかったわけではなさそうだ。すると、とくに近年になって、酪農家からのタンチョウ保護への反発が、「食害」を理由として強まっている背景にあるのは、酪農家個々人のタンチョウ保護に対する価値観の相違でもなく、またタンチョウの生息数が増えたことだけでもない。別の何かがあるはずだ。反発の理由として語られる「食害」の、その奥にあるもの。酪農業が鶴居村の基幹産業となるに至るまでの、生業・経済活動の歴史的文脈をたどっていくと、酪農家が今、ここで受けている「食害」を引き起こしている、より大きな社会構造的な要因がみえてくる。

4 「食害」の社会構造的な要因

酪農地が湿原中心部に隣接している歴史的理由

はじめに、酪農地が湿原中心部に隣接しているのには、次のような自然的条件と社会的条件が複雑に絡み合った歴史があることを振り返っておこう。

鶴居村には、湧水が豊富な、大きな不凍河川が三本ある。それらが南部に広がる釧路湿原に向かって流れ込んでいる。明治後期、この一帯は巨樹が生い茂り、多くのヒグマが生息する原生林であった。そのため入植者たちは、この三本の川づたいに、小舟に家財道具一式をのせて引っ張り上げ、川岸から開拓していった。一方のタンチョウは、気温がマイナス二〇度にもなる厳冬期には、より暖かい不凍河川をねぐらとする習性をもっている。このようにして、なかば必然的に、タンチョウの生息適地と人間の開拓適地は、三本の河川を中心軸として空間的に重なり合ってしまった。

湿原が集落に、あるいは集落が湿原に食い込んでいるようなこの地で、人びとは最初から酪農業を営んでいたわけではない。河川沿いの開拓から現在の酪農業へと至る生業の歴史的変遷を軸に、タンチョウ保護と酪農業の対立を引き起こしている「食害」の社会構造的な要因を、具体的に明らかにしていこう。

鶴居村における生業の歴史的変遷

①農業から酪農業への移行

鶴居村への入植は、主に、本州各地の農民の集団移住による。現在、酪農業を生業とする住民の多くは入植から三〜四代目の子孫で、原生林の開墾に始まった過酷な開拓当初の話を伝え聞きながら育ってきた。

「見たことないけど、当時は直径二メートルのブナとかたくさんあったらしいよ。それを人間の力で開墾するというのは、ものすごいこと。少なくとも三日はかかる。〝血と涙の歴史〟どころか、熊もいたからね(5)」

稲作の試みもあったが、昭和初期の冷水害と大凶作を契機に、釧路地方は国と道から水稲不適作地と認定された［鶴居村史編さん委員会編 1987：261–266］。「結局残ったのはヒエとアワとキビとソバ。ヒエとアワは、今はインコとかジュウシマツが食べるもの。当時は人間がアワとかキビばっかりのご飯を食べていた(6)」というほど、新たな農地を求めて入植してきた人びとにとって、鶴居村での生活は大変厳しいものだった。このようななか、大正初期、郷里で酪農に触れたことがあるごく少数の住民を中心に［鶴居村史編さん委員会編 1987：326–329］、現在の酪農業へとつながる自家用の乳牛飼育が始まった。酪農業の始まりは「子どもたちに少しでも栄養のあるものを食べさせたい(7)」という親の願いだったのだ。

②馬産から酪農業への移行

湿原の近くで酪農業が営まれるに至った歴史をさらにさかのぼっていくと、農家での自家用の乳牛飼育とは別に、酪農業へとつながっていった生業があった。それは、馬産である。

馬は、山のなかをたくさん走って、たくさん水を飲んで育つ。雪が少なくて標高差がなだらかで、あちこちにきれいな水がたくさん湧く鶴居村の自然環境は「日本一、馬産に適していた」[8]という。富国強兵を国是とする昭和初期まで、軍馬の生産と品種の改良は、国の命運を賭けたまさに「国策」だった。加えて、鶴居村をはじめとする北海道のとくに農村では、馬は農作業にも、またときには子どもたちが小学校へ通う足としても使われ、住民にとって生活必需品であった[9]。このように、食べるのにも困った農業とは異なり、馬産は、鶴居村の自然環境にも適し、社会的な需要も多かった。馬産を生業とする住民の暮らしぶりは鶴居村のなかでも群を抜いて豊かだった。

ところが、馬産を生業としていた家でも、現在は酪農業を営んでいる。その理由は、戦後、国策による軍馬生産の振興策と家畜としての馬の需要がなくなったことによる。

そのとき、次の生業として選んだのがなぜ酪農業だったのか。それは、馬の放牧に適した自然環境は、牛の放牧にも適していたからである。なだらかな起伏の山。一年中途切れることがない清涼で豊富な湧き水。草食動物の馬と牛は一緒に放牧することができる[10]。馬産を生業としてきた人びとにとって、鶴居村に住み続けながら無理なく、徐々に主軸を移していくことが可能な生業、それが酪農業だったのだ。

③酪農業の機械化と大規模集約化

農家の自家用の乳牛飼育と、馬産から酪農業への生業移行に加えて、昭和二〇年代には、新たな入植者による酪農業への新規就農が増加した。第二次世界大戦後、国策として、北海道を中心とした緊急開拓事業が実施されたからだ。

鶴居村では一九四八（昭和二三）年に鶴居村開拓農業協同組合が発足し［鶴居村史編さん委員会編 1987：312］、国や地主からの払い下げという形で農地が分割され、私有化が進んだ。つまり、戦後の一九四六年、連合国軍最高司令官の覚書「農民解放指令」にもとづき、政府が「農地調整法」を改正、「自作農創設特別措置法」を制定したことが、現在の酪農地が湿原の近くで、所有者単位で点在分布し、さらには酪農業が個人・家族単位で経営されていることの母体となっているといえる。

昭和三〇年代に入ると、国策の中心は、農地改革から農業の構造改革へと進んだ。鶴居村での酪農業の構造改革は一九六四（昭和三九）年、「農業構造改善事業」によって、酪農家がトラクターなど大型機械を購入する際の融資に始まった。

農耕馬や人力による道具の使用とは異なり、大型機械で効率よく作業するには牧草地が平らで乾いていることが必要だ。しかし、前述のように、鶴居村の集落は川沿いに開拓された歴史をもつ。酪農地のあちらこちらには窪地や湧き水があった。そこで、大型機械の導入と並行して、大規模な盛土や排水路の整備事業が展開された。昭和四〇年代には現在のおよそ八割の酪農地、約六五〇〇ヘクタールの採草放牧地が開発された(11)。

酪農業の機械化は、酪農地の大規模な開発と結びついただけでなく、家族単位で酪農業を営んできた人びとの生活も大きく変えた。機械化以前の酪農作業を振り返るとき、酪農家たちは皆、口をそろえて「きつかった」と言う。

「小学校四、五年生のとき（昭和三〇年代）には、牛の餌として足りない草を湿原に馬で一人で採りに行って運んでいた。小学校の間はずっとそれをやっていた。雪のなか、凍えそうになりながら湿原に行って、草を積むとき、重くて、疲れて、早く帰りたいから、いい加減に積んでしまう。（そのせいで）帰り道の途中で荷が傾いて、自分もソリから落とされそうになってしまう。落ちないように必死で馬の手綱を握っていた[12]」

このように、厳しい自然のなかで、酪農業の働き手であった酪農家の子どもたちにとっては、昭和三〇年代以降の酪農業の近代化政策は、過酷な肉体労働から解放される夢のような出来事であったのだ（写真3-5）。

その一方で、高額な重機の購入のために、酪農家は一戸あたり数千万から数億円規模の融資（借金）を受けることになった。そして返済のためにも、酪農業の経済効率性を高める大規模集約化を進める必要があった。鶴居村では、昭和四〇～五〇年代の約一〇年間で、酪農家一戸あたりの平均耕地面積は七・七ヘクタールから二七・七ヘクタールへ、平均乳牛飼養頭数は九・七頭から三六・四頭へと急激に増えた[13]。現在に至るまで大規模集約化の傾向は続き、二〇〇九年度には、酪農家一戸あたりの平均耕地面積は七九・五ヘクタール、平均乳牛飼養頭数は一三二・一頭となった[14]。

この広大な農場で重機を用いて作業を行うのは、酪農家の男性成人（お父さん）の役割である。一人で作業することも多く、どこに舞い降りるかわからないタンチョウの群れを、酪農作業をしながら追い払うことは非常に困難だ。また、朝と夕方の一日二回は、三～四時間かかる牛舎での搾乳作業がある。酪農家が農場に出てタンチョウを追い払うことは不可能に近い。

このように、近年、酪農家がタンチョウ保護に強く反発する理由となっている「食害」は、単にタンチョウの生息数の増加によってのみ引き起こされたものではない。

そもそも酪農家たちは、タンチョウによるついばみをすべて「食害」だと認識しているわけではない。酪農家が許容しているついばみもある。実は昔からタンチョウのつがいが代々住みついている、という農場は多く、つがいは「ウチのツル」と呼ばれて可愛がられているのだ。「コッコ(春に生まれたヒナ)を連れて湿原のほうから食べにきて、また戻っていくことは昔からあったよ」[15]と笑顔で語る酪農家にとって、つまり、「ウチのツル」によるついばみは「食害」とはいえない。

では、あらためて「食害」とは何か。多くの酪農家には共通する被害認識があった。それは、タンチョウの観測数が六〇〇羽を超えた一九九〇年代以降、ちょうど環境庁(当時)が主導する保護増殖事業が開始された頃、若鳥の群れが引き起こすようになった「新たなついばみ」への懸念である。

写真3-5 機械化した酪農業．搾乳機(ミルカー)が並ぶ．

「やっぱし若いのは、親からわかれたら集団くむ習性あるんだわ。一〇羽か、多いときなら二〇羽くらい。ちょうどコーンの種まく時期なんか、ほんと、集団で来る。とくに三歳くらいまでのヤツが多い。その時期(五月)のタンチョウの夫婦っていうのは、(ヒナが一緒にいるため)湿原のなか入って出てこないから。だから、悪いことするヤツは、そういう亜成鳥の若いヤツラ」(16)

このような、酪農家のタンチョウに対する多様な認識を、「自然か人間か」という単純な対立構図にあてはめて理解していては、「食害」を解決することはできない。酪農家が今、ここで受けている「食害」を引き起こしたのは、被害を受ける酪農家や、鶴居村の基盤産業を支える自治体行政の枠組みを超えた、より大きな社会構造的な要因であり、その背景には国策や社会的需要に応じた地域の生業の変化、そして経済や流通のグローバル化の波を受けて効率化を推し進めてきた酪農業の機械化と大規模化の進行がある。

このように考えるならば、「種の保存法」にもとづく希少種の保護増殖事業で、生息数のコントロールや生息地の分散といった生態学的知見にもとづく政策的取り組みを追加するだけでは、「食害」の解決にはならない。地域の自然と密接なかかわりをもつ生業の歴史的な変遷から、地域の生業・経済活動の実情とそれらを取り巻く社会構造を踏まえたうえで、地域社会の人間関係の軋轢を解消するという、新たな問題解決の方向性が考えられなければならない。

5 「食害」の社会的解決の可能性──「タンチョウのえさづくりプロジェクト」

酪農地をタンチョウ保護活動の中心に据える

そのような地域社会を基盤とした希少種保護・生物多様性保全の取り組みの先駆けともいえる実践が、鶴居村の住民を中心に始まっている。二〇〇八年に有志二名が立ち上げた「タンチョウコミュニティ」が企画・主催する「タンチョウのえさづくりプロジェクト」である。

「タンチョウのえさづくりプロジェクト」には、これまでのタンチョウ保護の政策的取り組みにはない特色がある。それは、「タンチョウのえさをつくる全体の過程を体験することで、タンチョウへの興味関心および村の基幹産業である酪農業への理解を深める」[17]という目的に表れている。つまり、タンチョウ保護活動の中心に酪農業を据えていることだ。

プロジェクトの始まりは、北海道に春がようやく訪れる五月。農場に村立小学校全校児童および教職員、保護者、住民の約五〇名が集まった。そこで、タンチョウコミュニティの代表者からは、プロジェクトの趣旨・活動内容と年間スケジュールについて、鶴居村のタンチョウと酪農業との関係や、「食害」について解説する教材を用いて説明があった。オリエンテーション後、トラクターによる酪農業の種まき作業を見学し、続いて、参加者みずからが手作業でタンチョウのえさづくりのための種まきを実施した。全部で二五〜三〇列、種の間隔は一五センチ、子ども一人あたり一二〇粒。一人一列を担当して、自分の名前のプレートを置き、種まきは終了した。[18]

種まき後、一〇月の収穫までは、プロジェクトの企画・主催者であるタンチョウコミュニティが、生育状況の確認や「食害」防止のために、毎週のように酪農地へと様子を見に行き、酪農家と話をした[19]。そして、このことが後に、酪農家にとっては、タンチョウ保護と「食害」に対する認識を変化させる過程としての重要な意味を持ってくる。しかし、ここでは先に、プロジェクトのもう一つの特色についてみていこう。

手作業が酪農業とタンチョウ保護とがつながる余地を生む

プロジェクトのもう一つの特色は、徹底した手作業へのこだわりである。一〇月の収穫では、種まきをした小学校全校児童および教職員、保護者、住民、酪農地を提供した酪農家のほか、村内のタンチョウ保護関係者と建設会社員と村外の自然保護団体職員、総勢約五〇人が参加した[20]。

そのときの具体的な作業の流れは、まず、五月の種まき後の畑の様子について、とくに「食害」から畑を守ることとの大変さについて、酪農家とタンチョウコミュニティからの説明があった。その後、具体的な収穫作業に入った。

児童は、①コーンのもぎ取り（写真3-6）、②コーンの皮むき、③一本一児童のコーン粒カウント、④その数を発表、⑤縛ったコーンを段ボールに入れるという一連の作業を担当した。大人は、①もぎ取りサポートまたは食害防除ネットはずし、②もぎ取ったコーン本数カウント、③コーンの皮むき、④コーンを二本ずつしばり、⑤コーン粒をカウント、⑥その数を発表、⑦縛ったコーンを段ボールに入れるという作業を担当した［タンチョウコミュニティ編 2008］。

写真3-6　「タンチョウのえさづくりプロジェクト」.
地元の小学生がデントコーンを収穫する様子.
写真提供：タンチョウコミュニティ

前節で述べてきたように、現在の酪農業は機械化されている。コーンの収穫作業では、単独での大型機械の運転・操作作業が多く、一気に刈り取られ、自動的にほぐされていく。しかし、プロジェクトにおいては、そのような通常の機械は使わず、すべてをあえて手作業で行った。コーンをもぎ取り、皮をむき、その皮で二本ずつ組んでしばって干し、コーン粒をほぐしていく。これらの手わざは、酪農業の近代化政策以前、いわば現在の酪農家が子どもの頃、両親や祖父母とともに働くなかで身につけたものだ。手作業だからこそ、人手が必要で、協働が必要で、そして子どもや非酪農家の住民にもできることがある。機械化から四〇年以上が経った今、プロジェクトのなかで手作業での酪農業が復活した意義が、ここにある。

小学校体育館での乾燥後、ほぐし終えたコーンは、翌二〇〇九年二月、鶴居村内にある国の給餌場に寄贈された。タンチョウを見慣れ、保護活動には無関心だった子どもたちからも、自分たちが作ったコーンをタンチョウがついばむ姿を目の前で見て、歓喜の声があがった[21]。

地域社会の人間関係への働きかけと「食害」認識の変化

現行の希少種の保護増殖事業の枠組みで、このプロジェクトの成果を議論するならば、それはタンチョウの生息数の増加に対する貢献であり、具体的には作られた餌の「量」によって評価されることになるだろう。二〇〇八年度のプロジェクトで収穫したコーンは約一五〇キログラムであった。タンチョウ八羽分の餌の量では、生態学的な視点から保護増殖の効果を評価することは難しい[22]。

しかし、ここで、酪農家の個別対処では技術的にも経済的にも限界がある「食害」への対策という意味において、希少種保護の政策的取り組みのあり方を地域社会の現場から問い直す取り組みとして評価することができるのではないだろうか。

酪農地を提供した酪農家は、タンチョウの「食害」を受けながらもプロジェクトに参加した理由について、次のように語った。

「タンチョウっていったら、鶴居村の小さな村のシンボルになり、宣伝になり、いい面での鶴居発展の期待面での看板でもある。「貴重だ」っていう思いはありますよ。タンチョウコミュニティが一生懸命やってる姿も見てきた。あの人がたも被害（食害）の対策もしてくれているし。だからできる範囲でやれることはこちらもやろうと。やり始めるともう、自分の畑よりも子どもたちの畑のほうが気になっちゃってね[23]」

このように、酪農家のプロジェクトへの参加動機は、かならずしもタンチョウそのものを保護することではない。タンチョウをシンボルとした地域振興への期待。子どもを中心とした人と人との触れ合いに、プロジェクトの意味を見いだし、それがタンチョウ保護にもつながっている。

また、種まき後に毎週のように酪農地へ訪れていたタンチョウコミュニティの一生懸命な姿を目の当たりにしたこと。タンチョウの追い払いをしてくれたこと。さらには、タンチョウ保護活動の資金から防護ネットの購入とネット張りなどの食害対策を一緒になって協力してくれたこと。これらの、タンチョウ保護関係者による「食害」対策の実践を通じて、酪農家の保護活動への認識が変化していっていることにこそ、プロジェクトの「食害」対策効果が見いだせる。

「やり始めるともう、子どもたちの畑のほうが気になっちゃって」と笑顔で語る酪農家からは、飼料用のコーンはいざとなれば購入できるが、すべて手作業で作ったプロジェクトのコーンは替えがきかないという意識と、地域社会を基盤として人間―自然関係を再構築しようとする意識が垣間見える。酪農業はタンチョウ保護とつながることで、経済的な営みとしてだけではなく、社会的な営みとして多様な意味をも持ちえたのだ。

6 おわりに――生物多様性の順応的ガバナンスに向けて

最後に、「食害」を未然に防ぐような社会のあり方と、「食害」をめぐって酪農家とタンチョウ保護関係者との間で生じている精神的、社会的軋轢など、地域社会のなかでの身近な人間関係を修復し、そして将来に向けてよりよいものとしていくような、地域社会を基盤としたタンチョウ保護の政策的取り組みの新しいあり方を考察しておきたい。

「種の保存法」にもとづく国の保護増殖事業においては、タンチョウに関する生態学的な知見を重視し、人工給餌を中心とした、タンチョウの生息数の増加に対して直接的に働きかける施策を展開している。

しかし、北海道鶴居村におけるタンチョウによる酪農業への「食害」の発生と、酪農家からのタンチョウ保護への反発は、単に「タンチョウ保護か、それとも酪農業か」という〝相容れない価値観の対立〟でもなければ、単にタンチョウの数が増えたためという、生態学的な現象でもなかった。そこには、地域に特有の人間と自然とのかかわりの歴史があり、国策による明治期の入植、生業活動の変遷と、そして酪農業の大型化と機械化という社会構造的な要因があった。したがって、そのような社会的な問題としての「食害」の解決には、生息数のコントロールや生息地分散といった生態学的な施策だけでは不十分であり、酪農業や地域の将来像とからめながらの社会的な施策が求められる。

写真3-7　「タンチョウフレンドリーファーム」に集う多様な人びと．
写真提供：タンチョウコミュニティ

二〇〇八年度に始まった「タンチョウのえさづくりプロジェクト」は、そのような社会的な施策の方向性に大きな示唆をもたらしている。プロジェクトの参加者は、二〇一一年七月時点で村内の三つの小学校と六つの農場へと広がり、プロジェクトに協力した農場には、「タンチョウフレンドリーファーム」の看板が次々と立てられている（写真3-7）。「タンチョウフレンドリーファーム」は、まさに地域の自然と社会を基盤として、人と人とが支え合う関係性を再構築する現場であり、そして、酪農業や地域の将来像の視点から希少種保護の政策的取り組みのあり方を問い直していく現場である。このような、現場での人びとの実践を支援することこそが、希少種保護の社会的な施策であり、地域社会を基盤とした生物多様性の順応的ガバナンスに向けての一つの具体的な道すじだといえよう。

註

（1）国際自然保護連合（IUCN）の公式ホームページ、The IUCN Red List of Threatened Species（http://www.iucnredlist.org）のカテゴリーCR（Critically Endangered：環境省呼称は絶滅危惧ⅠA類）、EN（Endangered：絶滅危惧ⅠB類）、VU（Vulneable：絶滅危惧Ⅱ類）の種数を合計した。

（2）北海道庁報道発表資料による（http://www.pref.hokkaido.lg.jp/ss/tkk/hodo/happyo/h24/2/240227-04tancyo.pdf）。

（3）二〇〇九年八月一九日、酪農家Aさんからの聞き取り。括弧内は筆者による補足（以下同じ）。Aさんは昭和三〇～四〇年代の旧下雪裡小学校でのタンチョウ保護活動に対して、乳牛飼料用のデントコーンを無償で提供していた。校庭に舞い降りるタンチョウを初めて見たときの気持ちを聞くと、「いやー、めんこいなーって思ったよ」と、笑顔で懐かしむように答えた。

（4）二〇〇九年八月二〇日、元馬産家Bさんからの聞き取り。

（5）二〇〇九年八月一七日、役場職員Cさんからの聞き取り。

（6）同前。

（7）二〇一〇年三月八日、酪農家Dさんからの聞き取り。

（8）二〇〇九年九月一一日、酪農家Eさんからの聞き取り。

（9）二〇〇九年八月一七日、役場職員Cさんからの聞き取り。山で木を伐って、雪山の斜面をすべらせ、川岸にまとめておく。そして春、雪解けの鉄砲水で流す。材木の流送は明治末期から大正初期に盛んに行われ、製紙業用チップや輸出用枕木となった。この流送のためにも、山から川まで木を引っ張り出すための馬が必要だった。この馬を飼えない人は、木材を売ることができず、炭焼きでなんとか生計を立てていたという。

(10) 二〇〇九年九月一一日、略農家Eさんからの聞き取り。

(11) 鶴居村役場産業課提供資料による。

(12) 二〇〇九年八月一九日、略農家Fさんからの聞き取り。

(13) 鶴居村役場産業課提供資料による。

(14) 同前。

(15) 二〇〇九年八月二〇日、酪農家Gさんからの聞き取り。

(16) 同前。

(17) 二〇〇九年八月一九日、A小学校提供資料。タンチョウコミュニティ代表のHさんからA小学校あての「タンチョウのえさづくりプロジェクト第一弾「種まき作業」の大まかな流れ」(二〇〇九年五月一三日付)。

(18) 二〇〇九年八月一九日、A小学校提供資料。「タンチョウのえさづくりプロジェクト　STEP1」(二〇〇八年度)の最終打ち合わせ資料(タンチョウコミュニティ作成)。

(19) 二〇〇九年九月一一日、タンチョウコミュニティ代表Hさんからの聞き取り。

(20) 同前。

(21) 二〇〇九年九月一一日、タンチョウコミュニティ代表Hさんと副代表(当時)Iさんからの聞き取り。

(22) 約四〇〇平方メートルの畑で収穫した約三〇〇本のコーンからとれたコーンの粒は全部で約一五〇キログラム。タンチョウは一日に約二〇〇グラムのコーンを食べる。最も餌のとりづらい一二月から二月の三カ月(九〇日)間の一羽分の餌の量は一八キログラムであり、今回のプロジェクトで収穫できた量は約八羽分の餌になる。

(23) 二〇一〇年三月四日、略農家Jさんからの聞き取り。

第4章

地域環境保全をめぐる「複数の利益」

青森県岩木川下流部ヨシ原の荒廃と保全

●寺林暁良・竹内健悟

1 岩木川下流部のヨシ原保全問題——多様な人びとの利害

火入れ管理の中止とヨシ原の荒廃

青森県の津軽地方を流れる一級河川、岩木川《いわきがわ》。この下流部の中泊町《なかどまりまち》に位置する河川敷には、約四〇〇ヘクタールの広大なヨシ原が広がっている（図4–1・写真4–1）。当地のヨシ（*Phragmites australis*）は、江戸時代から茅葺《かやぶ》き屋根や葦簀《よしず》、雪囲いなどの材料として利用されており、地元の人びとによるヨシ刈りは、初冬の風物詩となっている。また、ヨシの利用価値を維持するため、春には火入れが行われてきた。一方、このヨシ原は、環境省レッドデータブックの絶滅危惧種IB類に指定される草原性鳥類オオセッカ（*Locustella pryeri*）をはじめ、希少な動植物が数多く生息する独自の生態系としても注目されている。人びとの営みが続いてきた結果として、ヨシ原は貴重な自然環境とみなされるようになったのである。

しかし、このヨシ原は現在、荒廃の危機に直面している。かつては地元で必需品とされたヨシであるが、生活様式の変化によって徐々に利用される機会は減っており、ヨシ刈りの面積も、七〜八割が刈り残される場所もあるほどに縮小している。ヨシ原では、刈り残しが増えたぶん、火入れの面積が拡大したが、この火入れに対して、近隣の住民から「灰が飛んで洗濯物や車が汚れた」、「火の粉が飛んでビニールハウスに穴があいた」といった苦情が寄せられるようになったほ

図4-1 調査地概要

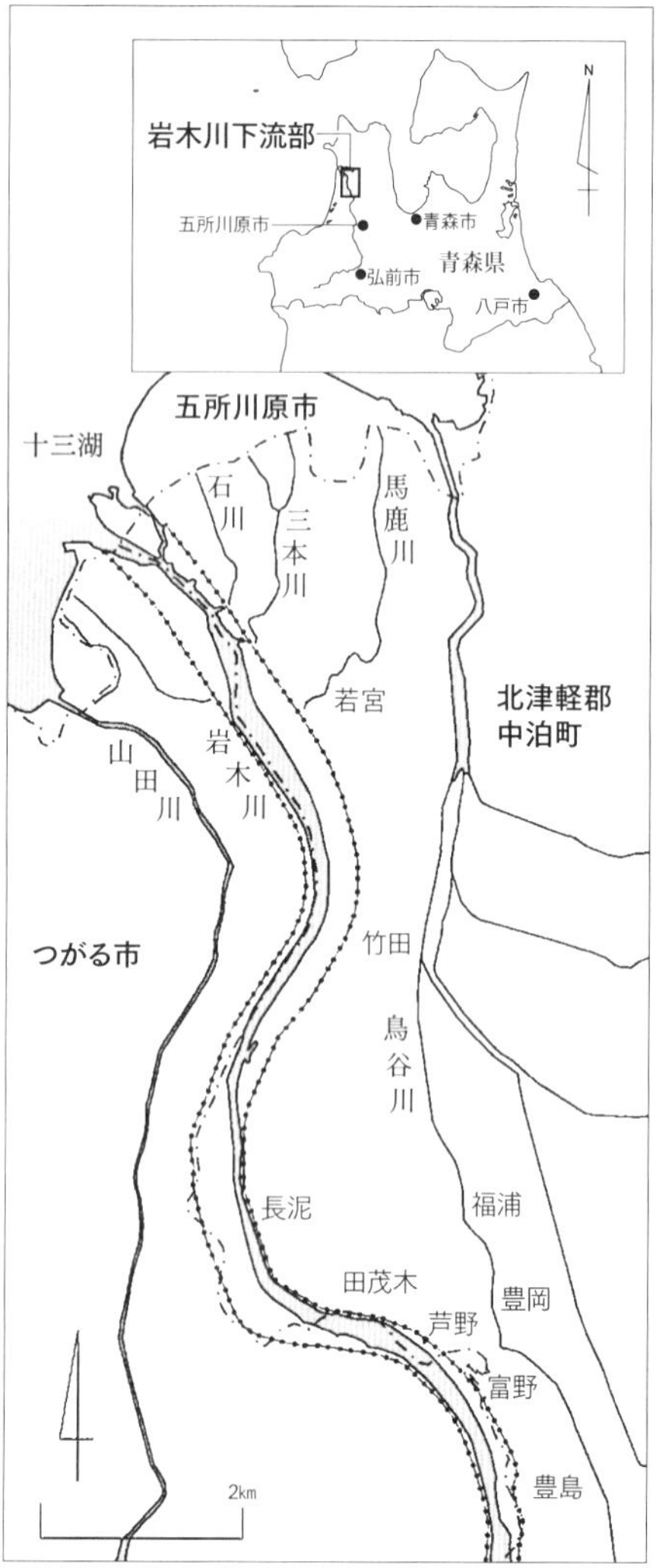

か、鳥類の繁殖等に影響を与えるおそれがあるとして野鳥保護団体などによる反対もあった[日本野鳥の会弘前支部 2000]。こうして火入れによるヨシ原管理は困難となり、二〇〇六年以降はまったく行われなくなってしまったのである。

刈り取り・火入れといった管理が行われないヨシ原は、枯れたヨシの堆積や雑草・雑木の繁茂によって、大きく姿を変えつつある。このようなヨシ原の荒廃は、ヨシの利用価値を低めてしまう大きな問題である。だが、地元の人びとにとっての問題はそれだけではない。原野火災や害虫の発生、不法投棄の原因にもつながるため、生活環境の悪化という面からも看過できない問題となっている(写真4-2)。

写真4-1　岩木川の広大なヨシ原(2004年7月, 竹内撮影).

写真4-2
枯れヨシが残るヨシ原
(2008年6月, 竹内撮影).
写真4-1とは別の場所.

「二次的自然」の保全をめぐる河川・環境行政の対応

一方、ヨシ原の荒廃は、岩木川を管理する国土交通省にとっても問題としてとらえられている。岩木川では、一九九七年に改正された河川法にもとづき、二〇〇七年に「岩木川水系河川整備計画」が立てられた。これは、岩木川の河川整備の内容を具体的に示したもので、ヨシ原についても、貴重な生物の生息地として維持・保全に努めるとの旨が記されている。また、国土交通省らは、生態学的な視点から岩木川を理解するために、二〇〇六年から研究者たちと共同で「河川生態学術研究」を行っており、その成果は今後の河川政策に役立てられることになっている。

岩木川のヨシ原で、生物多様性の保全が大きな政策課題とされる背景には、昨今の環境行政の動向がある。ヨシ原は、人が手を加えることによって維持・管理されてきた生態系、すなわち「二次的自然」の典型である。二次的自然は、生活様式の変化や経済的価値の低下などを背景に荒廃が懸念されており、国の生物多様性保全のための戦略を定めた『生物多様性国家戦略二〇一〇』〔環境省編 2010〕でも、人間活動の縮小による生物多様性の衰退が大きな課題の一つに据えられている。

ガバナンス構築の課題

以上のように、岩木川下流部のヨシ原には、利用・管理を行ってきた地元の人びと、生態系・生物多様性を保全したい国土交通省、火入れの煙灰に苦情を申し立てる近隣住民など、多様な人びとがそれぞれの利害のもとで関わっている。そのため、このヨシ原では、各主体が利害の相違を超えて連携・協力して保全活動を行うこと、つまり、ヨシ原保全のガバナンスの構築が求められている。しかし、そのガバナンスの構築こそが最も難しい課題であることも事実であろう。

多くの人びとが関わるなかで、地域環境保全のガバナンスを構築するためにはどうしたらよいのだろうか。そのヒントとなる議論はいくつかある。たとえば、佐藤哲は、地域環境が社会にもたらす多様な恩恵(生態系サービス)を共有し、それを改善するための取り組みが、多様な主体の参加や協働の契機となりうると述べている[佐藤 2008]。また、宮内泰介は、地域環境の多元的な価値を尊重し、それぞれの地域の文脈のなかで問題を設定し直すことが大事だという[宮内 2009]。これらの議論の共通点は、人と地域環境との多様なかかわりを利害関係者みんなで共有することの重要性を指摘している点である。

ただし、ここで課題として残るのは、利害関係者の間でそれぞれが持つ環境認識を可視化するための「しかけ」である。そもそもお互いが地域環境にかかる利害を知らなければ、それを共有することもかなわないだろう。そのため、ガバナンスの構築では利害関係を可視化し、共有化するためのプロセスこそが重要となるはずである。

本章では、こうしたプロセスの一例として、岩木川のヨシ原保全において行政や地域住民がガバナンスを構築してきた経緯を紹介する。岩木川のヨシ原保全では、後述のとおり、筆者らがヨシ原に関わるさまざまな調査を進めることが、利害関係者が連携・協力を築くきっかけとなってきた。こうした連携・協力のプロセスを示し、ガバナンスを構築するための論点や課題を整理することとしたい。

2 ヨシ原の荒廃問題と地域社会

ヨシ原における調査

筆者らは、岩木川のヨシ原について、生態学と社会学の両面から調査を行ってきた。筆者のうち竹内は、二〇〇二年からオオセッカ(写真4−3)の繁殖と火入れ管理に関する生態学的調査を開始した。調査当初は、過度な人間の関わりがオオセッカの繁殖に悪影響を与えることを懸念していたが、調査が進むなかで、適切な時期に適切な規模で行われる火入れ管理はオオセッカの繁殖には影響せず、むしろ刈り取り・火入れがモザイク状に継続することが繁殖・生息場所の保全に寄与していることが明らかになった[竹内・東 2005]。また、竹内は国土交通省の「河川生態学術研究」の共同研究者の一人として地域住民の刈り取り・火入れがヨシ原に与える影響を調査してきたが、ここでも、地域住民らの営みがヨシ原の生物多様性にとって重要な役割を果たすことが明らかになりつつある[河川生態学術研究会岩木川研究グループ 2012]。ヨシ原での生態系調査は、国土交通省らが主催する「河川生態学術研究」としても進められたため、ヨシ原保全のために刈り取りや火入れが重要であることは、国土交通省とも共有されることとなった。

一方、筆者らは、刈り取りや火入れの当事者である地元住民らを対象として、聞き取りを中心とした社会調査も行ってきた[竹内 2004; 寺林 2008; 竹内・寺林 2010]。ヨシ原利用の実態を歴史的に振り返ることによって、地域住民にとって刈り取りや火入れが持つ意味を読み解こうという意図から始まった社会調査であるが、結論を先取りすると、これこそがヨシ原の荒廃という問題のとらえ方自体を再考し、ガバナンスを構築するための鍵となるプロセスとなったのである。

集落とヨシ原の関係性

岩木川のヨシ原は、下流部に位置する六つの集落からなる武田岩木川改修堤防保護組合(以下、「武田堤防組合」)が毎年、国土交通省に河川産出物の採取許可を取り、利用を行ってきた。武田堤防組合とヨシ原の関わりの歴史を調べることは、武田堤防組合がヨシ原に対して抱く環境認識を筆者ら自身が理解することにつながってきた。

岩木川下流部の主な生業は水田耕作であるが、土地改良事業が進展する一九六〇年代以前はほとんどが排水不良田で、反収は現在の半分かそれ以下の五~六俵ほどであった。水田の生産性が低いなか、副次的に行われる他の生業が大きな意味を持っていた。

とくに、農閑期にあたる一二月頃に行われるヨシ刈りは、米作に次ぐ重要な副収入となっていた。当時、屋根葺き用としてのヨシの需要は津軽地方一帯にあり、岩木川下流のヨシは、都市部を中心として大量に出荷されていた。武田堤防組合の各集落は、共同作業で

写真4-3 ヨシ原に生息する希少鳥類オオセッカ(2006年7月,竹内撮影).

表4-1　岩木川下流部ヨシ原をめぐる各主体の動き

年代	武田堤防組合	国土交通省（旧建設省）	調査・研究
～1980年代	刈り取り・火入れによるヨシ原管理，ヨシの需要は徐々に縮小	「治水」・「利水」を柱にした河川管理	75年　岩木川でオオセッカの生息が確認される
1990年代	ヨシ原利用がさらに縮小，火入れ管理の大規模化	97年　河川法の改正（「環境」が河川法の新たな柱に）	
2000年代	苦情によりヨシ原の火入れが徐々に縮小	05年『岩木川水系河川整備基本方針』	02年　竹内らのオオセッカ調査の開始
	06年～　火入れ管理が行われなくなる	07年『岩木川水系河川整備計画』	03年　筆者らの社会調査の開始
		06年　岩木川で河川生態学術研究の開始	
2010年代	10年　火入れ再開に向けた協議の開始 11年　町の反対で火入れ管理再開を断念		

ヨシを刈り取る共有地も持っており、共同作業で刈り取ったヨシの売却益は、集会場や神社の維持費、会議費などの集落の自治費用に充てられた。また、ヨシは自家消費用としても重要であった。ヨシの自家消費の用途は、スダレ、雪囲い、風除け、苗代、燃料など幅広く、とくに屋根葺きには多くのヨシが必要とされた。

こうした利用面での重要性に加え、武田堤防組合にとって、ヨシ原管理は集落の土地管理と一体であった。各集落は、一九四〇年代に内務省（後の建設省、現在は国土交通省）によって土地が堤防や河川敷用地として買収されて以降も、除草や洪水時の出動などを行い、堤防の自主管理を続けてきた。そして、武田堤防組合の人びとは、国有地となったヨシ原を利用できる理由を、異口同音に「堤防を自主的に管理してきた見返りである」と語る。

堤防管理とヨシ刈りは、一見すると別々の事柄のように見えるが、各集落のヨシ原利用地は堤防管理区域と地理的に連続しているだけではなく、集落や水田、堤防、ヨシ原は継続的に働きかけを行ってきたという歴史性から、「管理すべき場所」という意識によって連続している。堤防保護を目的とした武田堤防組合がヨシの刈り取り申請の窓口となっているのも、堤防管理とヨシ原管理が分かちがたく結びついていることの表れである。川本彰は、生活・生産の基盤として集落（ムラ）が共同で保全する土地を「ムラの領土」と呼んでいるが［川本 1983］、まさに武田堤防組合の各集落にとってヨシ原は、生活・生産の基盤として管理すべき「ムラの領土」として認識されてきたのである。

現在に根付く集落の土地管理意識と火入れ管理の大規模化

武田堤防組合は、岩木川が一級河川となった一九六六年に中里町（現中泊町）より堤防管理者としての指定を受け、いわば公式的に堤防管理を担うようになった。現在も年に二回の堤防除草は、集落総出の「年中行事」となっている。

一方、ヨシの利用・管理のしくみは、時代が移り変わるにつれて大きく変化してきた。一九七〇年代以降、ヨシの自家消費があまり行われなくなるとともに、冬季の出稼ぎが増加し、集落の共同作業としてのヨシ刈りが困難となった。そこで武田堤防組合の各集落は、ヨシ業者への入札を実施し、刈り取り・販売までを委託するようになった（写真4-4）。つまり、業者からの入札金という形で、収入を維持することになったのである。

ヨシ業者は、千葉県や愛知県のノリズ材、新潟県や長野県の土壁下地材、青森県内のマメコバチ巣材、全国の文化財等の茅葺き屋根材など、時代ごとに需要を見いだし、ヨシの経済的価値を

写真4-4　ヨシ業者によるヨシの刈り取り（2004年12月，竹内撮影）．

写真4-5　ヨシ原の火入れ（2005年5月，寺林撮影）．

保ってきた。現在はヨシの需要のさらなる低下からヨシ業者も数名にまで減少しているものの、ヨシ原の入札は現在も続けられており、入札金は集落にとって収入源の一つとなっている。

　しかし、業者による需要先確保の努力にもかかわらず、ヨシの需要は年々縮小しており、刈り残し面積も拡大してきている。刈り残しがあると、翌年の刈り取りで古いヨシが混ざってしまい、売り物としての品質が大きく低下してしまう。そうなると、業者から武田堤防組合への入札金額も安くなってしまう。さらに、刈り残しが害虫の発生源となったり、野火の原因になったりと、集落にとって生活上のリスクにつながる恐れもある。

　このため、お金がかからず、手っ取り早いヨシ原管理の方法として行われてきたのが、ヨシ原への火入れである（写真4−5）。この火入れという管理技術自体は、いわばローカル・ナレッジ（生活知）として、現役世代のずっと以前から行われてきたものである。しかし、場所によっては三分の一程度しか刈り取りが行われない状況では、火入れの炎はかなり大きくなってしまう。現在起こっている煙灰に対する苦情は、こうした歴史的経緯によって大規模化した火入れに対するものである。

ヨシ原問題のとらえ返し

武田堤防組合側からヨシ原と関わってきた歴史的経緯を振り返ると、現在起こっているヨシ原荒廃問題は、まさに武田堤防組合の土地管理問題そのもののように見えてくる。ヨシ原荒廃の原因は、一見すると「火入れ管理」の縮小によるものなのだが、その背景をたどれば、ヨシの需要の減少やヨシ原利用のしくみの変化など、武田堤防組合に関する社会的状況の変化が明確に浮かび上がってくる。そして、火入れができなくなることは、本来であれば武田堤防組合が管理すべき土地を自主的に管理できなくなることである。そうなると、現在、武田堤防組合が抱えているさまざまな社会的な問題こそが、ヨシ原荒廃の原因のように見えてくる。

ひるがえってみると、河川政策上の「生態系・生物多様性の衰退」といった問題設定は、ヨシ原の荒廃という問題を限定的にしかとらえていないことがよくわかる。ヨシ原は、武田堤防組合の各集落が自治管理を行ってきた「結果」として保全されてきた。そのため、集落が抱える社会的問題を見直し、集落が管理できなくなっている社会的状況を変えることこそが、何よりも重要視されるべきである。こうして、社会調査は、行政や研究者がヨシ原保全という目標設定のあり方をとらえ返す重要な契機となっていったのである。

3 社会調査と「複数の利益」の実現に向けた取り組み

地域社会の歩み寄りと認識の変化

社会調査は、生物多様性保全一辺倒の岩木川のヨシ原政策に見直しを迫るものとなったが、一方で社会調査を通じて、ヨシ原を「自分たちの土地」として利用してきた武田堤防組合側の認識にも変化が現れた。

二〇一〇年三月、地元有力紙である『東奥日報』に、武田堤防組合のある集落の自治会長による「野焼きをして自然守りたい」という題名の投書があった。これには「付近の自然を地域一丸となって守りたいのです。地域の人が集まり火入れができる方法があれば、誰か教えてください」と、ヨシ原保全のために協力を呼びかける内容が記されていた(『東奥日報』二〇一〇年三月三日夕刊)。

筆者らが岩木川で調査を始めた当初、武田堤防組合側は、ヨシ原が「自然」としてとらえられることをあまりよく思ってはいなかった。それは、彼らが野鳥保護団体や研究者を指して「チョチョジの奴ら」と呼ぶことがしばしばあったことからもわかる。「チョチョジ」とは、津軽地方の方言でオオヨシキリという鳥を指す。オオヨシキリは「ギョ、ギョ、シー」とひときわけたたましい声で鳴く、ヨシ原を代表する鳥である。集落の人びとは、岩木川のヨシ原で希少種オオセッカの保全が求められていることも、オオセッカとオオヨシキリが生物種としてまったく異なることも知っていたはずである。それにもかかわらず、野鳥保護団体らを「チョチョジの奴ら」と呼ぶ背景には、オオヨシキリのけたたましい鳴き声にかけて、煩わしく干渉してくることへの皮肉、そしてヨシ原に住む鳥になど興味がない、という皮肉が込められていたように思われる。

集落側の事情もよく知らずにヨシ原の火入れに干渉する野鳥保護団体を、武田堤防組合の人びとがよく思わないのは当然であろう。そして、彼らからしてみれば、自然保護団体も科学者も、外部からの干渉者という点では、相違なく映っていたに違いない。「自然を守りたい」というこの新聞投書は、こうした認識が正反対に変化したことを示すものであった。

この投書で注目したいのは、ヨシ原が「貴重な自然」と表現されていることである。すでに見てきたように、武田堤防組合にとってヨシ原は、経済的あるいは生活リスク面から管理すべき土地である。「貴重な自然」という主張は、明らかに彼ら側の発想ではないし、彼らが急に「自然」の価値に目覚めたというわけでもないだろう。では、なぜ武田堤防組合は「自然環境保全」に歩み寄りを見せたのだろうか。

これについては、武田堤防組合側が火入れ管理を再開するため、「自然」という言説をうまく「利用」しているとみなすことができる。現在、経済的価値を維持するといった理由で火入れ管理を行っても、周囲の納得は得られがたい。火入れ管理を続けるとすれば、それに代わる理由づけが必要になる。その一方、「希少な自然」や「生物多様性保全」といった言説は、一般の人びとにもわかりやすく、納得を得られやすい火入れ管理の理由となる。しかも、岩木川下流部では、科学者や河川管理者である国土交通省などがヨシ原の「自然」に注目しており、ヨシ原保全の最も心強い協力者となりうる。このため、「自然」という言説を、火入れを正当化する言説としてうまく使いこなそうとしているのである。

ここで重要なのは、武田堤防組合が「自然」という言説を「利用できた」ということである。社会調査は対面の調査なので、集落側の人びとから情報を得るだけではなく、こちらからも調査の意図などを伝える機会にもなる。実際に筆者らは、調査に際して「ヨシ原保全を進めるためには、地域の人びととの刈り取りや火入れが重要であり、武田堤防組合が行ってきたヨシ原管理を支援することが重要だ」という認識を伝えてきた。また、社会調査を含む研究成果は、新聞紙面など社会的な影響の大きいメディアでも発表されてきた（たとえば、『東奥日報』二〇一〇年二月一日朝刊）。

社会調査の進展とその成果発表は、武田堤防組合にとっても、行政や研究者らがヨシ原に向ける視点を知る契機となった。それによって、武田堤防組合は、研究者や行政側が火入れを応援する立場であることを知り、歩み寄れる対象として判断したのである。

「複数の利益」のもとでの協力体制の構築

以上のような両者の歩み寄りの結果、「ヨシ原の保全」という共通の利益を実現するための協力体制が築かれることになった。そして、ヨシ原の荒廃という喫緊の課題に対処するため、火入れ管理の再開を共通目標にした協議が始まった。

すでに見てきたように、この共通目標に求める利益の中身は、各主体によってまったく異なっている。河川政策上の火入れ再開の目的は、一義的には生態系・生物多様性の保全である。一方、武田堤防組合にとっての目的は、経済的価値の持続や生活リスクの回避である。しかし社会調査を通じて、研究者や行政は、ヨシ原保全を地域社会の問題としてとらえるべきであることを学び、武田堤防組合にとってのヨシ原保全の利益は、経済的価値や生活リスクの回避といった土地の自治管理にあることを認知した。そして、武田堤防組合の方も、研究者や行政が生態系・生物多様性の保全といった利益を果たすために、ヨシ原管理に協力的であることを理解した。こうした相互の理解を通じて、ヨシ原保全が主体によって異なる価値を同時に満たす取り組みであること、すなわち「複数の利益」を実現する取り組みとなっていったのである。

ここでいう「複数の利益」とは、単に地域環境から受ける利益が多様であることを指すのではない。地域環境保全による利益が異なることを相互に理解し、それらの利益を組み合わせ、組み替えていくことにより、新たな地域環境保全の文脈を創造することをも含んでいる。「複数の利益」が重要なのは、ヨシ原保全を正当化するための戦略的枠組みとして機能することである。武田堤防組合が「ヨシの経済的価値を守る」と言っただけでは、火入れは周囲から私的な迷惑行為としてとらえられてしまう。しかし、それに「生物多様性の保全」や「原野火災の防止」という利益を加えることで、公共的な意味合いが付加される。そのため、武田堤防組合は積極的に「貴重な自然」という価値を主張し始めている。また、行政側も、地域社会との合意を図るために、岩木川のヨシ原保全の目的を「オオセッカ繁殖地の保全」や「原野火災の防止」だけではなく、「良質なヨシの生産」や「文化景観の保全」などにまで広げて整理している［吉村ほか 2011］。

このように、「複数の利益」の共有は、ヨシ原保全に対する賛同を募り、新たな協力者を呼び込むための運動の枠組みにもなりつつあるなど、ガバナンスの構築・強化に重要な役割を果たしている。

4 リスクをめぐる課題

煙灰への苦情に関する他事例調査

こうして、武田堤防組合と国土交通省、研究者の協力体制のもとで、火入れ管理の再開に向けた協議が始まった。しかし、協力体制は築かれたものの、それは火入れ再開を望む者の間でのものにすぎず、火入れへの反対者からの理解を得る、という課題は残っている。野鳥保護団体は、すでにヨシ原への火入れが鳥類の生息地の保全にも役立っていることが広く知られるようになったため、刈り取り・火入れによるヨシ原保全に対して干渉することはなくなっていた。そのため、課題となったのは近隣住民からの煙灰に対する苦情である。

近隣住民からの苦情への対処では、岩木川と同じような課題を抱え、その解決に尽力してきた他事例の調査が参考になった。火入れを実施できている各地の状況を比較すると、やはりいずれの地域でも、経済的価値や社会的価値、文化的価値、自然環境としての価値など、「複数の利益」をもとにした協力体制が築かれていることがわかる（表4-2）。そして、それによって火入れが地域社会にとって必要なこととして正当化されている。

表4-2　各地のヨシ原の火入れ状況

場所	目的	実施者	苦情への対応等
仏沼湿原 青森県三沢市 約220ha	干拓地維持 自然環境保全 (ラムサール条約登録湿地)	仏沼保全活用協議会 (地権者, 三沢市, 土地改良区, 野鳥保護団体・NPO等)	近くに民家があまりなく, 苦情はほとんどなし
北上川河口部 宮城県石巻市 約150ha	資源の品質維持 (屋根等) 景観保全 (日本の音100選)	北上のヨシ原を守る会 (NPO) ヨシ取扱い業者 石巻市	風物詩・地域行事として正当化
渡良瀬遊水地 北関東 4県4市2町 約1,500ha	資源の品質維持(葦簀等) 希少動植物の保全, 景観保全, 火災防止, 不法投棄の防止等	渡良瀬遊水地利用組合連合会(周辺自治会・町内会等) 渡良瀬遊水地ヨシ焼き連絡会(国土交通省, 周辺自治体等)	風物詩・地域行事として正当化 ヨシ焼きへの理解を求める広報活動を実施
淀川鵜殿 大阪府高槻市 約50ha	資源の品質維持 (雅楽楽器) 希少動植物の保全, 景観保全, 火災防止等	鵜殿のヨシ原保存会 (地域組織) 国土交通省, 周辺自治体, NPO	伝統行事として正当化 煙灰抑制のために火入れ前のヨシを踏倒・粉砕

＊北上川河口部は2011年の東日本大震災以前の調査による.

ただし、他事例調査でより参考になったのは、火入れに対する苦情の発生に対処するために、具体的な取り組みが行われていたことである。

たとえば、北関東の渡良瀬遊水地では、ヨシをすだれなどの材料として利用してきた各集落などからなる「渡良瀬遊水地利用組合連合会」が主催して毎年「ヨシ焼き」を行っているが、国土交通省や自治体などからなる「渡良瀬遊水地ヨシ焼き連絡会」がチラシの配布や、広報車の出動といった広報活動を行うことによって火入れを支援している。広報は、ヨシ原保全のもつ「複数の利益」の認知を拡大するとともに、火入れ当日に窓を閉めるなどの協力を呼びかけるものである。当地では、この広報によって周辺住民からヨシ原保全の重要性に関する理解も広がっており、苦情も減少しつつある。

また、大阪府高槻市を流れる淀川の「鵜殿《うどの》のヨシ原」では、かつて入会《いりあい》権を持っていた世帯で構成された「鵜殿のヨシ原保存会」が、ヨシ原における煙灰の発生を極力抑えるよう、技術的な改良に力を入れている。立ち枯れの状態でヨシに火をつけると炎が大きくなってしまうので、まずヨシを刈り倒し、その後粉砕機で細かくしてから火をかけることによって煙灰の発生を極力抑えているのである。このような火入れの技術的改良により、近隣から苦情が寄せられることはほぼなくなっている。

以上のようなリスクへの対処、つまり、ヨシ原保全の意義を理解してもらうための広報活動を行ったり、火入れが大規模にならないように技術的改良を行ったりといった工夫は、岩木川のヨシ原において火入れを再開し、煙灰への苦情を防ぐためにも大いに参考になるものであった。

町による火入れ管理への反対

他地域の事例も踏まえつつ、二〇一一年春に五年ぶりの火入れを再開するべく、さらに協議が進められた。しかし、ヨシ原や各集落の属する自治体である中泊町との調整において、岩木川での火入れ再開に向けた動きは一転してしまう。二〇一一年二月、国土交通省の呼びかけで、武田堤防組合と研究者のほか、新たに中泊町も参加して火入れに関する協議会が行われた。この際、中泊町が火入れにはどのような形でも反対する、との立場をとったのである。

中泊町の言いぶんは次のようなものである。ヨシ原保全の重要性は全面的に認めるし、協力も惜しまない。しかし、火入れという管理方法には、絶対に賛成できない。なぜなら、青森県では

「わら焼き公害」と呼ばれるほど秋の稲わら焼却による煙害がひどいために、「稲わらの有効利用の推進及び焼却防止に関する条例」を制定しており、町でも稲わらの回収と有効利用に努めている。ヨシ原の火入れを許してしまえば、なぜヨシはよくて稲わらはだめなのか、との不満が寄せられかねない。また、町がヨシ原の火入れに協力することで、個人の田畑や林野、水路脇などでも火入れを行っていいと解釈されかねず、これが原因で山火事が発生する懸念もぬぐいきれない。

つまり、中泊町にとってのヨシ原への火入れの問題は、煙灰に対して近隣住民から苦情が寄せられることではなく、野焼きが無秩序に実施されることにつながることへの懸念なのである。ヨシ原での火入れと個人的な野焼きは、公共的な意味合いを考えるとまったく別物といえば別物なのだが、その違いについて町や近隣自治体の住民から広く理解を得るのは、現時点では簡単ではないだろう。こうした状況のもと、責任ある立場の町が懸念を抱くことも十分に理解できる。

この出来事は、地域環境保全の技術・方法に関して、重要な問題を提起している。火入れは、生態学的に最も合理的な草地管理の方法の一つである。そして、ヨシ原を管理してきた武田堤防組合の人びとの生活知のなかでも、最も経済的かつ効率的な管理方法ととらえられている。さらに、火入れを自治体と地域が協働で進めている事例もたくさんある。しかし、このようにさまざまな面から合理的な技術・方法であっても、発生するリスクの質や大きさに照らして判断すると、かならずしも妥当なものとは言えないこともある、ということである。

火入れは、「複数の利益」を保証する一方、さまざまなリスクの発生にもつながる。しかもそのリスクは、社会全体ではなく、一部の人びとがこうむるものである。岩木川では、近隣住民がこうむる煙灰のリスクとともに、町が懸念する野焼きが無秩序化するリスクに対しても、火入れが受容可能となるような方策をともに探る必要がある。それでもだめなら、経済性や労力を考慮しつつも、刈り取り量を増やすなど他の管理方法を探ることも必要となろう。

岩木川河川敷は、国土交通省の管理地であるし、地元集落からの実施への強い要望もあるため、国土交通省が主導して火入れを再開することも可能だったかもしれない。しかし、そうしてしまえば中泊町との関係は修復不可能なまでに悪化し、いつまでも禍根を残すことになっただろう。多くの利害関係者に納得されなければ、事業の継続もない。そのため、二〇一一年の火入れ実施はひとまず見送られることになった。

5 おわりに——ガバナンスの構築における「複数の利益」とリスクへの考慮

岩木川下流部のヨシ原保全は、いまだ道なかばである。これからも武田堤防組合、研究者、国土交通省、関係自治体などが協議し、試行錯誤を繰り返しながら、ヨシ原保全に取り組んでいくことになるだろう。ただし、ここまでの経過からも、各種調査の進展が、ヨシ原保全のガバナンスを構築するプロセスとなってきたことが示されたと思う。

まず、岩木川の事例で示されたのは、ガバナンスの構築にとって、「複数の利益」を共有するプロセスが重要であることだ。地域環境保全では、多様な主体による合意形成が大事であることがよく指摘されるが、保全事業を開始する時点で、各主体の思惑が明らかになっている場合はほとんどない。岩木川では、社会調査の進展が、各主体によって異なる自然環境保全の利益、すなわち「複数の利益」を共有するプロセスとなった。そして、この「複数の利益」を保全目標に据え直すことは、地域環境保全の正統性を強化し、地域に理解や協力を広げるための戦略的枠組みとして機能しうるものであった。

一方、岩木川の事例では、このような利益の共有だけではなく、社会的状況を踏まえながら損害・リスクに対処する必要性も示された。地域環境保全をめぐる社会的リスクは、地域によって、時代によって異なるものであり、科学知や生活知によっていつも対処できるとはかぎらない。ヨシ原の火入れによる煙灰発生のリスク一つをとっても、渡良瀬遊水地のように広報によって「複数の利益」の重要性が認知されることでリスクの受容が広がる場合もあるし、鵜殿のように技術の改良によってリスクを小さくすることで受容される場合もある一方で、岩木川のように煙灰とは別のリスクが問題となり、いずれの方向でも受容されない場合もある。そのため、ガバナンス構築のプロセスで明らかになったリスクには、そのリスクの受け手の受容性を踏まえて試行錯誤しながら対処していく必要がある。

このように、「複数の利益」を共有するなかで目標を立て直し、リスクに対処するための技術・方法を繰り返し見直していくことこそが、地域環境保全でガバナンスを構築していくことだといえるのではないだろうか。岩木川のヨシ原保全をめぐっては、その意義や方法について、多様な主体による議論が続いていくことだろう。

第5章

「望ましい景観」の決定と保全の主体をめぐって

重複する「保護地域」としての青森県種差海岸

●山本信次・塚 佳織

1 はじめに——誰が何をどのように守るのか

東北有数の工業都市である青森県八戸《はちのへ》市、その中心市街地から車を二〇分ほど走らせると丘陵の向こうに太平洋が見渡せる。その丘陵を降りると本章の調査地、種差《たねさし》海岸に到達する。そこは海岸縁に天然芝生が広がり、遊歩道の脇には南限・北限・湿地・砂丘・平地・高山などのさまざまな山野草・海浜植物を観賞できる美しい草原が横たわる。また芝生・草原の周辺には、全国的にはマツクイムシによる「松枯れ病」によって減少し、貴重な景観となったクロマツ林が広がっている。作家、司馬遼太郎は「どこかの天体から人がきて地球の美しさを教えてやらねばならないはめになったとき、一番にこの種差海岸に案内してやろうとおもったりした」と書き記しており「司馬 1978:83]、種差海岸は特異な自然景観を有し、訪れた人びとの驚きを誘う観光地である。

こうした景観を形づくる植生のなかで、他地域では珍しくなったクロマツはその生育に多量の陽光を必要とする典型的な陽樹である。そのため、マツ林の多くは原生的森林が破壊された後に再生する天然の二次林である。しかし後述するが、種差海岸のクロマツ林は天然林というよりは、人間による植林とその自然増殖という過程を経て広まったものである。また、松枯れをまぬがれえた理由は、東北北部太平洋岸特有のヤマセ(春から夏にかけてオホーツク海高気圧から三陸地方に吹きつける冷たく湿った風)に起因する低温によって、松枯れの原因となるマツノザイセンチュウの運び屋となるマツノマダラカミキリが生育できないことに起因し、地域特有の自然条件によるものである。

天然芝生地・草原については、高温多湿のわが国において、湿原やとくに気温の低い高地などを除けば、やがて森林へ遷移していくことが通常である。青森県の海浜においても植生の攪乱が定期的に起こらないかぎり、天然芝生地や草原が長期間存続することはありえない。実のところ、種差海岸の天然芝生地ならびに草原は、地域住民による馬の放牧という人為によって形成された二次的な自然景観である。そのうえで、放牧が一九五〇年代には消失したにもかかわらず、いまだに天然芝生地や草原であり続けているということは、何らかの植生攪乱が継続されていることを意味している。筆者が初めて種差海岸を訪れたとき、最初に感じたのは、この二次的自然景観は誰によって、何のためにつくられ、そして、どのように守られているのかを知りたいという思いだった。

宮内泰介は、島根県の三瓶山《さんべさん》や北海道東部の草原における放牧減少による草原性植物減少の事例を挙げ、生物多様性に寄与する人為的攪乱の必要性を指摘している［宮内 2009:3–5］。さらに、人為が加えられることで維持されてきた自然の存在（「半栽培」という人間と自然の相互関係のあり方）を強調し、実際に自然資源を維持管理する場面においての議論は、「どういう自然環境が望ましいのか、ということだったり、その自然環境について誰が主体となって保全すべきなのか、ということだったりする」と述べている［宮内 2009:1］。

本章では、種差海岸における「望ましい景観」を「誰が決定しているのか」、そしてその維持・保全のために必要となる作業を「誰が、どのように実行しているのか」を探ることを通じて、種差海岸をめぐる地域環境ガバナンスがどのように成立しているのかを明らかにするものである。

さらに、こうした地域環境ガバナンスの成立に大きく影響するものに、わが国における自然資源を保全・管理する制度的枠組みとして、自然公園制度などに代表される種々の「保護地域」指定が存在する。種差海岸も、「県立自然公園」の指定と、国の「名勝」の指定を重複して受けている。こうした制度的枠組みは、当然ながら種差海岸保全の意思決定や管理に大きく影響している。地域環境ガバナンスのステークホルダーたちが、こうした枠組みをどのようにとらえ、利用しているかを見ることにより、地域環境ガバナンス形成に資する制度のあり方も垣間見えるのではないかと考えている。

2 二つの「保護地域」指定——県立自然公園と国の名勝

種差海岸区域の概要

種差海岸は八戸市中心市街地からおよそ一〇キロメートルの位置にあり、「市民の庭」として親しまれると同時に、重要な観光資源となっている。荒波の浸食によって形成された海食崖や「白《はく》砂青松《しゃせいしょう》一〇〇選」にも選定されている白砂の海岸、そして天然芝生地・草原・クロマツ林といった三層の二次的な植生が主要な景観を形成している。南下する寒流と北上する暖流の影響を受け、約六四〇種類（青森県で確認されている野生植物数の約三分の一に相当する）の植物が生育しているともいわれ、生物多様性の面からみても重要な地域である。

種差海岸には「保護地域」としての制度的枠組みが二つ存在し、青森県の県立自然公園「種差海岸・階上岳《はしかみだけ》県立自然公園」として二四〇六ヘクタールが指定されているほか、国の名勝「名勝種差海岸」として八八〇ヘクタールが指定されている（表5-1）。両者ともに地種区分によって規制をかけ、自然資源の保護を図るものである。県立自然公園は、第一種から第三種までの特別地域と普通地域という四つの区分を設けており、国の名

表5-1　種差海岸区域の指定に関わる年表

年	事項
1922（大11）	蕪島（かぶしま）がウミネコ繁殖地として天然記念物指定.
1937（昭12）	国の名勝に指定.
1953（昭26）	県立自然公園に指定.
1974（昭49）	階上岳の編入で「種差海岸・階上岳県立自然公園」へ改称.

出所：八戸市［2008：39］をもとに筆者作成.

勝も同様にA地区(特別規制地区)からD地区(第三種規制地区)という四つの区分を設けている。指定の範囲は、県道およびJR八戸線の線路より海岸側でほぼ重複しているが、それ以外の山手側は名勝地のみが指定されている。両者が重複している約二〇〇ヘクタールの区域(約一二キロメートルの海岸線が、一般には「種差海岸」として認識されており、以下この部分を「種差海岸区域」と表記する。同区域はほぼ一〇〇パーセントが私有地であり、なかには放牧地だった歴史を反映し、共有地が多く含まれている。

種差海岸区域は青森県八戸市鮫地区と南浜地区にまたがって所在し、両地区をあわせた人口は約一万人、産業構造は第三次産業が六一・五パーセント、第二次産業が三一・一パーセント、第一次産業が七・四パーセント、年間の観光入込客数は約五〇万人で近年は減少傾向にある。

「保護地域」指定に関わる法制度上の整理

種差海岸区域は県立自然公園と国の名勝という「保護地域」の指定が重複しており、法的に一括管理はできないため、行政の担当部署は複数存在する。

都道府県立自然公園は、自然公園法にもとづき、都道府県の条例によって知事が指定し、都道府県が管理を担うものである。種差海岸区域の場合は、青森県環境生活部自然保護課が所管している。全国の都道府県立自然公園条例の比較を行った橋本善太郎は、青森県の県立自然公園条例に関して「条例全体の内容が自然公園法に準拠した標準的な条例」と評価している[橋本 1997]。

名勝は、文化財保護法にもとづき、文部科学大臣または地方公共団体が指定し、管理を担うもので、種差海岸区域は国(文部科学大臣)の名勝指定を受けている。地方分権にともなう二〇〇一年の文化財保護法改正の際、指定区域(B地区からD地区)の決定、現状変更等の行為に関する許可、取り消し、停止命令といった権限の一部が市に移譲されており、八戸市教育委員会社会教育課文化財グループが管理を担当している。

3 二次的自然景観の形成過程と保全の現状――天然芝生地・草原・クロマツ林

次に、種差海岸区域における自然景観の形成過程とその保全の状況を確認しておこう。

天然芝生地――放牧地から観光資源へ

天然芝生地(写真5-1)は、ヤマセの吹く冷夏、小雪の冬、海霧といった厳しい独特の気象条件と、少なくとも鎌倉時代から行われていたという馬の放牧[八戸市民新聞社 2010]によって形成・維持されてきた。藩制時代、八戸藩を含む南部地方は馬産をもって知られ、市制施行後も一八七一年の第一回軍馬徴発において県から八四一一頭が徴収されており、馬の保有頭数は全国一であった[八戸市史編纂委員会編 2008:310]。同地域における馬の放牧が、地域住民にとって重要な生業であったことが理解できる。

放牧が行われていた頃は、天然芝生地を柵で区切り、北側に放し飼いの競走馬を、南側に杭につないだ農耕馬を放牧しており、ときに牛やヤギといった馬以外の家畜が放牧されていたという。こうした利用のもとに維持されてきた天然芝生地であるが、一九五〇年代後半以降に役畜使用の消滅とともに放牧も消失した。一般にシバ草地(天然芝生地)は放置すると遷移が進行し、高茎草原(背丈の高い草の草原)化し、さらに進行すると森林化する。種差海岸区域においても例外ではなく、放牧の消滅後しばらくして、芝生の高茎草原化＝「天然芝生地の消失危機」が進行し始めた。

それに危機感を覚えたのは地元の観光関係者たちであった。当時も今も、天然芝生地は種差海岸区域において最も訪問客の多い観光スポットである。そこで、周辺の土産物屋や飲食店など観光関係者の独自の取り組みとして、機械を利用した「シバの刈り込み」という「天然芝生地維持のための意図的な管理」が実施されるようになった。それを引き継ぐ形で、一九七〇年代からは八戸市が実施主体となって「シバの刈り込み」が継続されている。具体的には五月末から一〇月までの月二回、八戸市まちづくり文化観光部観光課が八戸市シルバー人材センターに委託して実施されている。注目すべきは名勝の管理を直接に分掌する教育委員会が許可し、実行は観光課が担っている点である。

以上のように、天然芝生地の維持・保全は、発端から現在に至るまで「観光資源の維持・保全」が大きな動機となっているのである。

写真5-1　海岸沿いに広がる天然芝生地.

草原——森林化による消滅の危機

馬の飼育には、放牧地のほかに飼料用の秣《まぐさ》を採集する場が必要不可欠であり、このために草原（写真5‒2）は形成・維持されてきた。しかし後述するが、草原は戦後のクロマツの植林と、その自然増殖によって大部分が森林化してしまった。基本的にノシバのみで構成される天然芝生地と異なり、草原部は多様な植物が生育する場所である。それは季節ごとの多様な草花の存在による観光資源ともなり、また全国的に減少した草原景観における生物多様性を保持している点からも重要視され、現在では刈り払い（奇異に思えるかもしれないが、植生遷移の進行を止め、草原であり続けさせるために草を刈るということ）や外来植物の駆除などによって草原の維持と生物多様性の保全が図られている。

写真5‒2　種差海岸の草原地.

聞き取りでは、「保護地域」としての認識が広がる以前には、地元住民が盆用に草花を採取するといった習慣もみられ、秣採集が消失してからも草原は地域住民にとって身近な二次的自然だったことが理解できる。しかし、「保護地域」としての認識が広がるなかで、現在は住民による前述のような利用は自粛され、見られなくなった。近年では観光客による貴重な草花の盗掘があとを絶たず、問題となっている[1](地域住民による草花の採取と観光客による盗掘は同列に語れず、興味深い課題ではあるが、ここではこれ以上触れない)。

以上のように、草原はクロマツ林の進出にともなう減少、外来植物の繁茂、盗掘・踏み荒らし被害などの課題が累積し、植生の消失・荒廃が最も懸念される景観となっている。

これらの課題に対し、八戸市まちづくり文化観光部観光課が遊歩道周辺に繁茂する草の刈り払いを地元観光協会に委託して実施しているほか、八戸市教育委員会社会教育課文化財グループは外来植物の駆除を業者に委託して実施し、さらには地元関係団体と企業や学校ボランティアが協力して実施する外来植物駆除の申し出を許可するといった形で草原の維持管理に努めている。このほかにも、地元市民団体が盗掘被害防止のための巡回を実施するなどの取り組みが進められている。

草原の維持は、観光資源としての存続と生物多様性の保全が動機となっているのである。

クロマツ林――「保護地域」指定後の植林と無秩序な拡大

全国的には貴重となり、三陸海岸独特の自然条件によって松枯れから守られているクロマツ林であるが、種差海岸区域では、芝生地や草原とは成り立ちの要因や時期に大きな違いがあり、そのことが取り扱いに大きく影響している。

種差海岸区域のクロマツ林の大半は、馬の放牧が消滅して以後の一九五六年の「大須賀海岸砂防造林事業」と、その自然増殖によって形成されており、形成後五〇年程度である。例外として、観光拠点の「淀の松原」だけは、名勝指定も自然公園指定もされていなかった時代に地元の深久保青年団の創立記念植樹によって形成されたものである。

一九三二年に八戸市が発行した絵葉書「八戸の風光」や一九五五年公開の映画「幻の馬」（島耕二監督）に出てくる種差海岸の映像では、この「淀の松原」以外にマツ林を確認することはできず、一帯がシバ草地（天然芝生地）と草原による景観であったことが確認されている［八戸市民新聞社 2010］。地域住民への聞き取りでは、植林開始当時を振り返り、「ただ草原にしておくよりも、植林した方がカネになった」との声が聞かれた。つまり、地権者をはじめとする地域住民にとって、将来の木材販売においても、また造林事業にともなう雇用の増加という面でも、植林のメリットは放牧の消失により格段に増したのである。

このように、すでに名勝や県立自然公園という「保護地域」指定を受けた近年になって、放牧消失後の地域住民・所有者の資産形成と雇用確保のために植林は積極的に実施されたのであり、その意味では「保護地域」指定後に種差海岸の景観は大きく変化したことになる。

その後、「保護地域」は「人の手を加えてはいけない場所」と地権者を含む地元住民に誤認され、林業の不振も重なり、すでに造林された部分の育林は放棄され、新規の造林もなくなった。しかしクロマツは種子を風にのせて散布し、日射の多い場所で発芽させるため、周囲の芝生地や草原に拡大を続けた。その結果、間伐などが行われないまま放置され、鬱蒼としたクロマツ林が無秩序に拡大することになったのである。

4 共有される「望ましい景観」とは——「保護地域指定当時の景観」への回帰

拡大したクロマツ林の強度間伐

近年、この拡大したクロマツ林の管理に関して、「保護地域指定当時の景観」への回帰、すなわちクロマツ林の拡大防止・縮小を目指した新しい動きがみられるようになっている。代表的なものとして、二〇〇九年から八戸市森林組合が実施主体となり、種差海岸区域の私有クロマツ林の整備(具体的には強度間伐)を大規模に実行しており、二〇一一年でほぼ一巡した(写真5-3)。この取り組みは、八戸市森林組合が八戸市教育委員会文化財グループに作業実行の許可を得たうえで、所有者との協議により間伐を受託し、自然保護に関わる地元の市民団体などとの合意形成も図りながら(文書配布による整備事業の周知と意見の収集)、整備を実施するものである。市からの委託事業ではないため、伐採にかかる費用は林野庁の天然林改良の補助金[2]と間伐材をパルプ材として販売することで賄い、利益は地権者に還元されている。

この取り組みの実質的な責任者である森林組合のK氏によれば、取り組みの目標は、組合員・所有者に対しては木材販売による利益還元であるが、もう一つの目標としてクロマツの強度間伐(一般に四〇パーセント以上の割合で行う間伐のこと)による林床の草原化、すなわちクロマツ林成立以前の芝生地と草原が卓越する景観への回帰であるとしている。つまり、実質的に「保護地域」の自然景観管理を目的とした取り組みでありながら「公共事業」ではなく、組合員に利益を還元する通常の収益事業として行われつつ、所期の目的を達成しているところに大きな特徴がある。

この取り組みが開始された当初、クロマツ林が強度に間伐された景観を目の当たりにした八戸市民からは、同組合や市役所に対し、「保護地域」における森林伐採に関して否定的な意見も寄せられた。こういった意見に対し、同組合・市役所などのほか、後述するクロマツの伐採を肯定するサイドからは、「保護地域指定当時の景観」への回帰のためにクロマツを伐採することの意義や伐採後の成果（在来植物の埋土種子開花など）について直接説明するほか、新聞等を通して公表・周知することで、以降は否定的意見が寄せられることは表立ってはなくなっている。

写真5–3　強度間伐されたクロマツ林.

また、同じ県内の十和田八幡平《とわだはちまんたい》国立公園の奥入瀬渓流遊歩道付近で二〇〇三年、落枝が観光客を直撃し、後遺症が残った事故裁判の判決が二〇〇九年二月に確定し、県と国に損害賠償が科せられることになったことも、観光地でもある「保護地域」の森林を適切に管理する必要性を関係者に共有させるきっかけになった。これも、強度間伐が受け入れられる面では大きかったとK氏は述べている。

このほか、芝生地や草原に侵入したクロマツの幼木を地元の市民団体が除去するといった活動も二〇〇八年から実施されるようになってきている。

このように、クロマツ林の取り扱いは、「保護地域」のなかだから手をつけてはいけないという認識を脱して、「保護地域指定当時の景観」への回帰を旗印に、民間による収益事業と市民による取り組みを合わせて、クロマツ林の拡大防止・縮小を目指して行われるようになってきていることが理解できる。

「望ましい景観」に関する意識のギャップとレジティマシー（正統性）

以上のように、現在の種差海岸区域における「望ましい景観」は、「保護地域指定当時の景観」すなわち「放牧によって形成された天然芝生地と、馬の飼料採集によって形成された多様な植物が生育する草原といった人為の影響を強く受けた地域特有の景観」として共有されているように見受けられる。少なくとも、「保護地域」＝「原生自然」であるから手をつけるべきではない、という以前はよく見られた狭い意味での自然保護的見解は、芝生地や草原の保全に関しては、現在はまったく見られない。

しかし、森林組合によるクロマツの間伐に対して寄せられた否定的意見のように、日本人が持つ普遍的な海岸のイメージ「全国的には普遍的だった白砂青松の景観」を「望ましい景観」とする意見は存在し、それは地域固有の歴史をレジティマシー（正統性）とする「保護地域指定当時の景観」への回帰とは明らかに矛盾する。地域住民も、「クロマツのないかつての景観」を知る者と、「白砂青松の現在の景観」しか知らない者に二分され、「望ましい景観」についての認識は統一されていなかった。

こうした「望ましい景観」についての意識のギャップは、種差海岸区域の実際の景観変化だけが原因でなく、全国的な沿岸域の自然景観の変化や現状も影響しているだろう。渡部高明は、総理府が一九九四年に行った調査結果をもとに、回答者三四五七人のうち六一・五パーセントが、海辺のイメージとして「白砂青松の自然のままの海岸」と回答していることに着目し、日本人の多くが理想とする海岸が白い砂浜とマツ林の連なる景観であったことを示唆している［渡部 2001］。しかし、護岸工事などのない自然海岸は、戦後の高度経済成長期を経てその多くが失われ、さらには松枯れの進行によりマツ林も減少している。実際に種差海岸区域も「白砂青松一〇〇選」に選定されているのである。この希少価値の高まりが、種差海岸区域の「望ましい景観」イメージにおけるクロマツに対する認識のギャップをいっそう強めていたといえよう。

この結果、種差海岸区域において、「保護地域」内でも二次的自然景観への手入れが必要であることが合意されたとしても、次の段階として、成立要因や時期の異なる芝生地・草原・クロマツ林のそれぞれをめぐって、どのような自然景観を「望ましいもの」と決定するかが再度問題とならざるをえなかったのである。

そうした困難さを抱えているにもかかわらず、近年の動きにみられるように、天然芝生地・草原＝維持・保全、クロマツ林＝拡大防止・縮小という形で、種差海岸区域の「望ましい景観」に一定の方向性が与えられていることが理解できる。こうした方向性が、どのような制度的枠組みとステークホルダーの関与にもとづいて形成されたかについて、次にみてみよう。

5 ステークホルダーの関与と地域環境ガバナンスの構築

「望ましい景観」の決定に使われた制度的枠組みはどちらか？

種差海岸は二つの制度的枠組みの重複した「保護地域」である。こうした「保護地域」には、保護と活用のための計画が存在する。県立自然公園についてみると、公園指定ならびに公園計画は「知事が、関係市町村及び青森県環境審議会の意見を聞いて決定する」（「青森県立自然公園条例」第六条）とされており、住民参加は義務づけられていない。その一方で、「関係者の所有権、鉱業権、その他の財産権を尊重すると共に、国土の開発その他の公益との調整に留意しなければならない」（同条例、第三条）という附則があるため、実際に指定や計画の変更を実施する場合には、県職員が現場に赴き、地権者から話を聞いたうえで調整が図られている。また、計画を策定する青森県環境審議委員会のメンバーは、青森県、市町村、地権者、学識者などであるが、大学関係者ら学識経験者が大半を占めており、種差海岸における実際の管理行為に関わっている主体の参画は見られない。青森県では、「種差海岸階上岳県立自然公園の公園区域及び公園計画の変更（案）」に対する意見募集を二〇〇九年一二月一四日から二〇一〇年一月一二日の期間にパブリックコメント形式で実施したが、意見は寄せられなかった。この結果を受けて、二〇一〇年三月三一日付の青森県報で公園計画の変更が告示されている。

県立自然公園管理者としての青森県の役割は、基本的には開発規制と監視であり、二次的植生

表5-2　保存管理計画運用指針策定経緯

年	策定された計画名称	策定の背景
1977	名勝種差海岸の管理計画書策定.	
1990	名勝種差海岸保存管理計画策定報告書として新たに保存管理計画が策定.	指定時と異なる環境や条件による諸問題を抱え，指定地域内全体の保存に関わる基本的な指針が必要となった.
2008	『名勝種差海岸保存管理計画運用指針』策定.	クロマツの自然増殖と外来生物の繁茂が顕著となり，景観維持や在来植物の保護対策が急務の課題.
		将来にわたる管理者の不足と，民間団体による保護活動の定着，観光資源としての種差海岸活用事業の活発化.

出所：八戸市［2008：1］をもとに筆者作成.

の管理には直接タッチしてはいない。同様に県立公園としての計画は開発規制などが中心であり、種差海岸の二次的自然景観のあり方と具体的な管理の指針等は明文化されていない。また、その意思決定に地域のステークホルダーが関わる余地もほとんどない状況であった。

これに対して名勝の制度のもとでは、二〇〇八年に八戸市（教育委員会）によって『名勝種差海岸保存管理計画運用指針』［八戸市 2008］が策定された。同指針の策定の趣旨と経緯は表5-2に示すとおりで、クロマツの自然増殖が策定背景の中心に据えられている。また、同指針では、現在の景観がクロマツ林によって「保護地域」指定当時の景観と乖離しているということを写真で比較するなど、クロマツ林の適切な管理の必要性を随所で指摘している。これはつまり、「クロマツが淀の松原以外は存在しなかった、「保護地域」指定当時の景観に近づけよう」という合意のもとに策定されたことを意味している。そこで、この合意形成を行った主体について表5-3をみると、名勝種差海岸保存管理計画検討会議の委員は、実際の現場での管理にも携わってい

表5-3　名勝種差海岸保存管理計画検討会議委員

所属	委員メンバー
学識経験者	岩手県立大学教授 八戸大学教授
地元市民団体	名勝種差海岸鮫町の自然を守る会会長 はちのへ小さな浜の会会長
地元観光関係団体	鮫観光協会会長 種差観光協会会長
町内会	鮫地区連合町内会会長 南浜地区連合町内会会長
文化財審議委員会	八戸市文化財審議委員会会長 八戸市文化財審議委員会委員

出所：八戸市［2008：40］をもとに筆者作成.

る多様なステークホルダーから構成され、資源管理に向けた意思決定プロセスでの協働が図られている。なかでも注目すべきキーパーソンとして、種差観光協会会長Y氏と八戸市文化財審議委員会委員T氏の存在が挙げられる。

Y氏は種差海岸が風光明媚な名所として知られる契機となった、多くの文人・墨客の種差海岸訪問に関する知識に精通し、「保護地域」として指定された当時の景観を重視し、歴史性をレジティマシーとしつつ、クロマツ林の拡大防止・縮小の方向性を推進した。

T氏は名勝を含む文化財について審議する八戸市文化財審議委員であり、高校教諭の傍ら、青森県の自然保護基礎調査や白神山地《しらかみさんち》の植生調査などに従事した植物生態の専門家である。かつては種差海岸区域でも見受けられた手を触れない式の自然保護の主張に違和感をおぼえ、保全の方向へ転換するために自然観察会や地元関係団体の植物研修の講師などを積極的に務めてきたオピニオンリーダーである。生態学的見地から二次的自然景観の生物多様性維持をレジティマシーとして、クロマツ林の拡大防止・縮小の方向性を推進した。

こうした地域のオピニオンリーダーとステークホルダーの参画を得た同委員会は、歴史性や生態学的視点をレジティマシーとし、かつての芝生地・草原景観を「望ましい景観」とする姿勢を示すに至ったのである。

このように制度的にみたとき、地域における意思決定の枠組みとして機能したのは名勝の制度であった。それでは、こうした意思決定に関わったステークホルダーの管理に果たす役割とその関係性についてみておこう。

名勝制度を軸としたステークホルダーの関与とガバナンスの構築

種差海岸区域の管理に関わるステークホルダーが、観光地としての「保護地域」利活用と二次的自然景観保全に関わって、どのような管理行為を実施しているかをまとめたのが表5‐4である。加藤峰夫は、「保護地域」の代表格である国立公園における開発規制、公園事業、施設整備については、不十分な面も多々あるが、比較的充実している管理行為群であるとしている一方で、自然解説、自然環境の調査・研究、自然再生保護活動に関しては、日本では最近になってやっと重要性が認識されるようになった管理行為群であり、必要な予算や人員が賄えないという理由から地域住民やNPO等と協力した活動を環境省も推進してはいるものの、まったく不十分であるとしている［加藤 2008:63–66］。このように国立公園においても不十分とされるような管理行為が、表5‐4に見るように「保護地域」としての種差海岸区域では積極的に実施されており、その担い手は、名勝の意思決定の枠組みと同様に八戸市という地元を軸に形成されていることが理解できる。

次に自然景観保全とりわけ芝生・草原・クロマツという植生保全管理に関するステークホルダー

表5-4　管理行為の種類と実施主体の整理

管理行為	実施主体	内　容
開発規制	青森県	県立自然公園として規制.
	八戸市(国)	国の名勝として規制.
公園事業 利用者が楽しむための施設やサービスの提供	青森県	県立種差少年自然の家の運営.
	八戸市	ホテル, 海水浴場, 水産科学博物館, 市営バス(期間限定ワンコインバス「ウミネコ号」種差海岸海岸線を運行)の運営.
	種差観光協会	種差キャンプ場の運営.
	八戸観光コンベンション協会	種差海岸芝生地周辺駐車場の提供.
	民間	葦毛崎展望台のカフェ, 天然芝生地前の食事処, 宿泊施設等.
施設整備	八戸市	遊歩道の整備, トイレ等施設の設置および管理を業者委託して実施.
自然解説	地元関係団体	種差ボランティアガイドクラブ, 種差観光協会を中心に実施.
自然環境の調査・研究	市民団体	名勝種差海岸鮫町の自然を守る会, わの会を中心に実施.
自然再生保護活動	八戸市	芝生地および周辺の刈り払い業務をシルバー人材センターに委託して実施(月2回程度を年間約250万円で). 雇用対策事業で外来動物の一斉駆除などを実施(不定期).
	地元関係団体(不定期のボランティア)	盗掘防止運動を, 名勝種差海岸鮫町の自然を守る会を中心に実施. 外来植物駆除およびクロマツ幼木の伐採を市の許可のもとで実施. ゴミ拾い, 清掃活動を八戸市の支援のもとで実施.
	八戸市森林組合	クロマツ林の整備事業(間伐・危険木の伐採)を実施.

の関与の状況をまとめてみよう。

県立自然公園管理に関わる青森県は開発規制が基本であり、どのような自然景観・植生が望ましいかについては関与せず、名勝を管轄する八戸市教育委員会が実質的な許認可権限を持っている。天然芝生地と草原については、八戸市観光課が観光資源保全の意味合いから保全活動に予算付けを行い、地域の他のステークホルダーに業務委託するか、教育委員会の許可のもと市民活動によって保全管理がなされている。こうした地域のステークホルダーのなかに、天然芝生地と草原を維持するための管理作業に反対者はなく、芝生地と草原の維持＝「望ましい景観」という認識が共有されているといえよう。

クロマツ林については、八戸市教育委員会の許可のもと、森林組合の事業活動と市民活動によって拡大防止・縮小が図られている。なかでも市民活動による幼木除去に支えられる、これ以上のクロマツ林の拡大防止については完全に合意されているといえるだろう。

しかし、強度間伐の評価には若干の相違がみられる。クロマツの伐採に関しては、機材や技術等の実行力をもった主体である八戸市森林組合の存在がなければ実行は不可能である。本事業を実行に移した同組合のK氏は、名勝種差海岸保存管理計画検討会議委員を務める八戸市文化財審議委員のT氏ならびに種差観光協会会長Y氏と親交がある。K氏は、歴史性と生態学的生物多様性をレジティマシーとして、「保護地域」として指定された当時のクロマツ林が存在しない（少ない）天然芝生地および草原で形成された景観が種差海岸区域の「望ましい景観」であるとの考えに賛同している。その結果、組合の計画する作業は、名勝種差海岸保存管理計画検討会議が策定した『名勝種差海岸保存管理計画運用指針』〔八戸市 2008〕にもとづくものとなり、指針にもとづく作業であるからこそ八戸市教育委員会にも許可され、実行が可能となっている。すでに述べたように、この強度間伐に対しては、一般市民から初期には苦情が寄せられたものの、積極的な広報の結果として、「保護地域」であることやクロマツそのものの保護を理由とした異議は沈静化した。

しかし、これとは別に、市民団体への聞き取りからは、クロマツ林の成立から数十年を経て、林床における被陰された環境を好む希少植物の生育も報告され、これらへのミクロレベルでの配慮がなされていないことへの慎重意見が聞かれた。このことを森林組合のK氏に確認したところ、収益事業としての運営ゆえに細かい配慮は難しい部分もあるが、今後努力したいとのことだった。さらに生態学の専門家であるT氏に確認したところ、心配は理解できるが、暗所を好む植物の出現は、そうした植物の埋土種子の存在を示しており、間伐により一時的に減少しても回復できるであろうし、むしろ地域全体のクロマツ林の手入れが緊急の課題であり、優先せざるをえないのではないかとの見解であった。

以上のように、クロマツ林の強度間伐の是非については、細部において相違がみられるものの、運用の改善と自然の復元力によって影響を最小化できる可能性が示唆されており、拡大防止・縮小の方向性が大枠では受け入れられていると評価できよう。

ここまで述べてきたとおり、天然芝生地・草原・クロマツ林といった植生としての「望ましい景観」は、名勝としての計画にもとづいて、八戸市当局や地元コミュニティ、観光関係者、地元関係団体・市民団体・森林組合、企業・学校等のボランティアなどによって共有され、また実際の管理が担われている。開発規制などの点で青森県が果たす役割は大きいものの、種差海岸区域の「あるべき景観」保全や「保護地域」利用・管理に関わる地域環境ガバナンスは、名勝をめぐる八戸市当局と地元ステークホルダーの協働によって構築されていることが明らかになったといえるだろう。

地域住民の暮らしと二次的自然景観の維持・保全

県立自然公園としての意思決定プロセスには、青森県、市町村、地権者、学識者を中心とした専門家が参画しているが、実際に現場での管理を担っている地元ステークホルダーの関与は薄かった。一方で、名勝としての意思決定プロセスには、実際の管理に関わる多様なステークホルダーの参画が位置づけられたうえで、地元有識者が中心となって地元ならではの歴史性や生態学的視点をレジティマシーとした方向づけがなされた点など、地域環境ガバナンスの基礎となる地元のステークホルダーの意思とこれまでの取り組みが反映された意思決定がなされた。そのことが多くのステークホルダーに共有・納得され、とらえ返されたうえで管理が実践されている。

このように、種差海岸区域における地域環境ガバナンスは、意思決定の場面において、地元のステークホルダーの意思が反映されやすい「名勝」という制度的枠組みを軸として形成されている。そして、そこで決定された『名勝種差海岸保存管理計画運用指針』[八戸市 2008]がクロマツ林の拡大防止・縮小、天然芝生・草原の保全という方向性の根拠となり、それに従って八戸市は種々の事業を委託し、森林組合は地権者には経済的な利益をもたらしつつクロマツ林の強度間伐を行い、地元関係団体・市民団体はクロマツの幼樹の除去や草原の刈り払いによる遷移の進行の停止、外来植物の除去などを実行しているのである。

こうした関係性のなかで種差海岸区域をめぐる地域環境ガバナンスは構築され、機能している。地域住民の暮らしとの関連のなかで形成される二次的自然景観のありようは、地域住民の暮らしの変化とともに変化せざるをえない。その変化を好ましいものととらえるか否かもまた、地域住民の選択に任されている。種差海岸においては、その変化を好ましいものとは考えない人びとの主導により、暮らしの変化と景観の変化を連動させることなく景観を守り続ける選択がなされた。実際の管理の担い手も、行政や観光・林業の専門業者、市民団体と幅を広げつつも、やはり地域のなかから立ち現れ、実行されている。それを支えたのが、地域住民の意思を反映させやすい「名勝」という制度的枠組みだったわけである。

地域の自然景観のありようを決める権利を持つのは、やはり第一にそこに暮らす人びとである。そして、その選択を支援できる制度的枠組みが重要であり、実際の管理に必要な資源の動員をどのように行うかが、こうした自然景観保全における実行上の要諦であることが明確になったといえるだろう。

6 おわりに――国立公園化と地域環境ガバナンス

本章では、種差海岸区域における人と自然の関わりのなかで生まれた二次的自然景観の保全の取り組みについてみてきた。「保護地域」のなかでのクロマツ林の強度間伐という、一見センセーショナルな自然景観の管理活動にレジティマシーを与えたのは、二〇〇八年に策定された名勝の保存管理計画運用指針であった。

「県立自然公園」と「名勝」という二つの制度的枠組みのうち、なぜ名勝としての枠組みが利用されたのかをもう一度考えると、第一には、地域振興を目的に種差海岸区域の国立公園化を目指してきた八戸市の歴史と強い意欲があり(3)、そのためには直接関与することが難しい県立自然公園という制度は使いづらかったこと、第二に、二次的な自然とは、地元住民との関わりなしには形成・維持されえない自然であり、地元有識者ならびに地元の市民団体などが委員となって意思決定の中心を担うことで、歴史的、生態学的にみて、地元ならではの合意と協力が得られること、第三に、これらで得られた合意そのものに強制力を与えるものとして、名勝が国の制度であることにより、「葵の御紋」のように制度的レジティマシーを付与できる点も挙げられるだろう。

二〇〇七年に新たに誕生した「丹後天橋立大江山国定公園」(京都府)では、指定にあたっての理由として二次的な自然景観の重要性が示されており、今後の「保護地域」指定に二次的自然景観が積極的に取り入れられることが予想される。そのうえにおいて、誰が望ましい景観を決定し、その維持・保全のための管理を実行するのかは、かならず課題になるはずである。そうした点で、本事例にみたような地元ステークホルダーによる地域環境ガバナンスの構築が大きな鍵となるといえるだろう。

また周知のとおり、種差海岸区域を含む三陸海岸は、二〇一一年三月一一日の東北地方太平洋沖地震とそれに続く大津波により甚大な被害を受けた。幸いにして種差海岸区域での被害は比較的軽かったものの、三陸沿岸は大きな困難のなかにある。こうした震災からの復興に資することを目指し、環境省は同年五月、青森県から宮城県までの国立・国定・県立の六つの自然公園を統合し、「三陸復興国立公園」として再編する構想を打ち出した。種差海岸区域の地元関係者の多くも、長年の悲願である国立公園化が実現されるとして歓迎している。しかし、「名勝」を軸として形成された地域環境ガバナンスが、国立公園化に適応しうるかどうかという課題は残るだろう。種差海岸が、住民の手で国立公園を活かした地域振興を図るモデルケースとなるために、従来の地域環境ガバナンスをどのように再適応(アダプト)させていくのか、今後も注目したい。

註

(1) 現在、種差海岸区域では、地元住民で構成された「名勝種差海岸鮫町の自然を守る会」の盗掘防止巡回を中心に、盗掘に関して地元の目が非常に厳しくなっている。こうした状況と、聞き取り調査で得られた情報から、「観光客による盗掘」と限定した。

(2) 天然林改良の補助金は「青森県民有林野造林補助事業」で、五割以上七割未満の伐採が該当し、国三割、県一割負担の補助金。

(3) 『名勝種差海岸保存管理計画運用指針』によると、種差海岸区域では、八戸市が中心となり国立公園化を目指した活動が活発になった時期が、一九三二〜三六年(第一期)、一九五三〜五四年(第二期)、一九六一〜六三年(第三期)、一九九五年〜現在(第四期)という四期にわたって存在する[八戸市 2008:39]。

III

地域社会の順応性と強靱《レジリアンス》さ

第6章

自然順応的な村の資源保全と「伝統」の位相

福島県檜枝岐村のサンショウウオ漁と人びとの暮らし

関 礼子

1 自然に順応した暮らしと「伝統」

自然と書いて「ジネン」と読む。ひとりでに、おのずから、天然のままに、そのものの持つ本性としてそのようになること、を意味する。「自然に」「自然な」という言葉に近いが、もっぱら仏教用語として馴染みある「ジネン」はもっと悟り深い。「自然（シゼン）」が近代化の過程で定着した言葉であるのに対し、「ジネン」は人為のおよばない万物のあり方に身を委ねる、古くからの日本の自然観を示すものだからである。自然順応的な生き方と言い換えてもいい。

「ジネン」が生きる村がある。福島県南会津郡檜枝岐《ひのえまた》村。方言集には「自然、しだいに、徐々に」を意味する「ジネン」が採録されている［星編 1989:49］。一村一集落で人口約六七〇人。谷間にすっぽり収まる「ジネン」の村は、親和性のあるふたつの貌《フェイズ》で語られてきた（写真6−1）。一つは「自然保護の聖地」である尾瀬の入り口の「秘境・檜枝岐」であり、いま一つは江戸時代から続く檜枝岐歌舞伎を筆頭に、伝統工芸や山人《やもうど》料理などの「伝統が息づく村」である。

写真6−1　檜枝岐村全景.

面積三九〇・五平方キロメートルの実に九八パーセントを山野が占める檜枝岐村の生業は、一貫して多資源適応型だった。出作り地での耕作や林産加工、狩猟にイワナ漁、山菜やキノコの採集など、さまざまな生業を複合的に組み合わせた暮らしがあった。それは、四季折々の自然の恵みや、数十年周期で更新される樹木や森林を生活の糧とする暮らしであった。

存外、自然に順応した伝統的な暮らしというのは、社会順応的でもある。明治時代に山野の大部分が国有林に編入された檜枝岐村では、以後、主軸となる生業が大きく変化してきた。

一九一六（大正五）年、曲輪づくりが盛んだった檜枝岐村で、材料になるヒノキをはじめ、針葉樹の払い下げが一切不許可になると、村人はブナの木など広葉樹を払い下げてもらい、ヘラや杓子《シャクシ》を作り始めた［檜枝岐村 1970:262］。だが、木材の輪入が自由化されると林業に陰りが見え始めた。尾瀬の道路建設反対運動が注目を浴びた一九七〇年代初頭になると、檜枝岐村は「尾瀬ブーム」にのり、その立地を生かして観光の村づくりを進めた。観光の村で、ヘラ、杓子などの林産加工物は土産物として生産され、売られるようになったのである。

こうしてみると、檜枝岐村の自然と結びついたジネンな暮らしは、社会＝制度の変化にもジネンに順応してきたようにも見える。だが、それは決して社会＝制度への全面的かつ服従的な順応ではなく、檜枝岐村が檜枝岐村であるためにジネンな順応であった。かつて当たり前だった暮らしが、社会＝制度の変化によって、もはやそのままの形で継続しえなくなったときに、村を持続させるために観光という新しい要素を取り入れながら、檜枝岐村は檜枝岐村であるための自律的な変化を志向してきた。

結論からいえば、その自律的な変化を方向づける「ジネン」の軸が「伝統」であった。もっとも、山野が国有林に組み込まれた檜枝岐村では、主たる生業は社会＝制度からの要請によって変化を余議なくされてきたのだから、ここでいう「伝統」も長い歴史を持つわけではない。

では、その時々に変化してきたはずの村の暮らしや生業が、どのようにして「伝統」という相貌を獲得し、生き残る場所《ニッチ》を見いだしたのだろうか。いかにして「伝統」は、社会＝制度がもたらす均一化の力からすり抜けて、地域を地域らしくしてきたのだろうか。地域を地域らしくする「伝統」には、自然順応的な生業を持続させる資源保全のしくみ《アダプティブ・ガバナンス》があるのではないか。檜枝岐村の伝統的な生業といわれるサンショウウオ漁を事例に考えてみたい。

2 ジネンの村のサンショウウオ漁

尾瀬の山々の遅い雪解けの五月は、サンショウウオ漁の季節である。水がぬるみ、栃の花咲く頃に、サンショウウオは産卵のために沢に下りてくる。サンショウウオ漁師は、沢を上り下りしながらスズタケで編んだズゥを仕掛け、サンショウウオを捕る。もっとも現在では、ズゥのかわりに、ビニールパイプや農業用ネットでつくったアミを使うことが多い。檜枝岐村に生えていないスズタケは調達が難しいし、アミは耐用年数が長く、持ち運びにも便利だからだ(写真6-2・6-3)。

写真6-2
サンショウウオ小屋に置かれたスズタケのズゥ.
ワラジにホソッパカマ(細袴)をはき,
カワエジッコを背負って,ズゥを持って漁に出た.
写真提供:平野和彦氏

写真6-3
ズゥとアミを持ってサンショウウオ漁に出る.
写真提供:平野郁文氏

ごく簡単な道具を用いた漁だが、そのぶん、知恵と経験が必要になる。木々の芽吹きや草の生え具合など、自然の細やかな変化を読み、どこにズゥやアミを仕掛けたらよいかを知らないと、漁はできない。ズゥやアミは小さな滝となって水が流れる場所に仕掛けるが、ほんの一メートル違えばサンショウウオが入らないということもある。すでに誰かが漁に不適とした沢でも、別の人があらためて漁をしてみると良い沢だったということもある。教わってわかることではない。それは、自分で沢を歩き、工夫をこらし、経験を積みながら会得するほかない知識である。

天気を読み、サンショウウオのリズムで漁師は沢を何時間も歩く。捕れたサンショウウオを手拭い袋に入れ、ズゥやアミのゴミを取り除き、再び仕掛ける。その繰り返しである。単調であるだが、自然の営みに順応しながら行われるサンショウウオ漁は、「おもしろい漁」だといわれる。仕掛ける場所を覚え、ズゥの大きさ、アミの素材や形に創意工夫をこらして大漁となる「おもしろさ」。何よりも「山はいい。サンショウウオの時期は、春蟬《はるぜみ》も鳴き、鶯《うぐいす》も鳴き、いい季節だ。青葉の時期のサンショッカリ(サンショウウオ漁)だ(1)」。

とはいえ、漁をするのは天気の良い日ばかりではない。漁は天候に左右され、計算どおりにはいかない。適度な雨がなければサンショウウオは動かない。空梅雨だとサンショウウオが捕れないまま漁期が終わってしまう。逆に大雨になると、ズゥやアミが流されてしまい、漁は続行不能となる。

「サンショウウオ漁は雨との闘い(2)」でもある。雨で足場の悪いなか、ひとり黙々と漁を続けるのは難儀である。沢が増水すると細かな枯れ葉や栃の花びらがアミに溜まり、せっかくアミにかかったサンショウウオも逃げてしまう。サンショウウオ漁は、「山を知らないとやらない漁」、「山が好きでないとできない漁」である。

サンショウウオ漁は長く「生活の糧」であった。他の生業の合間にできて現金収入にもなった。サンショウウオ一匹がヘラや杓子一本をつくるよりも高い値がついたし、「そこらへんで働くよりずっとよかった」(3)。しかし、そこに資源をめぐる収奪戦は生じなかった。山を歩いて地形を知り、山の自然に交わり、山の自然を読むことで営まれてきた狩猟やイワナ漁、山菜・キノコ採り、材木の伐採や林産加工など、他の生業でみられた資源獲得にあたっての合意が、「村の常識」として共有されていた。

誰かのゼンマイ小屋の周辺で別の人がゼンマイを捕ることはないように、サンショウウオ漁ではすでにある人の漁場になっている沢で他の人が漁をすることはない。これは村人の常識的ななわばり感覚であって、制度として確立したものではない。そもそも、サンショウウオの漁場は国有林内にあり、共用林野組合の代表者である村長が各人の漁場を示した「山椒魚捕獲のための入林届」を提出して許可をもらうことになっているが、これは行政的な手続きであり、実際のサンショウウオ漁師たちの感覚では、サンショウウオ漁で用いられる沢は「持ち沢」である。村の人であれば、勝手に誰かの「持ち沢」で漁をするなど、考えられないことなのである。

そのため、サンショウウオ漁師たちは、残雪の状況や栃の花の咲き具合、サンショウウオの捕獲量、仕掛けや道具の工夫などを、盛んに情報交換してきた。漁に適した時期は沢ごとに少しずつ異なり、標高が低いところから標高が高いところへと移動していく。一本の沢で漁ができるのは二〇日程度で、はじめは沢の下流を中心にズゥやアミを仕掛け、徐々に上流へと漁場を移していく。そうしたタイミングを情報交換して互いの漁に最善の結果を導き、なおかつ狭い村の人間関係を円滑なものにするのが、「持ち沢」感覚である。そしてそれは、山の資源に依存する村が村としての一体性を保つために貫徹してきたジネンな感覚であり、常識なのである。

3 資源保全のしくみと「伝統」

この村の常識に「民俗的伝統の潜在」を見たのが民俗学者の野本寛一だった。野本は、檜枝岐村のサンショウウオ漁について、「栃の花や雪どけとのかかわりによる自然暦の確認、資源保全のくふうなど、自然観察にもとづく自然の摂理と生業との関係理解のあり方など、民俗伝統をふまえた狩猟や採集活動の原理性との一致点が見られる。山椒魚漁が新しい生業であるからこそ、そこに民俗的伝統の潜在が窺えることの意義が大きいと言えよう」と述べた［野本 2008：284］。

檜枝岐村でサンショウウオ漁が始まるのは大正末期である。サンショウウオ漁は、江戸時代にはすでに『東海道中膝栗毛』で箱根名産として紹介されていたし［十返舎 1973：121］、明治時代には、乳幼児の疳《かん》の虫、婦人の冷え症、滋養強壮の和漢薬として需要が高く、箱根のある足柄県だけでなく京都府や筑摩県の物産となっていたから、檜枝岐村での漁の歴史はさほど長くない。

サンショウウオ漁には、二つの資源管理のくふうがある。第一は、漁の見切り方である。サンショウウオが絶えないように、「まだ入るな」、「まあ、このくらいのときに」と、漁を終えるのである。はじめはオスが多く、だんだんオスとメスが同量捕れるようになり、メスが少し多くなったところが漁を見切るタイミングとなる。

第二は沢を休ませることである。資源量を減少させないように沢を大事にしていても、思うようにサンショウウオが捕れなくなることがある。そういうときにはサンショウウオが繁殖して個体数が増えるまで、何年か漁を中断する。

「沢を大事にする」ことは、サンショウウオがヘラ一本、杓子一本と同価だった時代に、来年も再来年も持続的に漁を行うための前提であり、手段であった。「ジネン」が生きる世界には、野本寛一が「資源保全のくふう」と呼んだサスティナブルな資源保全のしくみが、書物や思想の器のなかにではなく、生活実践のなかに自然なかたちで息づいてきた。

写真6-4　サンショウウオ漁の沢に入る.

自分の沢に他の人が入ることはないから、漁を早めに見切ったり、沢を休ませたりすることができる。しかも、漁は標高の低い沢から高い沢へとどんどん移っていくから、「持ち沢」が何本もあれば、適度に漁を切り上げて別の沢で漁を始めた方がよい。「持ち沢」のしくみは、実利的なしくみでもあったのだ。

写真6-5　サンショウウオ漁の様子．沢にズゥを仕掛ける．
写真提供：星寛氏

とはいえ、サンショウウオ漁については、「昔の人からは、こんなバカな仕事はやるなど、博打みたいなことはやめろと言われた(4)」とも聞く。ならば、新しい生業であるサンショウウオ漁は、いつから村の「伝統」として認められるようになったのだろうか。

サンショウウオ漁が「伝統」として注目されたのは、檜枝岐村の社会変動と関連している。檜枝岐村が林業やヘラ・杓子などの林産加工の村から、観光の村へと舵を切ったのは一九七〇年である。奥只見《おくただみ》の電源開発により一九五九年度から多額の固定資産税が入るようになった檜枝岐村は、翌年から一九七三年度まで地方交付税不交付団体になった。当時、この村は福島県随一の裕福な自治体であった。だが、その経済効果は永続的に期待しえない。そこで選択されたのが、尾瀬の玄関口という地理的条件を生かし、村内に民宿を育て、観光を推進するというビジョンだった。

尾瀬は「夏の思い出」（一九四九年）の歌で有名になり、すでに多くの人びとが訪れるようになっていた。また、秘境ブームのなかで、檜枝岐村は「秘境」を枕詞とする魅惑的な村として紹介されていた［山口 1963:59］。こうした優位な条件もあり、「檜枝岐が生き残るには観光しかない(5)」と一九七〇年に村の産業課に観光係が新設された。村の政策に協力し、民宿が次々と開業したのは翌七一～七二年のことである。

当時を記録したNHKの「新日本紀行　出作りのころ ～会津　檜枝岐村～」（一九七二年放映）では、昔ながらに出作りに行く老夫婦の暮らしと、観光の村への変化を担う若い世代の動きが、消えゆくものと生まれ出るものの連続性としてとらえられている。

「檜枝岐は尾瀬や会津駒ケ岳への登山口でもあります。農業や林業の不振から新たな生計の途を観光に求めて村では今年から民宿をはじめました。民宿で問題になるのは何といっても料理です。いろいろと話しあった結果、かつては村の主食だった手打ちそばを食べてもらうのが一番だということになりました。ところが食糧事情が変って最近の若い人は手うちの技術がありません。そこでこの際、先輩たちから技術を学びとろうというのです。貧しい食生活の中で長い間主食とされてきた手打ちそばが今度はひとつの観光資源としてよみがえろうとしているのです」

「出作り小屋の周辺にも観光開発の波が押しよせてきました。出作りをやめた家から村が小屋を借りあげて、貸し別荘にしようというのです。出作り小屋の周りの豊かな自然といろり端での生活は、原始の生活を忘れた都会人には魅力あるものに違いありません。観光宣伝の面では、遅れていたものを一気に観光檜枝岐で売り出そうと作業は急ピッチで進められました。昔の歴史そのものであった出作りは、もう昔の形ではなくなったのです(6)」

ここに示されるのは、出作りの暮らしという民俗の終焉と観光立村への新たな胎動という、不連続である。同時に、変化のなかで消えていく暮らしの民俗と、消えつつあった暮らしのなかから掘り起こされ、継承される民俗の動態的連続性である。観光を推進するなかで、外から付与される「秘境・檜枝岐」や「伝統の息づく村」という「観光のまなざし」[Urry 1990＝1995]に応答するなかで、「ジネン」な暮らしは生き残る場所《ニッチ》を見つけた。暮らしが「伝統」という観光資源になっていくのである。

実際、サンショウウオ漁は、「新日本紀行」のなかで、出作りをしなくなった若い世代の生業として描かれていた。もともと、サンショウウオは和漢薬の原料や、強壮剤やスタミナ食品として村外に出荷されるものだった。それを旅館の主人が、地元でサンショウウオを名物にできないかと考え、衣をつけて油で揚げて客に出した。それがあたって、サンショウウオは檜枝岐の名物として村じゅうの旅館・民宿で提供されるようになったのである。

以降、サンショウウオは檜枝岐の名産品として村内の旅館・民宿で供され、土産物店で売られるようになった。村の旅館・民宿のほぼすべてで、夕食にサンショウウオの天ぷらや塩焼きなどが皿にあげられ、そば屋のメニューにもサンショウウオが並んだ。まだ「地産地消」という言葉がなかった時期に、サンショウウオが「地産地消」されるようになったのである。

サンショウウオ漁は、こうした流れのなかで「伝統」と位置づけられるようになってきた。サン

図6-1　檜枝岐村の宿泊者数（入湯税ベース）

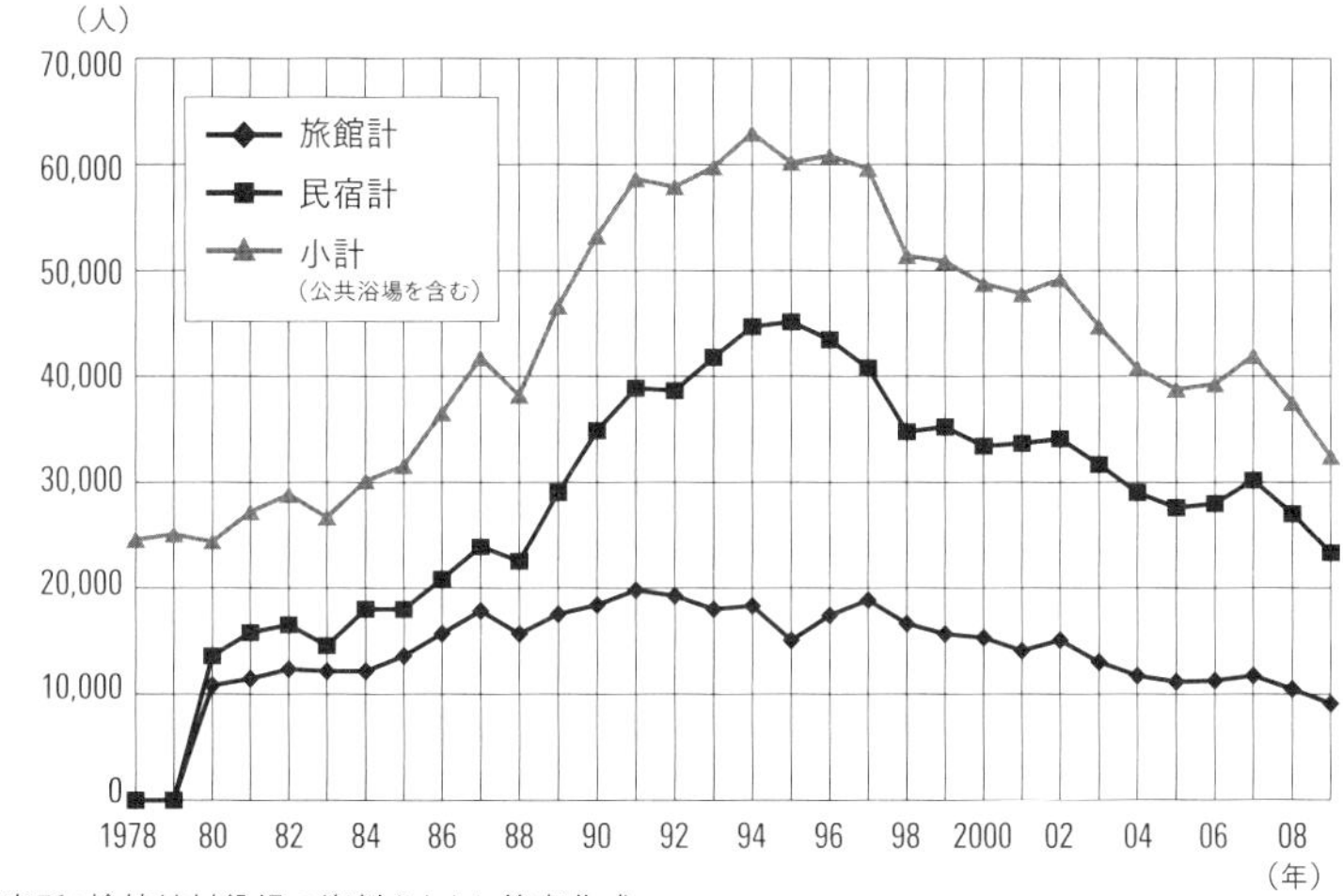

出所：檜枝岐村役場の資料をもとに筆者作成.

ショウウオが村の名物になることで新しい需要が生まれ、サンショウウオ漁は活況を呈した。「どこの民宿でもサンショウウオを出すから、一軒で二〇〇〇匹、二五〇〇匹欲しいと言えば、とても一人で捕ったんじゃ間に合わない。新しく山に入る人もいて、沢は賑やかだった」[7]という時代が訪れたのである。

ちなみに、村内でサンショウウオ漁の経験がある一三名に聞き取りをしたところ[8]、九名は観光の村へと変化する一九七〇年代以降に新規参入していた。また、九名中八名は、檜枝岐村の観光客が急増する一九八五年以降に漁を開始していた（図6-1）。

こうして、サンショウウオ漁は観光の村に必須の生業になった。マスメディアはサンショウウオ漁を檜枝岐村の伝統漁と紹介し、村人もまた、サンショウウオ漁を村の「伝統」として位置づけるようになったのである。

4 伝統の世代更新と漁の持続性

ところで、「伝統」とは何か。ホブズボウムとレンジャーは『創られた伝統』[Hobsbawm and Ranger eds. 1983=1992]のなかで、「伝統」とは往々にして創られるものだということを明らかにした。檜枝岐村の「伝統」も例に漏れない。自分たちにとってありふれた日常や、繰り返されるハレの日の祭り、慶弔の行事や人生の節目ごとの行事のなかで、自他ともに村が村であるために大切なものと意識され、守らねばならないと強く認識されたものが「伝統」と呼ばれ、守られ、育まれてきた。

現在、檜枝岐村の「伝統」と呼ばれるものの少なからずが、観光を推進する過程で「伝統」になった。杓子や曲輪といった林産加工品は、「伝統」の民芸品として観光資源になった。江戸時代に伊勢参りで伝えられて以来の檜枝岐歌舞伎は観光に必須のものとされ、担い手不足の危機を乗り越えて現在に伝えられてきた。断ちそば、はっとう、つめっこなどのそば料理は、サンショウウオの天ぷらや塩焼きなどとともに、「山人《やもうど》料理」と呼ばれるようになった。

同時に、観光の村の生業にも「伝統」が見いだされた。奥深い山に生きる「山人《やもうど》」たちの生活のにおいと言い換えてもよい。民芸品としての曲輪や手頃な土産物になるヘラ・杓子づくり、民宿・旅館の料理に必須の山菜・キノコ採集、狩猟、そしてサンショウウオ漁は、「山人《やもうど》」イメージのもとに観光資源として再編されてきた。

檜枝岐村では、「適切にサンショウウオ資源が保全されていたから、他所で行われなくなったサンショウウオ漁が続いてきた」といわれてきた。だが、資源保全が行われていれば、自動的に持続的な資源利用が行われるわけではない。需要がなければ資源としての価値もなくなる。和漢薬としての需要が低迷し、他所でサンショウウオ漁が下火になる頃に、檜枝岐村はサンショウウオを独自に資源化した。サンショウウオを名物料理に育てあげ、村内に販路を見いだしたことで需要が確保された。その結果、サンショウウオはいくらでも売れるという状況が長く続いた。だからこそ、サンショウウオ漁は維持されてきた。村内での新たなサンショウウオ需要の開拓が、サンショウウオ漁を「生活の糧」にしうる生業とし、漁師の世代交代をともないながら、漁を持続させてきたという側面もあるのだ。

写真6-6　サンショウウオ小屋での燻製づくり作業.
写真提供：星寛氏

写真6-7　民宿の食堂にあったサンショウウオの燻製.

　観光の村づくりのもとで再編された「伝統」は、しかしながら、万全ではない。二〇一一年の漁期にサンショウウオ漁を行った漁師の数は確実に減っている。なぜか。サンショウウオ漁と観光のピークが重なるためである。檜枝岐の暮らしは季節ごとにさまざまな生業を組み合わせて成り立ってきた。春に熊を狩り、熊が終わるとサンショウウオを捕る。自然のリズムに合わせて生業を組み立てるのが山の暮らしだった。

しかし、観光に暮らしの活路を見いだし、自分の民宿で使うからとサンショウウオ漁を行うようになった人は、何よりも観光にリズムを合わせなくてはならない。尾瀬には水芭蕉の季節、ニッコウキスゲの季節、紅葉の季節と、一年に三回、観光のピークがある。サンショウウオの漁期は、ちょうど水芭蕉の咲く季節である。尾瀬に多くのハイカーが訪れ、民宿が賑わう時期に重なる。その合間を縫って漁をするのだから、かつての漁師のように熱心に沢を歩くということもできなくなる。生活のリズムを観光客に合わせることで、「サンショウウオどころではない」(9)状況が生まれた。宿泊者の増加に対し捕獲量が間に合わなくなると、村内の民宿や旅館の夕食からサンショウウオの姿が徐々に消えた。

二〇一一年現在、サンショウウオは一匹八〇円から一二〇円で取引されている。この値段は、サンショウウオ漁が盛んだった時代からさほど変化していない。仕入れる側は、漁の苦労を考えれば安いものだというが、檜枝岐村の一泊二食の民宿料金から考えるとかならずしも低コストとはいえない(表6-1)。どうしてもサンショウウオを使いたいという民宿・旅館の主人は、自分でサンショウウオ漁をするようになったが、それも必要なぶん、頼まれたぶんだけの漁であった。

こうして、サンショウウオ漁は、「生活の糧」として経済的に大きな意味を持つ生業から、「趣味的なもの」へと変化した。「山が好き」な人が山野に分け入って行う漁は、松井健の提唱した「マイナー・サブシステンス」[松井 2004]に近い位置づけを持つようになったように思える。

表6-1　民宿K（1泊2食7000～8000円代）の食事の例（2009年5月30日）

夕食（16の器）	朝食（13の器）
1 食前酒	1 アユの甘露煮
2 ギョウジャニンニクのおひたし	2 ワラビのおひたし
3 ウドのジュウネン和え	3 イラとサンショの芽のあえもの
4 キューリの漬物	4 温泉卵
5 アケビの芽のうずら卵のせ	5 納豆
6 フキ，ニンジン，シイタケ，コンニャクの煮物	6 味付けのり
7 長いも千切り，イワナのイクラのせ	7 フキと油揚げの煮物
8 ウド，ふきのとう，ギョウジャニンニク，**サンショウウオ**，ハリギリの天ぷら	8 長皿（昆布佃煮，梅干し，カマボコ，フキミソ）
9 マスタケとウルイの和え物	9 クレソンの胡麻和え
10 シカ肉とキャベツ，マイタケの鍋もの	10 たくわん
11 イワナの刺身	11 豆腐とワカメのみそ汁
12 イワナの塩焼き	12 マイタケごはん
13 ソラマメ	13 バナナ，ヨーグルトかけ
14 はっとう	
15 そば	
16 ごはん	

マイナー・サブシステンスとは、経済的には副次的な生業にすらならないような生業で、自然のなかに身体をおいて季節限定的に行われる諸活動のことである。技術的には単純であるが高度な技法や知識を必要とする。マイナー・サブシステンスの対象は、「本来人間と交わるはずのない生活圏をもった生物」である。だから、その出会いは「ごくはかなく、時間的に限定されているため」、「ポピュレーションを減らしてしまうことはあまりなかった」［松井 2004：79–80］。

サンショウウオ漁は一つの沢で二週間ほど、村内すべての沢でも二カ月ほどしか漁期がない。初夏のごくわずかな時期に行われる漁である。他の生業の合間にできて、現金収入があるため、それぞれの沢は資源量を減らさぬよう、大切に管理されてきたが、頼まれたぶんだけ、必要なぶんだけ捕る現在では、捕獲量を安定的に持続させるための意図的な「資源保全のくふう」は、もはや必要ではない。

沢に入る漁師は減った。熱心に漁をする漁師も減った。サンショウウオ漁がマイナー・サブシステンス化するなかで、サンショウウオの個体数は増えているのではないかと漁師たちは口をそろえる。工夫せずとも資源保全が図られている状況だというのだ。熱心に漁をする人がいなくなったのだから、サンショウウオの増減を確認しようはない。だが、それがリアリティあるジネンの世界なのである。

5 「山が好き」という社会的心性の行方

日本にはオオサンショウウオ科のオオサンショウウオと、サンショウウオ科の一九種が生息している。国の特別天然記念物になっているのはオオサンショウウオである。サンショウウオ科の一九種のうち一一種は環境省の新レッドリスト(絶滅のおそれがある動植物のリスト)に記載されている。檜枝岐村で捕獲しているサンショウウオは、本州から四国にかけて広く分布する日本固有種のハコネサンショウウオ(*Onychodactylus japonicus*)で、環境省のリストには記載されていない(写真6-8・6-9)。だが、各県別のレッドデータブックをみると、情報不足の山口県を含め二二県で記載種となっている。開発行為による生息地の環境悪化がその主たる理由である。人による採集圧が指摘されているのは神奈川県と三重県である[檜枝岐村民俗誌編さん委員会監修 2012:26-28]。

檜枝岐村内でも、国有林で森林伐採が行われていた頃に、漁が難しくなるという状況があった。

伐採による乾燥化の影響で沢沿いが藪地になり、漁に入ることが困難になったからである。山に木々の緑が戻るまでの相当期間、漁ができなくなったが、現在ではそうした場所でも漁が再開されている。もちろん、生息地は良好に保たれており、採集圧が危惧されることはない。だが、資源保全がうまくいっていても、サンショウウオ漁師は少なくなり、村全体でのサンショウウオ捕獲数も激減している。前述したように、観光のリズムに漁のリズムが合わない、サンショウウオの需要が小さくなった、というのがその原因である。だが、それ以上に漁の持続が難しい状況が生じている。

沢は親から子へと受け継がれてきた。だが、サンショウウオ漁は「山が好き」でなくてはできない漁である。沢を譲ろうにも、「山が好き」でない子なら意味がない。山を利用するためには道の手入れが必要になる。道が手入れされずに放置されると、藪になって、山に入ることができなくなる。

梅雨時期に沢を上り下りしての漁、天気が急に崩れて大雨が来るとなると沢にズゥを引きあげに行かねばならな

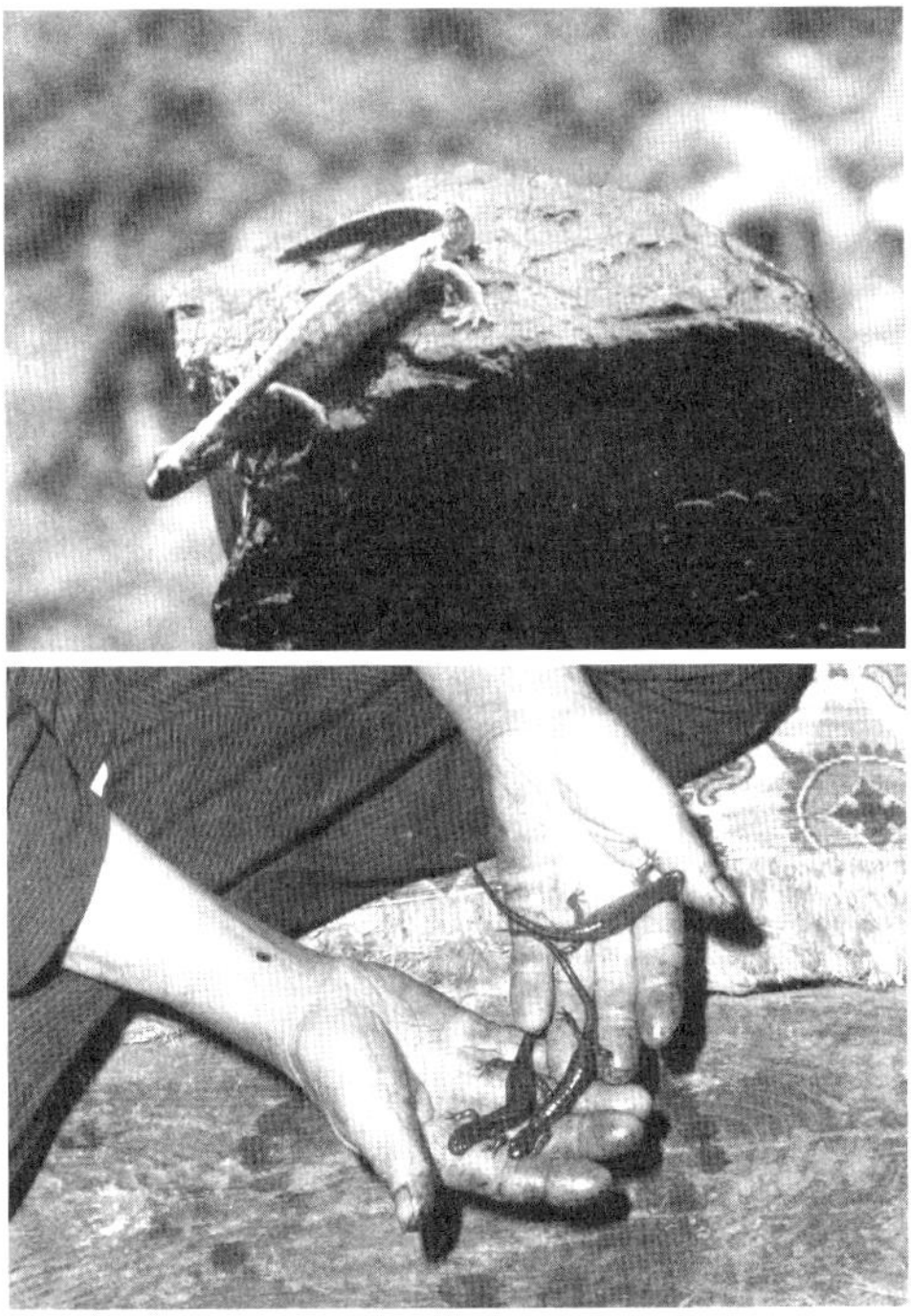

写真6-8・6-9　檜枝岐村のハコネサンショウウオ.
写真提供：平野和彦氏

いサンショウウオ漁は、山を知らなければできないし、「山が好き」でなくてはできない漁だという。子どもの頃から山を歩き、「山が好き」であれば自然に始めるし、そうでなければできない。

「山が好き」は、単に山歩きが好きということを意味するのではない。檜枝岐村で山＝ヤマは「仕事」を意味する。「山が好き」は、「ヤマ＝山の仕事が好き」ということである。かつてのヤマは、曲輪づくり、ヘラや杓子づくり、太鼓の胴やこねばち（はんぞう）づくりであり、出作り小屋での焼畑《カノ》であり、季節ごとに山の恵みを採取することだった。サンショウウオ漁師はある一時期にはサンショウウオ漁師として、別の時期には異なる存在として立ち現れた。

現在も同様である。サンショウウオ漁師は、同時に猟師であることが多いし、イワナ釣り名人であったり、山菜・キノコ採り名人であったりする。遭難者の捜索や救出にあたることもあるし、登山ガイドをすることもある。「ヤマへ行く」というのは仕事へ行くという意味であり、ヤマを歩くことは山の生業を組み立てることだった。

山が多資源利用空間であることによって、風倒木の発見・処分など山野の管理、登山道の管理、山火事防止や植物等の盗掘防止、廃棄物の不法投棄防止のための監視、病害虫や植生変化、野生生物の個体数変化のモニタリング、遭難者の捜索・救助活動への協力など、多面的機能も発揮されてきた。さまざまな自然資源を、平等性を保ちつつ利用する社会的なしくみがつくられ、利用のための知や技が培われ、複数の生業が展開されるなかで、「山が好き」という心性が檜枝岐村では育まれてきた。サンショウウオ漁を含めた自然の多資源利用が「山が好き」という自然への感応力を生んできた。サンショウウオ漁にみられた資源保全のしくみは、そうした自然への感応力のうえに成立してきた。ジネンが生きている社会には、目的としてではなく、当たり前の暮らしの当為として資源保全が埋め込まれていたのである。

しかしながら、檜枝岐村のヤマの前提が崩れ始めた。国有林事業の抜本的改革が行われた二〇〇四年、木材生産を主とした独立採算制の経営から、公益林としての機能を重視した新しい森林整備の方向へと国有林管理のあり方が転換した。森林の多面的機能を重視した管理への変化は、ある意味、時代が待ち望んだ変化だった。

ところが、この転換にともない、檜枝岐村内の国有林は、第三次地域管理経営計画で、自然の循環利用が前提とされていない水土保全林および森林と人との共生林として管理されることになった(図6-2)。

図6-2　会津森林計画区(檜枝岐村を含む)の森林分布状況

＊アミ点に示された部分がほぼすべて国有林である.
出所:関東森林管理局ホームページ
(http://www.rinya.maff.go.jp/kanto/aizu/office/area_big.html)

「豊富な天然資源に恵まれ、古くから木材生産・林産業が盛んな地域であり、これまで広葉樹を主体とし多様な樹材種の供給に努めてきたところであるが、今後は人工林の間伐材が木材供給の主体となる」とされた［関東森林管理局 2007:8］。計画のなかでは、国土保全や自然環境の保護などと調和を保ちつつ、地元の産業振興のための利活用に努めることとされているが、ヘラや杓子などの材料となる広葉樹の調達は、事実上、困難になった。細々と続けられてきた林産加工に終止符が打たれたのである。

サンショウウオ漁を通して見てきたように、多資源利用によって培われてきた知恵や社会的しくみが結果として自然保全的な資源利用を可能にしてきたのだから、多資源利用が困難になればそうした知恵も社会的しくみも無用なものになってしまう。開発行為だけでなく、自然保護や生態系保全の政策が、「ヤマが好き」という心性の裾野を狭めてしまう可能性が生じたのである。

生業のなかで山とかかわる場面が激減した。狩猟を行う若い世代も少なくなった。山とかかわる機会や頻度が減るなかで、ますます「ヤマが好き」という心性の裾野が失われていく状況になった。そこに危機感も生まれている。山に登ったことのない子どもたちが増えたことから、檜枝岐村では、二〇一二年現在、小・中学校の行事で登山や山歩きを意識的に取り入れている。

6 地域性ある資源保全のしくみは可能か？——社会的しくみの「保全」と「利用」

述べてきたように、サンショウウオ漁は、山に依存してきた檜枝岐村の暮らしに組み込まれた新しい生業であった。山深く分け入って、持続的にサンショウウオ漁を行うためには、自然に順応しながら漁を見切ったり、沢を休ませたりしなくてはならなかった。それが可能なのは、「持ち沢」という社会的しくみがあったからだった。

他方でサンショウウオ漁は、資源が維持され、販路が開けているだけでは維持されない漁である。漁は、「山が好き」という心性、ヤマ＝仕事におもしろみを感じる心性が育つことで、はじめて継承されていくものと考えられている。そこにおいて、個々人が自然のなかで体得した知と技の体系が、山村の社会的なしくみとともに暮らしの基層として維持されていくことになるし、自然の動きに順応した資源保全のしくみも引き継がれていくことになる。

「山が好き」という心性は、自然に順応した多資源適応型の暮らしのなかで育まれるから、狩猟や林産加工などの生業が持続可能であることと関連する。ジネンな村の「山が好き」という心性は、言い換えるならば、村人たちが自然や村の社会的しくみに順応して培われてきたものなのである。だが、檜枝岐村の自然資源保全のしくみや、「山が好き」という心性を維持していけるか否かは、いま、岐路に立っている。資源保全、あるいはサスティナビリティという概念が政策的に上から下りてくるときに想定されているのは、目的としての保全や持続性であって、結果としての保全を可能にしている資源利用や社会的しくみの「保全」ではない。地域性や地域の特殊性はほとんど考慮されていない。

地域の人びとの持続可能な多資源利用や、それに付随する多面的機能を失うことなく、むしろそれを涵養することは可能だろうか。自然・環境・資源の公共性と、地域における自然利用や、利用によって育まれる自然への感応力とを、矛盾なく結びつけることは可能だろうか。檜枝岐村の場合、そのヒントは「伝統」の位相に見いだすことができる。

檜枝岐村では、江戸時代から続いている檜枝岐歌舞伎や、米が穫れなかった村のそば料理、板倉や地蔵がある村並みなど、歴史を感じさせる「形あるもの」が「伝統」という観光資源として、意識的に保護の対象になってきた。もともと、「観光」と「自然保護」は近代が生み出した双子であった。歴史を紐解いてみると、明治に誕生した観光は、観光資源でもある自然を保護するための諸制度を形成する推進力となってきたことがわかる［関 2012］。これは、檜枝岐村でも同様だった。

檜枝岐村では同時に、曲輪、ヘラ・杓子づくりや、サンショウウオ漁などの生業も、旅の雑誌や番組で「伝統」的な生業と紹介されてきた。だが、生業という「形のないもの」を保護・保全していくことは、一筋縄ではいかない。「山が好き」で、同時に「伝統」を残そうという気持ちから、サンショウウオ漁をし、燻製づくりに挑戦し、倉庫に残っていた材でヘラや杓子を製作し始めた人もいる。だが、太鼓の胴やはんぞうづくりなどは、国有林経営方針の転換によって材料となる樹木の調達が難しく、技や知恵の伝達は困難になりつつある。

自然を守りながらジネンの村の「山が好き」という心性を守り、国有林を自然として保護するだけでなく、多資源利用のなかで培われてきた知や技を守り、資源保全のしくみを維持してきた社会的しくみを「伝統」として保護するための自然利用を部分的に認めることはできないだろうか。

ジネンの村の「伝統」は、多資源適応の村の人間関係を円滑にし、村を村として維持していくために、社会＝制度の変化に順応しながら育んできたものである。村の持続と村の資源保全は緊密に結びついてきた。自然を守るために人を自然から遠ざけ、人が自然から離れることで自然が荒れるという事態を招くことなしに、「利用しながら保全する」ための社会＝制度のしくみを考えていくこと。それが村の持続につながること。村を維持するためのジネンが保たれること。そして、何よりも森林の公益性や多面的機能を維持しつつ、村の「ジネン」や「伝統」を維持し、新たに生み出していけるような自然資源管理の手法が、今後の国有林管理における順応的ガバナンスとして期待されるのではないだろうか。

註

(1) 二〇〇九年二月二五日の星寛氏（一九二八年生まれ）へのヒアリングによる。
(2) 二〇一一年一〇月三一日の平野紀夫氏（一九五三年生まれ）へのヒアリングによる。
(3) 前出の星寛氏へのヒアリングによる。
(4) 前出の平野紀夫氏へのヒアリングによる。
(5) 二〇一〇年五月一二日の平野代々治氏（観光係新設当初の担当者、一九三九年生まれ）へのヒアリングによる。
(6) ＮＨＫトライアル研究（第三期）「テレビが「保護と観光のまなざし」形成に果たした役割分析と地域民俗資料としてのアーカイブスの可能性」で閲覧したＮＨＫの台本による（ただし、傍点は筆者）。なお、台本の記述は番組映像のナレーションとは異なるところがある。
(7) 二〇〇八年九月二一日の星寛氏へのヒアリングによる。
(8) 二〇一〇年の「檜枝岐サンショウウオ漁調査データ」［檜枝岐村民俗誌編さん委員会監修 2012：37–52］および二〇一一年一〇月三一日の平野紀夫氏へのヒアリングによる。
(9) 二〇〇九年五月三〇日の平野郁文氏（一九三五年生まれ）へのヒアリングによる。

第7章

自然資源管理をめぐるサケと「ウナギ」の有象無象
米国先住民族ユロックの生活文化と資源管理の「飼いならし」

福永真弓

1 ミツバヤツメという「ウナギ」

ミツバヤツメという生き物

ミツバヤツメ（*Lampetra tridentata*）という生き物をご存じだろうか（写真7-1）。北アメリカ大陸の太平洋岸に広く分布していて、日本のヤツメウナギよりもずっと大きく、体長は七〇センチほどになる。薄茶色の表皮はぬめぬめとしていて、細長い。吸盤状の口を開ければ、「ミツバ」という名前にふさわしく、ぎざぎざした歯が円形に三列生えそろう。ミツバヤツメはその口で大型魚の横っ腹に食いついて体液を吸う。顎《あご》はない。外見もさることながら、大型魚への被害をもたらす魚であるから、漁師たちにはひどく嫌われる。実際に、大西洋岸に生息する類似種のウミヤツメは、河川・湖改修によって五大湖周辺に遡上するようになり、養殖場のサケやマスに大きな被害をもたらし、駆除の対象にもなっているくらいだ。

だが、太平洋側では少し事情が異なる。漁師は漁師でも、もともと北米大陸に長らく住んできた先住民族の漁師たちにとっては、ミツバヤツメはとても大切な、そして何よりも心踊る獲物である。その身は脂がたっぷりとのって滋養があり、さばいてから串に刺して直火であぶり焼きにしても、燻《いぶ》してスモークにしても、あふれ出る脂と弾力のある独特の食感があって美味だと好まれる。たしかに、スモークされた身をもぐもぐと噛めば、口じゅうに豊かな脂と旨味が広がり、飽きない。かつては、一家族で一晩に千を超える数のミツバヤツメを獲ったのだという。昔からミツバヤツメは、質・量ともに兼ね備えた、大切な栄養源だったのである。それゆえに、ミツバヤツメは、[1]サケとならぶ存在として先住民族に大事にされてきた。カナダを流れるコロンビア川では、その年のサケを迎えるファースト・サーモンと呼ばれる祭事と同様に、ミツバヤツメを迎える祭事を設けている先住民族集団もいるほど、先住民族にとっては、生活を昔から支えてきた重要な食料なのだ。

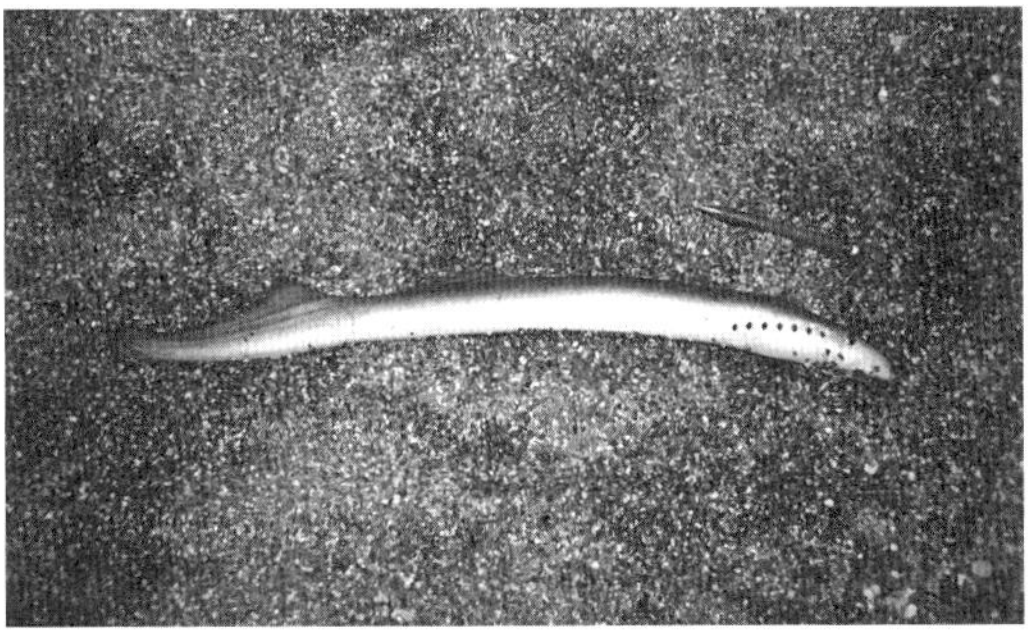
写真7-1 ミツバヤツメ.
写真提供:トマス・ダンクリン氏

先住民族ユロックとサケと「ウナギ」

本章では以降、ミツバヤツメを先住民族たちの言い方に倣い、「ウナギ(eel)」と呼ぼう。[2] ミツバヤツメと呼んでいたのでは、彼(女)らが大事にしている感覚が伝わりにくいからだ。そのうえで、この章では、「ウナギ」と先住民族ユロックをめぐる関わりのあり方を描きながら、自然に関わる伝統的な知識、いわゆる「伝統的(土着的)生態学知識[3](Traditional or Indigenous Ecological Knowledge)」が、ユロックにとってなぜ重要で、どのような理由から順応的な自然資源管理[4]と密接に関わっているのか、考えてみたいと思う。

物語の舞台は、クラマス川河口域、主人公は先住民族ユロック(Yurok)である(図7-1)。クラマス川は、オレゴン州のアッパークラマス湖に端を発し、カリフォルニア州の北西岸で海へと入る全長四二三キロメートル、総流域面積四万七九五平方キロメートルの大きな川だ。河口域はレッドウッドやダグラスファーなどの大きな木々を抱える深い森と巨大なエルク(アメリカアカシカ)の行き交う湿地、キングサーモンやギンザケ、「ウナギ」などの豊かな水産資源の宝庫である。だが同時に、その資源と、水と地形が生み出すエネルギーを利用するために、灌漑やダムの建設が進み、川の形は二〇〇〇年の間に大きく様変わりしてきた。

一方、かつては北西岸有数の人口を誇っていた先住民族ユロックは、狩猟・漁撈文化の担い手として、そして美しいバスケット(編みかご)文化の担い手としても知られている。また、後述するが、サケ資源をめぐって、州や連邦政府と「サケ戦争(Fish War)」を闘ってきた先住民族として有名な人びとでもある。そのユロックは、移入者たちが金採掘の夢を追いかけたとき、農場の水と電気エネルギーを求めたとき、またはサケを商品としてとらえたとき、あるいは逆に自然保護の対象としてとらえたとき、その時々に翻弄されながら、資源の利用と所有をめぐる他者との争いに身を置いてきた。
争いの渦中でひときわ目立ってきた生物はサケである。先住民族文化の代表的なシンボルでもあるサケは、常にクラマス川流域の資源争いの中心となり続けてきた。

図7-1　クラマス川流域地図

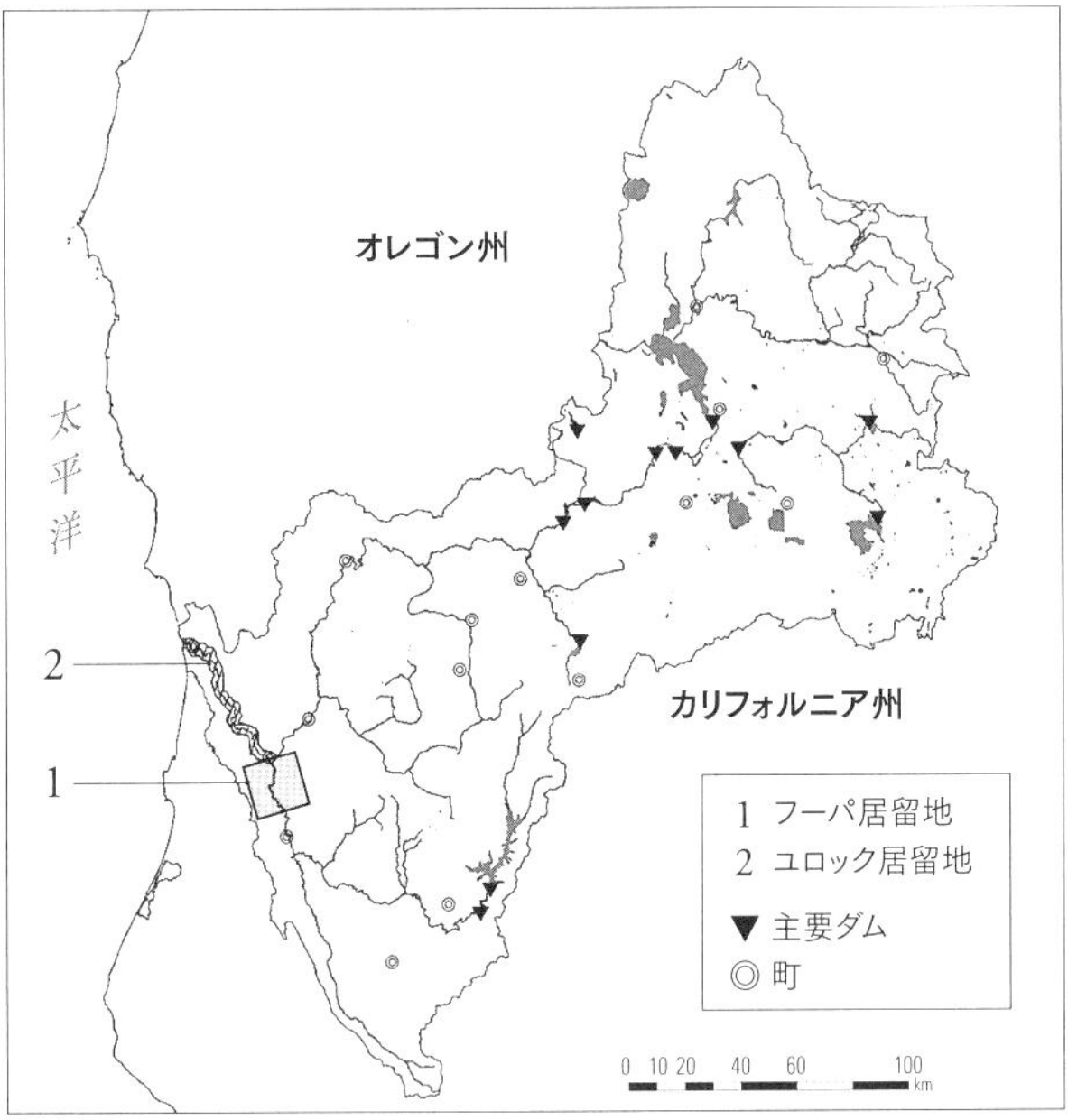

サケに比べ、本章で扱う「ウナギ」は、先住民族以外にはとことん受けの悪い生き物である。自然保護でも資源管理でもその注目度はサケに遠くおよばない。だが、ユロックの傍らで過ごしてみると、彼(女)らにとって、「ウナギ」がサケに匹敵するどころか、ときにはそれ以上に重要な意味を持つ生物であることがわかる。
「ウナギ」がユロックにとって持つ意味は何だろう。実は、先に述べた問い、伝統的(土着的)生態学知識と順応的資源管理の関わり、それがユロックに必要である理由

への答えは、「ウナギ」に潜んでいる。

それではまず、エピソードとインタビューから得た言葉から、クラマス川のユロックと「ウナギ」の関係を見てみよう。(5) 後ほど学問的な文脈をていねいに追いかけていくことにして、まずは物語として読んでいただきたい。

2 先住民族ユロックの生活文化とクラマス川——奪われた川の恵み

早春、クラマス川には、キャンドルフィッシュ（*Thaleichthys pacificus*）がやってくる。日本のワカサギにも似たこの魚は、長い冬が明けて春が来たことを知らせる魚だ。キャンドルフィッシュに導かれるように、キングサーモン（和名マスノスケ、*Oncorhynchus tshawytscha*）が、四月から七月の間に遡上する。春のキングサーモンは、ユロックにとって、四月に行うファースト・サーモンの儀式に見合う、真のサケ（numi-nepui）である。ファースト・サーモンの儀式こそ行われていないが、現在でも彼（女）らにとって特別の意味を持っている。(6)

夏はチョウザメ。クラマス川には、シロチョウザメ（*Acipenser transmontanus*）とミドリチョウザメ（*Acipenser medirostris*）の二種類が遡上する。現在では、その姿はあまり見ることができないと漁師たちは嘆く。

秋には再びキングサーモンがのぼる。早いものは六月頃から上流に向かい始める。一一月後半からはギンザケ（*Oncorhynchus kisutch*）が、またスチールヘッド（降海型ニジマス、*Oncorhynchus mykiss*）が一月終わりまで産卵のために遡上してくる。サケの姿がなくなると、「ウナギ」がやってきて、ユロックの胃袋を満たす。寒い冬を「ウナギ」と越えると、再びキャンドルフィッシュがやってきて、春を告げる。

このように、一年を通じて、ユロックの食を支える魚が入れ替わり立ち替わりクラマス川にやってくる。漁具・漁場の準備から、獲って保存食品にするまで、その一連の過程にともなう、贈与を通じた社会関係の構築や儀礼などの文化的な営みが、長い間ユロックの生活文化を支えてきた。

「毒された」流域

しかしながら、クラマス川流域は、この一〇〇年ほどの間に大きく姿を変えてきた。あらゆる意味で象徴的なのが、二〇〇二年の「クラマス・フィッシュ・キル」と呼ばれる出来事である。同年八月最後の週、続く九月最初の週、クラマス川の河口から約五五キロメートルにわたって、文字どおり、悪夢のような光景が広がった。

「岸を歩いても歩いても、そこらじゅう死んだ魚だらけだった。こんなに大きいやつまで、転がっていた。毒だよ、川が毒された。そして魚たちを殺した」(7)

約三万三〇〇〇匹のサケ類が死んだといわれるこの出来事を語るとき、ユロックの長老で有名な漁師のSさんはいつでも、何度も「川が毒されたからだ」と繰り返す。魚類の直接的な死因の多くは、カラムナリス病と白点病だったが、大量死を招いた原因は、明らかに、上部にあるアイアン・ゲート・ダムが上流の農家の水利用のために上流で水をせき止めたことにあった。その結果、水量の減少と水温の上昇、水質の汚濁などが複合的に引き起こされたのだ[8]。

「毒された」とSさんが語るとき、それは単なる「汚染」を意味しない。

ユロックは、一八五一年に米国の連邦政府と友好条約を結びえた居留地（＝公的に自分たちの土地と認められ、自治権を持つことができる地域）を、一八六一年から六二年の冬に起きた大洪水にともなう避難をきっかけに失った。同時期、ゴールドラッシュによる鉱山開発は川を汚染し、商業漁業者による漁業資源の乱獲、伐採企業による森林の私有化も進んだ。上流部の白人入植者たちのために、一八八二年から始まった大規模な農業用の灌漑事業は、流域に大小一〇を超えるダムを造成し、流域全体の水量と川の形を変えた。ダム建設は、沿岸域におけるトロール船漁による漁獲圧の高まりと同様、後のサケをはじめとする遡河性魚類減少の主要な一因とみなされている。

「毒された」という言葉は、白人移住者が現れて以来、土地と自然資源利用の権利を「合法的に」奪われ、白人移住者による利用を優先する形に流域が改変されてきたこと、その歴史的経緯ゆえの「汚染」であることを意味する。

自然資源の利用と管理をめぐる争い——正統性の承認を求めて

一方、クラマス川流域は、白人移入者による開発が始まった当初から、「自然保護」運動の熱心な対象でもあった［Most 2006］。とくに、一九二〇年代になると、サケ資源は大きく減少し、その資源をめぐってスポーツフィッシング団体や自然保護団体、自然資源管理者としての連邦・州政府は、ユロックら流域に居住する先住民族たちと大きく対立するようになった。

ユロックは居留地を失っても、生活の場である流域に戻って生活していた。そして変わらずにサケや「ウナギ」を獲り、エルク（アメリカアカシカ）を狩って生活していた。だがそれは、他の資源利用者や連邦や州などの資源管理主体にとっては、「違法行為」以外の何ものでもなかった。

数多くのユロックの人びとが逮捕され、それでも漁撈と狩猟を繰り返した。転機を生んだのは、何度となく逮捕されていたあるユロックの若者が、漁業権を求めてカリフォルニア州漁業狩猟局と争った一連の裁判と、一九七三年に出た判決だった。その判決内容は、元居留地の土地を実質的にユロックの土地であると認めるものだった［*Mattz v. Arnett*, 412 U.S. 481, 1973］。

この判決を受け、ユロックの人びとは、刺し網漁を再開した。

だが、激減したサケの資源管理を試みていた連邦や州政府、スポーツフィッシングや自然保護派の人びとは、ユロックの行為を違法とみなし、取り締まりを強化した。ユロックの経験と知恵にもとづいた漁獲量・時期の調整など、漁獲の自主規制を主としたユロックなりの「資源管理」の正統性（レジティマシー）は認められなかった。主張の食い違いは激しさを増し、一九七八年についに両者は激しく衝突した。「サケ戦争（Fish War）」と呼ばれる争いである。ボートで網をかけるユロックは銃を向けられ、逮捕された。

サケ戦争は連邦・州政府にユロックの先住民族権について目を向けさせると同時に、ユロックの人びとを政治化し、居留地返還に至る大きな契機を生んだ［Most 2006］。もちろんその背景には、六〇年代以降、米国に広がっていた先住民族運動の影響も色濃い。

最終的にユロックが居留地を取り戻したのは、一九八八年一〇月三一日のことである。一九九三年、ユロックは先住民族政府として憲法を制定し、名実ともに先住民族政府が承認された。

この一連の出来事の間に、ユロックは流域資源をモニタリングし、資源管理のプログラム策定と実践のために、数多くの自然科学者を雇うようになった。そして現在では、ユロック先住民族政府の漁業局は、全体の漁獲を統括する漁獲管理マネジメント、ロウアー・クラマス川、トリニティ川、クラマス川の各部局にそれぞれ自然科学者を複数抱え、モニタリングと漁獲管理を自分たちで行っている。

とくにサケ資源については、科学的知識と技術を導入しながら、人びとの生活を支えるだけの漁獲はできるよう、細かく漁期や漁法・漁獲量を定め、順応的資源管理を行ってきた。

たとえば、二〇一一年の春から夏にかけての漁獲制限をみてみよう。春に遡上するキングサーモンに関していえば、商業目的の漁獲は一切認められていない。各人、自家消費する分は認められる。キングサーモンは週に一〇匹、同じユロックのメンバーか、その他の先住民族に贈与・物々交換する分としてのみ、獲ることが認められている。つまり、市場は介さず、自分たちの生計や贈与を軸とするユロック内部の社会関係を支えるための漁獲のみが認められている。

加えて、科学的なモニタリングと、これまでの漁師の経験や言い伝えの聞き取り調査を照合したサケの生態の詳細な調査にもとづき、産卵場所の保護や環境改善が行われている。

それは、自分たちが利用する資源の確保のためのみならず、連邦や州に対し、自分たちこそがクラマス川流域の自然資源の利用者として、土地の所有者として正統性を持ち、資源管理を的確に行うことができる行為主体である、と示すことを目的としている。

一方的な開発と自然保護のまなざしに翻弄されてきたユロックは、こうして、みずからが資源管理の主体としてふさわしいと他者に示し、先住民族権を守る道を選んだのである。

「ウナギ」と長老、そして若者たち

順応的資源管理がユロック社会のなかで重要な位置づけを占めると、サケと「ウナギ」、それぞれとユロックの関わりの間に変化が生じた。今のユロックと「ウナギ」の関わりを見ながらその変化をとらえてみよう。

冒頭に述べたとおり、ユロックにとって「ウナギ」は特別な生き物である。二〇一一年現在、「ウナギ」もまたユロック先住民族政府のモニタリング下にあるが、漁獲については、サケとは異なり、河口域でのイールフックを使う漁であれば、禁止時期はなく、量も制限されていない。そこで、一月がくると、男たちはイールフックを持って出かけていく。

二月の初め、クラマス川の河口域を訪れると、焚き火に人びとが手をかざして集まっている。一つの焚き火に、家族とその縁者が集まり、なにごとかを話したり、炎を見たり。そこから海岸線近くに目をやると、防寒具とつなぎに身を包んだ男性たちが、イールフックを持って波打ちぎわに立っているのに気づく。その姿はかなり寒そうだ(写真7‑2・7‑3)。

長い間、男たちは動かない。彫像のように立って、打ち寄せる波を見ている。

だがそのうち、不意に一人が動く。

素早く駆けて、フックをふうっと振りかぶり、ぱっと上にあげると、長いものがその先にひっかかっている。

「ウナギ」だ。

ゆっくりと浜辺に戻ってくると、焚き火の周りにいた人に「ウナギ」を見せながら、袋のなかにしまいこむ。彼が広げた袋のなかには、その日に獲れた「ウナギ」が、にょろりにょろりと腹を見せている。

再び海岸線を見ると、今度は別の若者がイールフックを持って振りかぶり、波に向かっていく。鈍い灰色の雲がどこまでも広がる波打ちぎわで、漁は続く。

獲る、という行為のおもしろさが惹きつけるのか、「ウナギ」漁には若者も多い。

獲った「ウナギ」は家でさばかれる。さばき方にもコツがいる。ユロックの長老Sさんの家に来ていた、別の長老Dさんの孫、Cさん(二〇代、男性)は、鮮やかな手さばきでさばきながら、「まだまだだ」と言う。ユロックの若者世代の間で一番の腕だといわれるCさんはこの日、少し浮かない顔をしていた。

隣にいたCさんの友人のEさん(二〇代、男性)が、「こいつはこの前、Sさんにもらったイールフックを流しちまったんだ」と教えてくれた。

聞けば、そのフックは、成人のお祝いにSさんが彫刻と模様入れを施してくれたもので、それがもらえるのは、漁師として将来性を持っている証なのだという。

なるほど、といつもSさんが座っている安楽椅子の上を見ると、たくさんのイールフックが誇らしげに吊り下げられていた。きれいに彫刻と模様が施され、優美なカーブを描いている（写真7–4）。

Sさんに聞けば、そのようなイールフックへの彫刻と模様入れを始めたのは、Sさんが初めて

写真7–2
波打ちぎわに立ち，イールフックで「ウナギ」漁をする若者．

写真7–3　焚き火の様子．

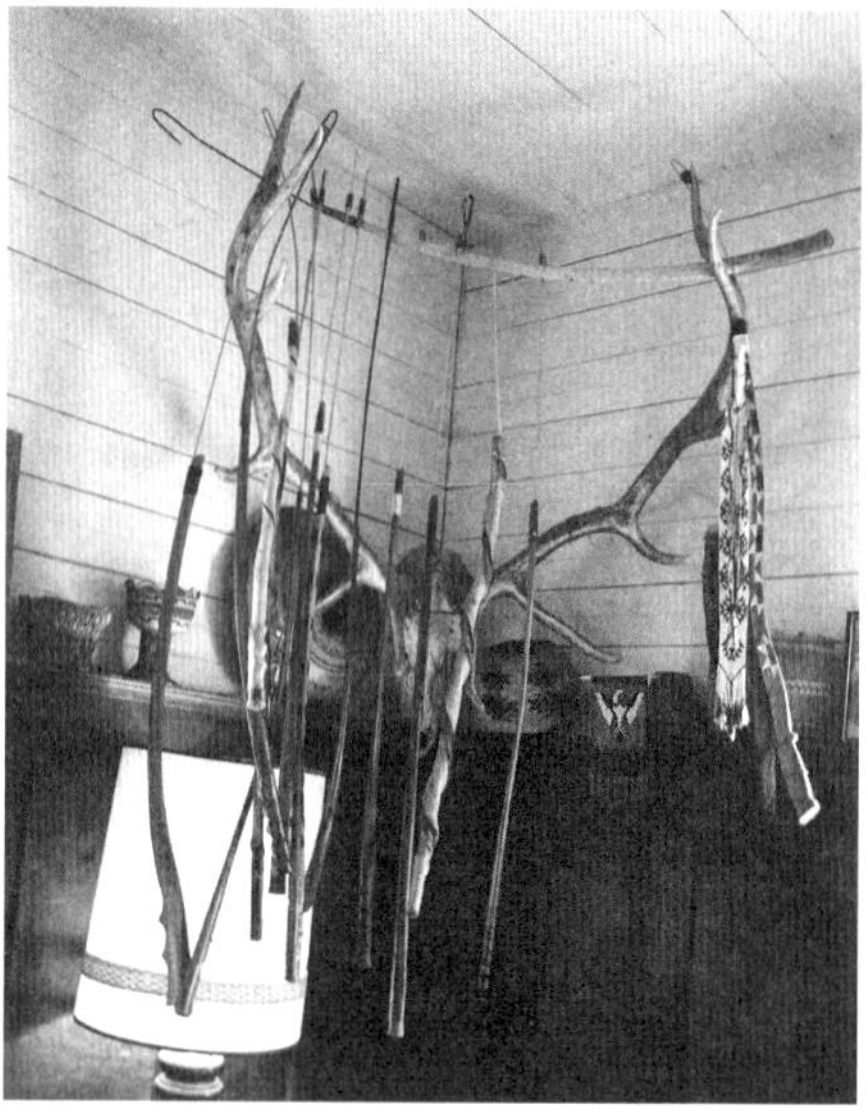

写真7-4　イールフック.
写真提供:トマス・ダンクリン氏

だという。

Cさんが、「ちゃんと漁がうまくなって、またSさんにフックをもらえるように、自分でも作れるように修行しないと」と肩をすくめて残念そうに言った。Sさんは何も言わずにパイプから煙をぷかり。聞こえているだろうけれども、反応はしない。

Cさんは、「これからEさんと出かけるから、今日は帰る」と言う。Sさんは軽くうなずく。私が「「ウナギ」はどうするの?」と聞くと、四匹はオーブンで焼いて食べ、後の残りはスモークハウスで燻してから瓶詰めにすると言う。

家から出ていくまぎわ、Cさんはやっぱり少し残念そうに、Sさんが座っている椅子の上の、イールフックをちらりと眺めた。

実は、「ウナギ」をめぐる一連の話は、とても重要なことを示唆している。

一つは、「ウナギ」漁の周囲には人が集まること。とくに、「ウナギ」漁に関して知識と技術を持ち、フックを芸術的に作り上げる長老の周りには、親類縁者をはじめとする若者たちが集まる。そして、話を聞き、さまざまなことを学ぶ。

安楽椅子の前で始まるのは、別に「ウナギ」釣りの話だけではない。先住民族の重要な祭事、たとえば子どもの成長と長命を願うブラッシュダンスの話や踊り指導、昔の親戚の話、彼(女)らから聞いた昔のユロックの生活の話。繰り広げられるそれらのなかには、かなりの確率で流域の話がまじる。だからCさんは言う。

「こうやってSさんのところにいると、ちょっと釣りのヒントみたいなものがわかる。もちろん直接は教えてもらえないけれど、川の流れのクセとか。それから、もっと大切だと思うのは、サケ戦争のこと、昔の川のこと、しきたりのこと。(そのような話を受け継ぐのは)次はおれたちの番だと思うから(9)」

「ウナギ」の周囲には、流域の知恵や知識など、伝統的(土着的)生態学知識を伝え聞くための対話空間ができあがる。もちろん、ともに漁に出かけることで、その知識や技術は文字どおり、身についていく。

もう一つ重要なのは、このような関係性が、ユロック内部の人的ネットワークをつくるということだ。長老に敬意が集まり、ユロックの文化が引き継がれ、同時にユロック成員同士のつながりが保たれる。

「ウナギ」は、ユロックにとって不可欠な伝承と敬意の社会ネットワークを形成する重要な生物なのである。

3 伝統的(土着的)生態学知識を手がかりに──サケと「ウナギ」の関わりの違い

「ウナギ」がつくり上げていく伝承と敬意の社会ネットワークは、もちろん、「ウナギ」だけがつくる特有のものというわけではない。冒頭に述べたように、政治的、文化的アイコンとして「ウナギ」よりも格段に目立つ存在だったのはサケであり、贈与や物々交換を通じた社会関係を築く源であり続けてきた。

だが、Sさんが削るイールフックには現在、サケには果たせない役目が課せられている。サケと「ウナギ」、それぞれがユロックと築いている関わりの違いについて、伝統的(土着的)生態学知識という概念を手がかりに読み解いてみよう。

サケの場合──順応的資源管理への「翻訳」

伝統的(土着的)生態学知識とは、生活を営むために、人びとが周囲の自然界を利用しながら蓄積してきた、「知識・実践・信念の統合的な体系」[Berkes 1999]である。八〇年代後半以降、西欧近代科学という「ものの見方」が相対化され、科学の不確実性や、社会のなかの科学をどう考えるか、という問題があらためて顕在化した。以来、伝統的(土着的)生態学知識は、西欧近代科学とは異なる認識構造をもつ知の体系、「別の「科学」」[Hobson 1992]として各分野で着目され始めた。もちろんその内容は、それぞれの社会や民族によって様相も体系も大きく異なる。

とりわけ北米では、伝統的（土着的）生態学知識は、先住民族の資源管理主体としての正統性を証明する手立て、先住民族運動を支えるツールとして着目されてきた。そして、自然科学的手法として生態学などで発展・定着してきた順応的資源管理へ「翻訳」され、あらためて体系化され活用されてきた。

「翻訳」先の順応的資源管理は、自然資源管理における不確実性に対処するために開発された手法で、社会と生態系の双方のレジリアンス(10)を保つような実践に重きを置いているという特徴がある[Berkes et al. 2000]。また、地域社会型資源管理への親和性が高いこともあり、社会的学習過程を重視し、ボトムアップ型意思決定過程の構築を促進するという特徴も持ちあわせている。そのため、伝統的（土着的）生態学知識が表現する「知識・実践・信念の統合的な体系」を、比較的近い形で、しかも先住民族運動に必要な主張を含めた形で「翻訳」しやすい。

クラマス川流域でも、ユロックやその近くに居住する先住民族カルークは、伝統的（土着的）生態学知識を順応的資源管理へ意識的に「翻訳」しながら実践活用してきた。たとえば、ユロックの漁業局で働く二〇代の男性Aさんは、父親（ユロックの漁師、サケ戦争の当事者）の生き方を傍らで見て、父の持つ伝統的（土着的）生態学知識を自然科学とすり合わせる必要を痛感してきた(11)。そもそも、彼が生物学者になった理由もそこにあるという。現在では、伝統的（土着的）生態学知識の聞き取りを行いながら、順応的資源管理を行うために、漁業局で主にサケの生態を詳細に調査している。

サケ資源は、先住民族政府の設立以降、Aさんのように雇用された若者を中心に、順応的資源管理への「翻訳」がとくに進んだ。同時に、先住民族政府の漁業局が、漁期・漁獲量から手法まで細かく指示を出すようになり、漁業局を中心に政治的決定がなされるようになった。

それは、サケが「ウナギ」よりも格段に目立ち、先住民族以外にも人気のある、利害関係が集中する生物であったからこその変化だった。サケの資源管理主体として、みずからがふさわしいと連邦政府やそのほかの「外」の人びとに対して示すこと。それは、ユロックにとって、流域の資源利用者としての正統性を獲得するために必要な営みだった。そして、サケの周囲にはAさんのように生物学を修めた専門家たちが集い、サケの話は「科学的な」言葉で語られることが多くなった。

「ウナギ」の場合——伝統的(土着的)生態学知識そのものの存在感

一方、「ウナギ」は、モニタリングの対象ではあるが、サケほど厳しい資源管理の対象ではない。「ウナギ」はユロックたち先住民族にはとても重要な資源だが、白人移住者にとっては、長らく、食べないうえに、ほかの魚に害をおよぼす「ごみ魚」でしかなかった。そのため「ウナギ」は、食料資源としても、自然保護の対象としても、先住民族以外の利害関係者と利害がぶつかることが少ない。ゆえに、ユロックの正統性を示すために利用されることも、「科学的な」言葉で語られることも少ない。

サケとは対照的に、「ウナギ」の周囲では、これまで以上に、自然科学的手法に「翻訳」されない伝統的(土着的)生態学知識そのものが存在感を増している。

「ウナギ」がいつ河口にやってきて、川のどのあたりまでのぼるのか、その頃、ほかにどんな生き物が流域にいるのか、という「ウナギ」とその生態環境に関する知識や、イールフックやカゴなどの漁具、その製作方法・技術、道具を用いる身体的な技能と知識。とくに本章で取り上げたイールフック漁法は、個人的な技能に拠って立つところが大きい漁法である。場所によって細かな手法とコツがあり、その言語化はなかなか難しいが、見よう見まねと工夫でそれぞれが学んでいく[Petersen 2007]。

そのような技術や知識を得るために、若者たちはSさんら長老たちのもとに集い、知恵を得ようと試み、Sさんたちの言葉は、集いのなかで重さを増す。同時に、Sさんのような手練《てだ》れに認められることが価値となる。その象徴が、Sさんの手によって美しい彫刻や模様入れが施されたイールフックであり、贈られることは「名誉」となる。

知識や技能を伝える長老たち、学んで実践する若者たち、彼(女)らを統制する敬意の社会ネットワーク。その蓄積は、ユロックがユロックらしくあるための資源でもある。Sさんの周囲の若者がそうであったように、人びとはそこにサケとは異なる文化の真正性の源を感じるからこそ、集まってくる。

いうなれば、「ウナギ」は、ユロックの内側の糸をより合わせるように、若者たちを長老のもとに集め、内部の社会ネットワークを強める役割を果たしている。「ウナギ」の周りの関係性は、「翻訳」されて科学的な言葉で語られるようになったサケに代わり、「ユロックらしさ」の源となり、ユロックの社会そのものを根底で支えているのだ。

伝統的（土着的）生態学知識の可能性

ユロックにおいて、伝統的（土着的）生態学知識が現在だからこそ重要であることを示すエピソードをもう一つ紹介しておこう。

ユロックのJさんは、伝統的な燻製小屋を「昔と寸分たがわぬ」木材を用いて、「昔と同じ方法で」建てるプロジェクトを若者たちと始めている。彼は言う。

「……わたしはずいぶんいろいろと政治的に動いてきた。アルカトラズ[12]のときも駆けつけたし、ここでのサケ戦争でもずいぶん活動した。それでどうなった？　……ここには暗い顔の若者が今も残った。川岸にスモークハウスをもう一度作ろうと思ったのは、そういうものが今の若者を支えると思ったからだ。そういう文化が、わたしたちがユロックであると、教えて、支えてくれる。本当にね[13]」

Jさんは続けて、雇用機会も少なく、若者のアルコールやドラッグへの依存が高いユロック社会の状況を、「文化という核、社会を傷つけられ（abused）」、容易に立ち直ることができない状況だと説明した。この「傷つけられ（abused）」という言葉は、ユロック同士の仲も決して一枚岩ではなく、むしろ内部対立がかなり深刻であることをも指す。白人移住者に奪われ、残った数少ない土地や森林の所有をめぐって、サケ戦争のときにも、ユロック先住民族政府設立のときにも、利権と金銭の絡んだ内部対立は激化し、その傷跡は今も深く、争いの火種もユロック内部に癒せぬままくすぶっている。

伝統的(土着的)生態学知識には、このようなユロック内部の社会の傷を癒し、精神的な支柱となる役割も託されている。だからこそ、Jさんのように、すでに失われていた営みを再生し、イールフックが体現する敬意の社会ネットワークと同様に、支えとなるものや出来事を生み出そうとする動きも生まれる。

もちろん、伝統的(土着的)生態学知識を意図的に用いることについて、懸念がないわけではない。なかでもユロックにとって重要なのは、「伝統」表象が、「生態学版高貴な野蛮人(ecological noble savage)」というイメージに固定され、回収されてしまうのではないか、という懸念だろう。「先住民族はもともと自然と共存している自然保護者なのだ、その知恵の保持者なのだ」という一面的なイメージは、先住民族たちの多種多様な文化的営みや現実の社会状況自体をかえって見えなくさせてしまうこともある[石山 2004]。

実は、このような懸念を乗り越えるためにも、サケと「ウナギ」の関係性が並び立ち、ある種の緊張関係を持っていることがとても重要になる。ユロックの人びとはサケにもウナギにも「偏れない」ことを理解していて、両者を並び立たせようとしている。サケは雇用や財政基盤の確保などの実利には結びつくが、ユロックをユロックたらしめる心性を保つ役割を果たせなくなりつつある。心性を保つ社会ネットワークを生み出し、集団内の政治的力関係の偏りを調整する「ウナギ」は、ユロック社会を支える経済的実利は生まない。サケと「ウナギ」の両者はそれゆえ拮抗し、緊張関係にありながら互いを支え合う。

「伝統」にまつわるレッテルを回避するための鍵はここにある。レッテルを回避するためには、外側から降ってくるイメージと、そのイメージのなかに潜む、「かくあれ」という強制をはねのけ、自分たちの伝統的実践と真正性を「これだ」と外側に主張できる実際的な内実と、そう主張する力がそろわねばならない。ユロックの場合、「ウナギ」が伝統表象の真正性を集団の内部で担保し、それを主張できるだけの社会的発言力はサケが整えている。

重要なのは、サケと「ウナギ」の関係性が緊張関係を持って並び立てるよう、ユロック自身が両者を操縦できていることだ。その裁量をみずから持てることこそが、誰かから一方的に資源を収奪されたり、「生態学版高貴な野蛮人」というレッテルを貼られたりするリスクの低減を可能にする。

簡潔にいえば、順応的資源管理、伝統的（土着的）生態学知識の両者を、ユロックの人びとみずからが「飼いならす」こと、それがすべての鍵なのだ。その点について最後に議論しておこう。

4 順応的資源管理を「飼いならす」ために

さて、これまで、ユロックが築いているサケと「ウナギ」の異なる関係性を事例に、伝統的（土着的）生態学知識と順応的資源管理の関わり、そして両者がユロックにとって重要な意味を持つ理由について述べてきた。生き物と人の関わりの豊饒さは、自然資源管理において、予測しない何かが起きたときに、それを受けとめ、対処を生み出すストックの豊富さでもある。異なる生物を中心に生まれる社会関係がいくつもあるからこそ、人びとは先住民族権を主張するために(＝サケ)、あるいは先住民族社会の内部をうまく回すために(＝「ウナギ」)、それらを使い分けたり、強弱のつけ方を変えたりできる。

そして、使い分けや強弱のつけ方は、経験として、あるいは経験の記憶という知識として、社会的ネットワーク、たとえば「ウナギ」の周囲に生まれたようなネットワークのなかで、人びとを介して人びとの間に蓄積されていく。多様な社会関係とその経験的な記憶は、まぎれもない社会資源として蓄積される。

ユロックの人びとは、長きにわたる運動や苦闘の経験から、それらを自由自在に「なしうること」、蓄積したものを「使いこなせること」こそが、自分たちの社会をうまく回していく根源的な力となること、それが最も重要で手放してはならない「社会の根っこ」なのだと、経験から直観的に知っている。

だから彼(女)らは、他者が持ち出してきた多様な道具や、歴史的に培われてきた道具を再発見して「飼いならす」。私たちはすでに、サケと「ウナギ」の事例から、順応的資源管理と伝統的(土着的)生態学知識が、彼(女)らによって「飼いならされて」いるありようを実際に見てきた。

社会をうまく回すための方法や方便、論理の組み立てを可能にする道具は多様である。支える知の枠組みも、多元的だ。ゆえに、資源管理の仕方も手法も、流域の見方ですらも一つではない。それらを使いこなし、「飼いならして」、自分たちなりの配置と組み合わせによって、生活をよりよいものに変えようと社会を動かす。

ユロックの人びととサケと「ウナギ」は、資源管理という営みが、社会を支える最も根源的な営みでもあることを語っているのである。

註

(1) 本章で「サケ」というときには、後に出てくるキングサーモン、ギンザケ、スチールヘッドなど、クラマス川流域に生息するサケ・マス類の総称とする。
(2) ユロックの言葉では、*Key'ween* だが、ユロックの言葉を話せる人びとがほとんどいない現在では、日常的には「ウナギ(eel)」が一般的である。
(3) 「伝統的(traditional)」と「土着的(indigenous)」という用語の使い分けは、「伝統的」という言葉が含む政治的な意味合いを避けることに主眼がある。より中立的な、いわば価値自由の立場を保つために「土着的」が選ばれる。本章では、先住民族が両者をそのような区別なく、みずからの先住権(土地の所有権、資源利用・管理の権利を含む)の正統性の根拠としていることを尊重し、その文脈を示しておくために併記する。
(4) 自然資源とは、自然界に存在するもので、人間が利用できるもの/その可能性を見いだしているものを指す。
(5) 参与観察とインタビュー、文献資料調査にもとづく。なお、調査については調査倫理を遵守し、また、記録資料は先住民族政府に提供している。
(6) 現在では八月に、伝統的な踊りや文化を楽しみながら学んだり、ユロックのサケ料理を食べたりする「サケ祭り」が開催されているが、この祭りはファースト・サーモンの儀式とは異なる。
(7) 二〇〇六年九月二八日、Sさん(七〇代男性)へのインタビュー。Sさん宅にて。
(8) 「クラマス・フィッシュ・キル」事件については、カリフォルニア漁業狩猟局の出しているレポートにくわしい[California Department of Fish and Game 2004]。
(9) 二〇〇九年二月二六日、Cさんへのインタビュー。Sさん宅にて。

(10) ここでいうレジリアンス(resilience)は、人間社会と生態系、その両者の弾力性、すなわち、何かしらの攪乱が起こったときにも、それに対処しながら立ち直ろうとすることを指す。ただしその「再生」は、元のそのままの形に戻ることは意味しない。
(11) 二〇〇九年二月二四日、Aさん(二〇代男性)へのインタビュー。アルケータのレストランにて。
(12) 「アルカトラズ」とは「アルカトラズ島占拠事件」を指す。先住民族たちが先住権の承認を求め、一九六九年一一月二〇日から一九七一年六月一一日まで、カリフォルニア州サンフランシスコに浮かぶアルカトラズ島を占拠し続けた。
(13) 二〇〇九年二月二六日、Jさんへのインタビュー。Sさん宅にて。

第8章

コウノトリを軸にした小さな自然再生が生み出す多元的な価値

兵庫県豊岡市田結地区の順応的なコモンズ生成の取り組み

●菊地直樹

1　小さな村の大きな出来事

コウノトリが選んだ村

兵庫県豊岡市の北端にある田結《たい》地区。日本海に面し、古くから半農半漁の生活が営まれていた五二世帯の小さな村である。(1)西光寺というお寺には、代々の住職が日々の出来事を書き留めた日誌が残っている。「午前十時頃前の田に鶴飛び来ん」。初雪だった一九三六年一二月三日の日誌だ。鶴とはコウノトリだったに違いない。この頃、コウノトリは鶴と呼ばれるのが一般的であったからである。(2)この日以降、この村にコウノトリが舞い降りることはなく、久しい間、コウノトリは村人の記憶のなかから消え去っていた。

それから七十数年が過ぎた二〇〇八年の四月下旬。田結地区の人の気配がほとんどない静かな谷あいに、大きく白い一羽の鳥が舞い降りてきた（写真8−1）。西光寺の住職の奥さんは、何度か姿を見て、その鳥はコウノトリであると確信した。戦後生まれの奥さんにとって、村でコウノトリを見るのは、初めての経験である。その姿に「ドキドキ」し、「よう田結を選んでくれたなぁー」と思ったと言う。コウノトリにとってみると、田結地区は、数多くある餌場の一つにすぎないかもしれない。だが、奥さんは予感していた。「何かが変わるんじゃないか」と。

写真8−1　田結地区の放棄田に舞い降りたコウノトリ.
写真提供：大平幸次郎氏

田結地区の田んぼの多くは、標高一〇〇〜二〇〇メートル程度の山に囲まれた谷沿いにあるため、耕作は困難をきわめた。取り巻く環境は厳しかったが、村人たちは田んぼや海、山といった地域の環境を共有し利用することで、生活を組み立ててきた。しかし、生活を組み立てていた田んぼは、減反政策をきっかけに奥から徐々に耕作放棄されるようになり、その速度は後継者不足やシカやイノシシの獣害により増していった。そして、二〇〇六年を最後に、すべての田んぼが放棄されてしまった[3]。村人たちは、田んぼがあった場所に寄りつかなくなり、その存在を意識することもなくなりつつあった。共有してきた環境を忘れ去ってしまったかのようだ。

コウノトリが降り立ったのは、そんな放棄してしまった田んぼである。コウノトリの飛来がきっかけとなり、村人とともにNPOやボランティア、研究者、行政といった多様な主体がスコップ片手に「小さな自然再生」に取り組み、放棄田をコウノトリの生息地として共有するようになったのだ。

小さな自然再生によるコウノトリの生息地づくり

後にくわしく見るように、コウノトリは単なる「野生」動物ではない。野生復帰という大きな物語性を帯びた文化的、社会的な生き物であり、多元的な価値が付与されている。村人たちは、このような特徴を有するコウノトリという生き物を軸に、いったんは放棄してしまった田んぼを、コウノトリの生息地という新たなまなざしから、意識化するようになった。

近年、生物多様性の視点から田んぼの重要性が指摘され、農家の営みが注目されている。ただ、この小さな村の人たちは、研究者やNPOと同じまなざしで、放棄田に働きかけているわけではないだろう。科学的な目標だけでは、半農半漁の生活を営んできた村人たちの行動を支えていくだけの説得力を持つのは難しいに違いない。にもかかわらず、村人たちは、コウノトリが飛来してきたことをきっかけに、田んぼをコウノトリの生息地として、多様な主体とともに共有しようとしているのである。

環境へのかかわりは、所与のものではなく、社会経済的な状況や歴史的な変化のなかで組み立てられたり、消滅したり、再生されたりといったダイナミズムを持つ。環境を共有し共同管理する仕組みはコモンズと呼ばれているが、それは人びとの集合的な意識が形成されるプロセスを通じて生成されるものといえる。(4) この小さな村での小さな自然再生の取り組みは、コウノトリを軸にしたコモンズの生成という側面を持っている。

それではいったい、田んぼという環境の持つ価値の多元性のなかで、小さな自然再生によるコウノトリの生息地の共同管理は、いかに成り立っているのだろうか。本章ではこの点を明らかにすることを通して、ともすれば生活からかけ離れがちな自然再生の取り組みを、生活に根ざした多元的な活動へと仕立て直すガバナンスが成立する要件について考えてみたい。

2 コウノトリの野生復帰

絶滅危惧種となった「里の鳥」

コウノトリ目コウノトリ科コウノトリ(*Ciconia boyciana*)は、全長が約一一〇センチ、翼開長が二メートル前後、体重が四〜五キログラムになる大型鳥類である(写真8-2)。全身は白色で、黒い風切羽とくちばしがコントラストになっている。形態はタンチョウなどツルに似ているが、分類上はサギやトキに近い。コウノトリは樹上にとどまることができるが、タンチョウはできない。したがって、よく描かれる松上の鶴は、生物的にはコウノトリと考えられる。

食性は肉食性で、ドジョウ、フナなどの魚類、カエル、バッタ、ミミズなどの小動物を餌とし、

写真8-2　コウノトリ.
白と黒がコントラストになったその姿は美しい.

飼育下では一日五〇〇グラム以上食べている。豊富な餌生物が生息する環境がないと生きられない、生態系のトップに立つ種である。

松の大木などの樹上に、小枝で直径一〜一・五メートルほどの大きな巣をかける。親鳥によって交互に抱かれた卵は、約一カ月で孵化する。二カ月で親鳥とほぼ同じ大きさにまで成長し、巣立ちを迎える。

主な繁殖地はシベリア東部のアムールからウスリーにかけた湿地帯（主にアムール川流域）であり、中国揚子江周辺とポーヤン湖、台湾、韓国、日本に渡り、越冬する。渡り鳥であるが、日本には田園の環境に適応し、留鳥として繁殖する個体群も生息していた。

生息数は三〇〇〇羽程度と推定され、国際自然保護連合（IUCN）のレッドリストでは、絶滅危惧種（EN）となっている。ワシントン条約（絶滅のおそれのある野生動物種の種の国際取引に関する条約）附属書Ⅰに掲載され、商業取引が原則禁止されている。日本では、特別天然記念物（文化財保護法）に指定され、絶滅危惧種ⅠA類（環境省）に分類されている。

兵庫県北部の但馬《たじま》地方では、コウノトリは平野に比較的近い里山の松の大木に営巣し、そこから広がるジルタと呼ばれる湿田を餌場にしていた。松の木が多く生えている小高い山と田んぼが比較的近くに存在し、生息地として適していたに違いない。コウノトリは、人里に生息する「里の鳥」だったのだ。実際、日本各地にはコウノトリの生息を伝える記録が数多く残されている。

絶滅から野生復帰へ

ところが、日本の里からコウノトリの姿は久しく消えていた。一九七一年、日本のコウノトリは野生下で絶滅していたからである。

コウノトリが絶滅した要因としては、明治期の乱獲による分布域の減少、圃場整備などによる低湿地帯の喪失や営巣場である松の減少といった生息地の消失、農薬など有害物質による汚染、遺伝的多様性の減少が考えられている。里の鳥であるコウノトリは人と自然の関係が変化したことにより絶滅したといってよい。

一九五五年から官民一体となった保護活動が始まり、絶滅前の一九六五年からは人工繁殖が取り組まれたが、久しく成功することはなかった。ようやくヒナが誕生したのは、一九八九年のことである。それ以降、順調に飼育数は増加し、一九九九年には兵庫県立コウノトリの郷《さと》公園が開園し、二〇〇二年には飼育数が一〇〇羽を数えるまでになった(5)。

二〇〇五年九月、長年の保護増殖事業の成果を踏まえ、五羽のコウノトリが大空へ放たれた。コウノトリの野生復帰プロジェクトの本格的な始まりである。野生復帰とは、かつてのコウノトリの生息地であった豊岡盆地周辺に、飼育下で生まれ育った個体を放ち、再び自立した個体群を確立しようとする取り組みである［池田 2000］。野生下で絶滅した種の野生復帰は、さまざまな分野を横断する自然保護、野生生物保護の最先端の取り組みであり、日本で本格的に実施されるのはコウノトリが初めてであった。二〇〇七年七月には、日本国内では四六年ぶりのヒナの巣立ちが観察され、以降、毎年野外での繁殖に成功している。現在、六〇羽以上が生息するに至っているが、その多くは人為的な給餌に頼っており、自活の促進が課題となっている［兵庫県立コウノトリの郷公園 2011］。

多元的価値の実現

世界中で取り組まれている絶滅危惧種の野生復帰のなかでも、生態系のトップに立つ種を人里に戻すという点で、コウノトリの野生復帰はきわめてユニークなプロジェクトといえる。コウノトリを野生に戻すためには、人と自然の関係を創り直し、コウノトリが住める環境を再生していく必要がある。コウノトリが生息する環境は、私たちが暮らす生活環境そのものである。したがって、野生復帰とは私たちが暮らす地域を創り直すことにほかならない。そのユニークさは、人が絶滅させたコウノトリを人の手によってよみがえらせるという明確なメッセージを持つ大きな物語にもとづき、生物学的な自然再生と社会学的な地域再生の取り組みを一体的に推進する「包括的再生」［桑子 2008, 2009］を試みている点にこそある。

豊岡市は知の集積、環境教育、自然再生、市民活動への支援など多岐にわたるコウノトリ関連の政策を展開している。国土交通省は円山川の自然再生事業に取り組み、河川敷にコウノトリの餌場となる湿地を造成している。環境創造型農業に取り組む農家が現れ、農作物のブランド化が進み、市民による湿地づくりや愛護活動も展開している。コウノトリを見に来る観光客の増加により、豊岡市への経済波及効果は一〇億円とも試算されている。(6) 野生復帰の拠点であるコウノトリの郷公園は、飼育下繁殖、自然再生、地域づくりという三つの課題を掲げ、研究と活動を推進している。

コウノトリの野生復帰は、コウノトリの個体数の増加や生物多様性の向上といった学術的価値だけでなく、資源的価値や文化的価値などの実現も含意された多元的な価値の実現を目指した総合的な取り組みといえる［菊地 2008］。この意味でコウノトリは、単なる絶滅危惧種というよりも、多元的な価値を有する文化的、社会的な生き物ということができる。

野生復帰の物語のなかで、田んぼはコウノトリの餌場や生物多様性にとって重要な自然と価値づけられるようになり、農家の人たちに野生復帰に参加してもらい、コウノトリの餌場づくりに貢献してもらおうという考えが出てきたのである。

3 コウノトリの生息地づくりへの思い

試行錯誤による小さな自然再生

田結地区から約三キロ南に豊岡市立ハチゴロウの戸島湿地（以下、戸島湿地）がある。全国的に甚大な被害をもたらした二〇〇四年一〇月の台風二三号が過ぎ去った後、豊岡市戸島地区の田んぼ

写真8-3　スコップ片手に自然再生.

にハチゴロウと呼ばれる野生のコウノトリがしばらく滞在した。このことをきっかけに、圃場整備中だった田んぼの一部を、コウノトリの餌場となるべく整備した湿地である。

戸島湿地の管理・運営は、コウノトリ湿地ネット(以下、湿地ネット)が担っている。コウノトリの採餌場所となる湿地の保全・再生・創造に取り組み、人と自然が共生する社会づくりに寄与することを目的としている団体であり、コウノトリに関する市民活動の中心となっている。戸島湿地では、二〇〇八年から毎年コウノトリの繁殖が観測されている。

田結地区の放棄田に降り立ったのは、戸島湿地で営巣していたコウノトリである。ヒナに与える餌を探しに来ていたのだろう。このことを契機に、放棄田はコウノトリの生息地として、俄然、外からの注目を集めるようになった。

コウノトリが飛来してから間もない二〇〇八年五月。湿地ネット関係者らは、コウノトリを探索した後、放棄田のなかに足を入れた。ところどころ漏水するなど、かなり荒れていたという。田んぼは、集落より奥にあることもあって、荒れていても「目を向けなくてもすんでいた」のである。長靴をはき、スコップ片手に池を掘り、水が溜まるようにした(写真8-3)。

この日から徐々に、村の役員、湿地ネット、豊岡市、研究者などが共同で、畦《あぜ》や堤防からの漏水の防止、農業用水路の給水口の補修、水溜まりの造成などを行い、放棄田をコウノトリの生息地にする取り組みが展開されるようになったのである。

具体的な作業をみてみよう。カエルの産卵場所や水生昆虫の生息場所に適地と考えられる場所に杉板を打ち込んで止水する。上流に板で堰《せき》を設け、土を盛って強くする。漏水している箇所は補修する。手作業やユンボなどを使って、田んぼのなかに畦を設置し、湿地としていくのである。放棄されたとはいえ、個人所有地であり、境界線は入り組んでいる。にもかかわらず、お構いなしに畦を作り、水が溜まるようにしていくのである。田んぼの真ん中に畦を作ることもある。

写真8-4・8-5　石積みの堰づくりによる小さな自然再生.

水が溜まるようになり、ドジョウ、メダカ、ゲンゴロウ、ガムシなどが確認されるようになった。春には、アカガエルやヒキガエルの卵塊が数多く確認されている。コウノトリ飛来日数は、二〇〇九年が五二日、二〇一〇年が六八日と順調に増えている。

作業は「見試し」という考えによって推進されている。スコップや小型のユンボなどを使って、数時間から半日程度でできる作業を行い、修正点があれば、手作業などで改良を加える。構造に大きく手を加えるものではなく、いわばスコップ片手で試行錯誤しながら進めていくのである。

放棄田とつながっている小さな川がある。そこで石を積み上げる。五分ほどで石は積み上がり、後方にある田んぼに水が入るようになった。手作りの簡易な堰である。石を積み上げただけなので、大水が出ると壊れてしまう。壊れれば、作業し、手直しをすればいいのである。コストがかからず、自分たちで作業した結果が見えやすいため、何か問題があれば順応的に対応しやすい（写真8–4・8–5）。

こうした順応的な小さな自然再生によって、放棄され忘れ去られようとしていた田んぼは、コウノトリの生息地という生態学的な機能に配慮した空間に書き換えられ、「田結湿地」と呼ばれるまでになった(7)。外部の研究者から「国宝級」と評価され、今では村人たちの誇りとなっている。奥さんが予感していたように、この村は変わったのである。

小さな自然再生を成り立たせるガバナンス

興味深いのは、田んぼという個人所有地の境界線が、あたかもなかったかのように取り去られ、生息地という生態系の視点にもとづく共有空間へと変貌していることである。田んぼは私有地ではなくなったかのようだ。村人たちに聞いてみると、「どうぞ勝手にやってくれ」、「村で好きに使ってくれたらええ」といった答えが返ってくる。経済性がなくなったとはいえ、気にする様子はない(8)。

次に、村総出で進められることも興味深い。二〇〇九年七月から、生息地づくり作業は「日役《ひやく》」と呼ばれる住民総参加の作業で行われるようになったのである。村を維持するための共同作業は、兵庫や京都北部では日役と呼ばれている。田結地区の日役は、公式な総日役と必要に応じて召集される非公式な臨時日役がある。二〇一一年にはあわせて二六にもおよぶ日役があった。臨時日役とは台風の後の海岸の清掃などである。総日役は三月の「八八カ所道造り日役」、七月の「道造り日役」である。コウノトリの日役が加わったということは、生息地づくりが村を維持するための公的な取り組みと位置づけられるようになったといってよい。日役には原則として各戸主が出席すればいいのだが、一つの家から何人も出てくることがあるのは、コウノトリの日役の特徴だ（写真8-6）。

写真8-6　コウノトリ日役.
村人とボランティアによる協働作業.

　第三に、コウノトリの日役は村人に閉じられたものではなく、湿地ネットや行政職員、ボランティア、研究者など外部の者も参加する開かれたものである点も興味深い。

　二〇〇八年から田結地区が東京大学と国連大学高等研究所、豊岡市による「日本・アジアSATOYAMA教育イニシアティブ」（環境省）の研究フィールドとなったように、コウノトリが飛来してから、多様な「よそ者」がかかわるようになっている。さまざまな調査や実験が行われ、研究者や学生によるワークショップも開催されている。

こうしたよそ者は、保全生態学といった科学的知識を地域にもたらした。村人たちは、科学というまなざしを通して村を見直すようになったのである。

生息地づくりに向けた小さな自然再生が進展しているのは、私有地の共有化、日役という村総出の作業、よそ者の力の活用という仕組みを形成しているからである。ここに小さな自然再生を成り立たせるガバナンスの要件をみることができるだろう。

多様な主体がかかわることは、放棄田へのかかわりや実現しようとする価値が多元化することを意味している。田結地区の事情に配慮しながらも、コウノトリの餌場づくりという目的に従った活動をしている湿地ネット。生物多様性と里山の保全といった学術的価値の実現を目指している保全生態学者。コウノトリの生息地の拡大を期待している地元の研究機関であるコウノトリの郷公園。村人たちは、よそ者たちが持ち込んだこうした価値に賛同し、行動しているように見える。

では、村人たちは生息地の再生という科学的な目的のみにしたがって、作業にかかわっているのだろうか。

コウノトリに込められた田んぼへの思い

「今日も来とるかなぁー」。コウノトリの飛来を気にする村人は少なくない。コウノトリを探すのが日課になっている人もいる。かつて、コウノトリは稲を踏み荒らす害鳥として扱われていたが、稲作をする人は今の田結地区にはいない。コウノトリに稲を踏み荒らされる心配はなく、マイナスイメージを抱く状況ではない。

湿地ネットも行政も研究者も、田結地区にコウノトリが降り立つことを、同じように気にしている。彼らにとってとくに気になるのは、餌は十分にあるか、生物多様性は保全されているか、といったことである。一方、村人たちがコウノトリに込めた思いは、やや違っている。住職の奥さんは、コウノトリが飛来したとき、「田結を救ってくれる」と思ったという。その後、毎日のように記録を取り、コウノトリのことが気になって仕方がない。コウノトリによって救われたという心境は、NPOや研究者とは明らかに異なる、この村独自のものであろう。

実は、村は深刻な問題を抱えている。戸数は七十数戸から五二戸へ減少し、子どもの声が響くことは滅多にない。若い世代はどんどん村を出て行き、さびしくなる一方である。少子・高齢化が進む村の活力をいかに維持し、上げていけるのか。どのように村の将来を構想していくのか。村の役員や村民から、そんな声が聞こえてくる。深刻な状況であるにもかかわらず、お金にならない生息地づくりに村をあげて取り組んでいるのである。

村人たちは、その理由として「田んぼを作ってくれた先祖への申し訳なさ」を口にする。厳しい環境のなかで苦労して耕作し、稲穂を茂らせていた頃の記憶があるだけに、田んぼを放棄してしまい、荒れさせてしまうことは、「先祖に申し訳なく」、「つらい」ことなのである。田んぼの姿に村の行く末を重ねて見ているかのようだ。村人のなかに、「放棄田」ではなく「永久休耕田」と呼ぶ人がいるのは、こうした心情にもとづいているからであろう。

田んぼを餌場とするコウノトリは、放棄してしまった田んぼのことを、村人たちに強く意識させる存在である。コウノトリが飛来してきたことで、稲作はしなくても、再び田んぼにかかわる回路ができたのである。[9] 生息地づくりはそうした回路でもあり、コウノトリは村人と田んぼをつなぐ、いわば触媒なのだ。コウノトリを機に、あらためて自分たちと田んぼとのかかわりを意識化し、そこから少子・高齢化という課題を抱えた村の未来を見据えようとしている。「救ってくれる」というコウノトリに込めた思いは、村の過去を忘却しないという思いであるとともに、村の未来への思いでもある。

こうした田んぼへの思いは、どのような日々の営みによってつくり出されているのだろうか。

4 コモンズとしての自然

複数の生業を組み合わせる

山と海に囲まれ、土地に恵まれない田結地区の村人の多くは、山・海・里といった多様な環境をさまざまな形で利用することで生活を組み立てていた。一九六〇年頃までは、文字どおり半農半漁の生活を営んでいたのである。

雪が溶け始める三月。山奥の棚田に入り、溝の掃除や畦付けを行い、水を入れる。二反程度の田んぼを耕作する家が多かったが、その枚数は数十枚にもおよび、一畦を作ると田んぼの中の土がなくなるほど小さいものもあったという。湿田だったため、田植えは腰まで泥につかりながら手作業で行わなければならなかった。作業は村内の親族との共同で行った。こうした共同作業のことを「もやっこ」という。もやっこで稲刈りをし、荒起こしをして冬を迎えた。田んぼ作業と並行して、急峻な斜面を段々畑にして、麦やサツマイモといった野菜を栽培していた。収穫した野菜は自家消費するだけではなく、女性たちが行商に出かけ現金収入を得ていた。山の畑に植えた柳は、春に刈り取っていた。豊岡は柳ごおりの生産地であり、生産された柳はこおり職人に卸していたのである。

山に目を向けてみると、春は山菜採りや燃料となる枝木採りである。他人の山でも、勝手に採取してよかった。育てたものではなく「生えてきたもの」だからである。秋から冬にかけては、個人の山に炭焼き小屋を作り、炭を焼く人もいた。

ほとんどの家が集落の目の前に広がる地先の海の漁業権を持ち、丸子舟という小さな舟で多様な漁を行っていた。一年中、アワビやサザエを採り、ソコミと呼ばれる箱メガネで銛《もり》を突く漁をしていた。四月から六月までは、ワカメ漁である。どこで採ってもよかったが、干す場所はクジで決めたという。ワカメは貴重な現金収入源だった。冬は岩のりの採取である。主に自家消費用だが、一部出荷する者もいた。

春は晴れの日はワカメ漁をし、雨の日に田植えと忙しい。冬は雪に閉ざされるため、百姓道具の手入れやワラ、草履《ぞうり》、コモロ、ムシロを作って売っていた。杜氏《とうじ》として神戸市灘付近まで出稼ぎに行く男性もいた。

一つの軸になる生業によって生活を成り立たせていたわけではない。一つひとつの生業は小規模であっても、多様な生業を組み合わせていた。生活を成り立たせるため、「なんでもやった」の

写真8-7　最後の稲刈り（2006年9月）.

である。こうした複数の生業を組み合わせることで生活を組み立てることは、結果的にリスクを軽減する作法として働く。一つの生業がだめになっても、その他の生業で何とか糊口をつなぐことができるからである。

資源利用のルールは緩く、村人であれば比較的自由に利用できた。厳格な資源管理のルールがあったというよりも、井上真のいう「ルースなローカル・コモンズ」といっていいだろう［井上 2004］。

コモンズの衰退

山・海・里といった多様な環境をさまざまな形で利用する生活は、今ではすっかり崩れている。田んぼはすべて放棄され、隣の村で稲作をする人がいるのみである。急斜面に作られた畑では、自家消費用の野菜が栽培されているが、その面積はわずかである。ワカメ漁に出るのは、一〇軒程度までに減っている。

若い世代はサラリーマン化し、稼ぎを村外に求めるようになったのである。

田んぼを放棄するに至った理由として、第一に一九七〇年代より推進された減反政策、第二に一九六〇年代以降、周辺の観光地の大規模開発により雇用の機会、現金収入源が生まれたこと、第三に圃場整備・耕地整理ができず、農業を近代化できなかったことを指摘できる〔石原 2010, 2011〕。圃場整備・耕地整理を実施しなかった理由は、負担金が小さくなかったことや、水害のリスクが高まることなどであった。稲作が主要な生業ではないこの村にとって、リスクが高い選択だったといえよう。最後のトリガー(引き金)となったのは、イノシシやシカによる獣害である。獣害は二〇〇〇年頃から激しくなり、一晩中、獣を追い払う「晩付け」を行う人もいた。それでも田んぼを維持するのは困難であり、「みるみるうちにやめていった」。最後まで稲作を続けた男性は、「獣害がなければ頑張った」と振り返った。こうして、生活を組み立てていた田んぼは、すべて放棄されてしまった(写真8―7)。

5 重層する田んぼへの思い

村という管理主体への信頼

田結地区では、生活を営むためには共同作業が不可欠であった。棚田が多いため、水は上から落としていく。水路は自分だけのものではなく、共同で管理していかなければならなかったのである。だからこそ、人びとの共同性が生まれてきたといえよう。

こうした共同性は、村を維持するさまざまな活動に見いだすことができる。出稼ぎで男性が不在の期間が長いため、地区を守るための「婦人消防組」が結成され、現在も活動している。風が強く狭い土地に密集して暮らすこの村では、火事は大きなリスクなのである。女性たちは「自分らで村を守らなあかん」かったのである。

生息地づくりのために勝手に畦を引かれ、境界があいまいになっても、文句を言う人はほとんどいない。出てくるのは、「好きに使ってもらったらええ」、「どうぞ勝手にやってくれ」といった言葉だ。経済性がほとんどないからこその言葉かもしれない。明確な畦が残っていないことも敷居を低くしている。もう少し耳を傾けてみると、「村に任せている」、「区長が言うことに従う」といった言葉が続いて出てくる。村人たちは、村総出で取り組む理由として、「村の領域を管理する主体」としての村[10]への信頼感を口にするのである。

鳥越皓之は、個人の所有地であっても、村ではその所有者に完全に属しているわけではないという二重性を指摘している〔鳥越 1997〕。つまり、村内の土地は基本的に村の土地であって、その土地の各地片が個人のものという所有観である。高齢の女性は、自分の畑は「ゆずりの土地」であると言った。先祖が開拓した土地を一時的に譲ってもらっているという意識だ。複合生業によってリスクを軽減することで生活を組み立てていたこの村では、村が生業や土地を管理する主体としての役割を果たしてきた。田んぼに手を加えても文句が出ないのは、土地を管理する主体として、村を信頼しているからなのである。生息地づくりが日役として行われているのもまた、村への信頼感からであろう。

村を維持する選択肢としてのコウノトリ

村内での生業がほとんど消滅してしまった現在、とりわけ若い人たちにとっては、日役の負担感は決して小さくない。コウノトリの生息地という価値だけで、日役を存続できるかは疑問である。田結地区を調査した石原広恵は、日役＝生息地づくりはコウノトリのためでもある一方、「地区のため」という意識が第一義であるという興味深い指摘をしている［石原 2010, 2011］。

コウノトリの日役は、多くの村人が参加する村の公式行事である。そこでの作業は、村人たちが相互に「田んぼに目を向ける」機会となる。放棄してしまって以降、田んぼに足を入れる人はほとんどいない。稲穂が茂っていた田んぼを知らない若い人も多い。田んぼに込められた村への思いは、それが個人の内面にとどまっているかぎり、村人たちの共同の意識を形成するには至らない。個人の経験が共有されるには、生息地づくりという回路を通じてそれが表現され、人びとに共感をもって承認される必要がある。経済性がなく、泥遊びのようなものであるが、皆が集まることで村を再認識し、村の未来という共同意識を形成する場なのである。

コウノトリが生息する里を目指すという目標のもとで取り組まれている田結地区の小さな自然再生には、自分たちが住む地域の生活をより楽しく、より充実したものにしたいという願いもまた重なっているのである。だからこそ、「救ってくれる」という気持ちがコウノトリに込められているのだろう。

そう考えると、コウノトリは村を共同で維持するための選択肢とでもいうべき存在なのではないだろうか。村の現状は、村人だけで村を維持することができるほど、楽観的ではない。コウノトリという新しい選択肢が加わったことによって、地域外のさまざまな人や情報、力を借りることができるのだ。村の役員は、「皆が集まれる場所」ができたという。皆とは村人だけではない。

NPOや行政マン、研究者、ボランティアも皆の一員である。コウノトリという新しい選択肢による村の維持は、村人だけでは実現不可能である。科学的知識も必要であるし、若い労働力も必要だ。コウノトリという物語性を帯びた生き物は、そうしたよそ者の力を呼び込んでくれる。その力を積極的に活用することで、村の活力を生み出そうとしているのだ。コウノトリの生息地というコモンズを生成することを通して、村を維持していく能力を組み立てようとしている。

小さな自然再生によって放棄田という私有空間をコウノトリの生息地という共有空間へと書き換えることができたのは、コウノトリを機に田んぼへのかかわりを創出することで、生活のなかで蓄積された経験を村の共同意識としてまとめ上げることができたからであろう。村への信頼によって生息地づくり活動が推進されるとともに、活動によって村の共同意識が形成される。コウノトリはこうした相互作用を媒介する存在である。この意味でコウノトリは村を維持する選択肢なのである。

6 小さな自然再生の多元的な価値

共同性と公共性の交錯のなかのガバナンス

村人たちにとってみると「わが村のコウノトリ」であっても、絶滅危惧種であり公共的な価値を有する生き物でもあるのがコウノトリである。生息地づくりは、公共的な価値を実現することでもあり、村内の相互作用だけで完結するわけではない。これまでみてきたように、村人とは異なる関心と価値観を持つ多様な主体の参加と協働が不可欠である。餌場づくりに主眼を置く湿地ネットや、生物多様性に視点を定める研究者といったよそ者のかかわりは大きく、発信力は村の比ではない。

日役によそ者が参加しているように、村が受け皿となって異質な価値を持つよそ者を受け入れることにより、よそ者のかかわりは村内で正統性を持ち、生息地の再生は進展する。同時にそのことによって、よそ者の持つ情報や労働力などは、村人が活用できる資源となるのである。コウノトリという公共的な価値を担保にすることで村の共同意識が形成される一方、コウノトリの持つ公共性も具体化され、内実を豊潤化させる。

小さな自然再生による生息地づくりは、コウノトリのためでもあり、村人の生活のためでもある。放棄田はコウノトリの生息地という生態学的な機能に配慮した空間であるとともに、村の共同性を生み出す空間としても書き換えられた。ここで生成しているのは、コウノトリを軸にした多元的な価値の実現を目指した重層的なコモンズなのである[11]。

放棄田という環境の持つ価値の多元性のなかで、論理が異なる主体間の共同管理を成り立たせているのは、領域を管理する村がベースとなって、多様な主体にひらかれ、共同性と公共性の交錯が試行されているからであろう。この小さな村では、私有地の共有地化、村総出の作業、村をハブとしたよそ者の資源化という要件によって、共同性と公共性の交錯という試行錯誤を保証する社会的仕組み＝順応的ガバナンスが成立し、小さな自然再生が生活に根ざした多元的な活動へと仕立て直されている。

写真8-8　小さな自然再生の現場を案内する「案ガールズ」.

小さな自然再生におけるレジリアンス

　コウノトリを機に村は大きく変わった。自然と共生する村として注目を浴びるようになった。いわば「大きなカーブ」を切りかかっているところだ。コウノトリは大きな存在であるが、複数の生業を組み合わせて生活を成り立たせていたこの村では、あくまでも一つの選択肢と位置づけているといった方がいいだろう。生息地づくりに取り組む村人たちは、放棄したとはいえ、田んぼの構造を大きく変革されては困ると口にする。望んでいるのは、スコップ片手でできる程度の小さな自然再生である。村が管理する自然再生であることが重要だからだ。そうすることで、コウノトリを村の選択肢として位置づけるとともに、リスクを軽減することができる。一つの選択肢に依存しすぎるのはリスクが高いのである。

　現状では、経済を生み出さない生息地づくりは、村を維持していくための選択肢としては弱いといわざるをえない。では、農業かといえば、それもまた現実的な選択肢ではない。

　村人たちは、コウノトリという選択肢から、どのように村の生活を組み立てていくのかを試行錯誤している。女性たちが田結の自然や文化、歴史などを解説する「案ガールズ」を結成し（写真8-8）、新たにエコツーリズムに取り組み始めているのは、その一例だ。[12] 住職の奥さんもその一員として活動を始めた。

村人たちは、一度は放棄してしまった田んぼをコウノトリの生息地というコモンズに生成することを通して、村を維持していく能力を組み立てようとしている。そしてコウノトリ一辺倒にならないところに、多様な生業を営むことで生活を組み立ててきたこの村の人たちが持つレジリアンス（強靭性）を見いだすことができるだろう。

村人にとって所与のものであった放棄田が、価値のある環境へと転化し、再生の対象として価値づけられていくこの小さな村の出来事は、地域の生活に根ざした多元的な自然再生を打ち立てていく可能性を示唆している。

註

（1）田結地区は、豊岡市の北東部に位置し、円山川を挟んで城崎《きのさき》温泉の対岸の北側に位置する。第二次大戦後は八〇戸あった戸数が五二戸にまで減少し、また一戸あたりの成員も減り、過疎化・高齢化が進んでいる。六〇歳以上の世帯主が半数以上を占めている［石原 2011］。

（2）菊地［2006］は、「ツル」と「コウノトリ」というコウノトリに関する二つの呼び方に注目し、人とコウノトリのかかわりの変化を論じている。

（3）田んぼを放棄することに対する心理的抵抗感からか、「放棄田」ではなく「永久休耕田」と呼ぶ村人もいる。

（4）コモンズに関する考えは多様であるが、本稿では、コモンズを人びとの集合意識が形成されるプロセスで生成するものとしてとらえる家中［2000］の論に依拠している。

（5）紙数の関係から、コウノトリの保護史の詳細を論じることはできない。くわしくは、菊地・池田［2006］を参照のこと。

(6) 大沼・山本［2009］は、コウノトリが観光面で豊岡市の経済にもたらす波及効果を年間約一〇億円と試算し、リピーターが多いことから、今後も継続的に効果が生じる可能性が高く、地域経済に寄与していることを明らかにした。野生復帰によるコウノトリの観光資源化については、菊地［2012］を参照のこと。

(7) 自然生態系の共同管理を目指している点から、エコ・コモンズといっていいであろう。

(8) 生産物を生み出すという意味の経済性は喪失したが、現在でも個人所有地であるので、課税対象となっている。

(9) 筆者は、里の鳥であるコウノトリを軸にして、川や遊水地、田んぼ、山などの振り返ることもなかった身近な環境を見直す活動を創出する力を「コウノトリの力」と名づけている。菊地［2006］参照。

(10) ここでいう村とは、区長、副区長、農会長などから構成される協議員という区組織のことを指している。

(11) 田結地区の小さな自然再生においても、包括的再生という特徴を見いだすことができるだろう。

(12) 田結地区におけるエコツーリズムの萌芽的な取り組みについては、菊地［2011］を参照。

IV 順応的ガバナンスに向けて

――相互作用のダイナミズムと持続可能性

第9章

環境統治性の進化に応じた公共性の転換へ

横浜市内の里山ガバナンスの同時代史から

●松村正治

1 はじめに――人びとも里山も豊かになる仕組みを求めて

自然資源の管理について考えるために、社会―生態系という単純なモデルを想定しよう。すなわち、社会システム(social system)と生態系(ecosystem)と二つのシステムがあり、両者の間に相互関係が働いている。ここで順応的ガバナンスは、生態資源を社会にとって望ましい状態へ向ける管理の形式である。ある社会が地域の環境をよくするために生態系に働きかけ、その状態を継続的にモニタリングする。そして、その社会はフィードバックをもとに学習し、試行錯誤を繰り返しながら、生態系を望ましい状態へ近づけていく。順応的ガバナンスは、このような社会システムと生態系の共進化を包含する仕組みである。いや、こうした進化が働くときの資源管理の仕組みを順応的ガバナンスと呼ぶ。こう説明した方が、この概念の特徴をよく表現できるだろう。

しかし、社会システムと生態系をともに同時に最適化することは困難である。たとえば、もっぱら生態系を漸進的に望ましい状態へと近づけていく場合、人びとの働きが環境改善のための道具的な手段に陥る可能性がある。そうした状況下では、人は自分をシステムの歯車の一つとしてしか感じられなくなるかもしれない。環境・資源の問題を具体的に考える際、人びとは何らかの働きかけによって、その状態をよくしようとする。このときの社会―生態系の関係をとらえるならば、生態系が豊かになるかどうかとともに、そこに関わる人びとが豊かに生きられるかどうかも視野に入れる必要がある。とくに、意味世界に生きる人びとを対象とする社会学の視点からは、環境に関わる人びとにとっての意味に注目すべきであろう。

本章では、こうした問題意識を抱えながら、横浜市内の里山保全に関する同時代史をたどっていく。代表的な二次的自然である里山は、社会―生態系を検討する際にふさわしい題材であるだろう。加えて、横浜市や市内の市民団体は、この里山を誰がどのように保全していくのかという課題に対して先進的に取り組んできた。その結果、今日では、市内の里山に順応的ガバナンスが働きつつある状況となっている。里山生態系の保全に焦点を絞れば、現況は部分的に最適解へと近づいているのかもしれない。しかし、それは社会―生態系というシステム全体にとって最適であることを保証しない。このとき、関わる人間社会の側はどのような状態にあるのだろうか。こうした問いに導かれて、人びとも里山もともに豊かになれる仕組みを探っていこう。

2 横浜市の先進的な里山保全の取り組み

「市民の森」方式に代表される独自の緑地保全策

まずは、都市近郊の里山を守るという課題に対して、横浜市が緑地保全や公園整備などの手法を駆使して先進的に取り組んできたことを確認しておく。

横浜市では、一九六〇年代から七〇年代初期まで、人口が毎年約一〇万人も急増し、住宅地は既存市街地から郊外へと拡大した。この間に、今日では「里山」と呼ばれる農地や林地が、合計二万三〇〇〇ヘクタールから一万五〇〇〇ヘクタールへと、面積にして約三分の一も失われた。一九六三年に飛鳥田革新市政が誕生した横浜市では、この急速な里山の減少に対して、いち早く保全に向けた取り組みを始めた。一九七〇年には、新都市計画法（一九六九年）の施行にあたり、市街化調整区域を市域の約四分の一と広く設定した。一九七一年には、従来の農政局と計画局公園緑地部を合わせて緑政局を誕生させ、全国に先駆けて緑の保全に取り組む体制を整備した。そして、「市民の森」に代表される横浜市独自の里山保全制度を開始した［小沢 1971；川口 1972］。

一般に、緑地を確実に担保するためには、開発されないように公共用地として買収するのがよいとされる。しかし、地価の高い都市近郊では、広い面積の用地購入は難しい。そこで、高地価の林地を守るために「市民の森」などの制度が考案されたのだ。すなわち、横浜市は土地所有者と使用貸借契約を結び、提供された土地を「市民の森」などとして保全する。一方、開発行為を禁止される土地所有者には、優遇措置として固定資産税・都市計画税といった地方税を免除し、緑地育成奨励金を支払うという制度である。一九七三年には、「緑の環境をつくり育てる条例」が施行され、この制度に法的な根拠が与えられた。その後、この「市民の森」方式と同様の林地保全施策は、千葉市、練馬区（東京都）、八千代市（千葉県）など、首都圏近郊の自治体にも導入されていった［青柳・山根 1992］。

もちろん、自治体としては、地方税上の対処はできても、国税に対する優遇措置は与えられない。このため、「地権者が死亡し家族に相続税が課せられるとき、あえなく瓦解してしまう」［日本自然保護協会編 1985：171］と批判されることもあった。しかし、「市民の森」制度が始まって四〇年が経過した現在、市内で三六カ所約四六七ヘクタール（二〇一二年九月）におよぶ林地が指定されており、一定の効果を上げてきたといえる。この背景には、相続の発生に備えて、林地の評価額が八割減となる特別緑地保全地区を重複指定したり、二〇〇九年に横浜みどり税を導入して、用地の購入費を拡充したりするなど対策をとってきたことがある。このように、横浜市は独自の里山保全策を展開し、この分野で都市近郊の自治体をリードしてきたのである(2)。

舞岡公園という市民協働の象徴

横浜市は、既存の林地・農地といった緑地の保全だけでなく、公園整備の分野においても注目を集めてきた。その象徴として、しばしば参照される事例が舞岡公園である。

舞岡公園は、典型的な谷戸《やと》地形を生かした面積約三〇ヘクタールの広域公園である。この公園には二つの大きな特徴がある。一つは、都市近郊にあって貴重な里山景観を残し、市民が農作業を楽しめることである。舞岡公園は、一九八四年に基本計画が立案され、「周辺農地や森林と一体化した特性を生かし、市民が生産の喜びを体験でき、田園風景にひたれるような、失われた少し前の時代の横浜の郷土文化を残す公園」と位置づけられた。当時、「この規模の公園のつくり方は、単に自然型や運動型として決められていた」［浅羽 2003:22］ので、舞岡公園のように里山景観を生かす公園は珍しかった。里山は農林業などの働きかけによって形成されるので、そうした風景を守る手法として、「施設」という概念による公園設定は適さないとされていたのである。しかし、そうした考えは、舞岡公園のもう一つの特徴によって覆されたといってよい。つまり、市民が計画から運営に至るまで公園づくりに深く関わり、これまで柔軟性に乏しかった「施設」が、多様な人びとの活動する場となったのである。

この特徴的な公園づくりを可能にしたのは、舞岡の谷戸を愛する有志の市民運動であった。一九八三年に旗揚げした市民団体「まいおか水と緑の会」は、横浜市との交渉の末に舞岡公園予定地の使用許可を得て、自分たちの手で谷戸の再生を図る実験的な試みを始めた。休耕田を復元させ、雑木林を管理し、農芸活動や環境学習などを行った。こうした活動は、開園後に市民が公園運営を担えるようにと、魅力あるプログラムを開発し、管理運営のノウハウを蓄積するために行われた。そして、実践的な活動から得られた経験や調査結果を分析し、市の公園計画に対して積極的に意見を述べていった。それは、施設整備というハード面だけでなく、管理運営に関わるソフト面についても一体的に考慮された具体的な提案だった。結果的には、そうした提案が数多く反映される形で公園設計が描かれた〔村橋 1994, 2001; 浅羽 2003〕。

一九九三年、舞岡公園の開園に際して、市民側は「舞岡公園を育む会」を発足し、公園の一部「田園体験区域」の管理・運営を横浜市から委託された。その後、この会は市の求めに応じて「舞岡公園田園・小谷戸の里管理運営委員会（愛称、やとひと未来）」と名称を変更し、現在まで継続して管理運営を任されている〔関東弁護士会連合会編 2005〕。

舞岡公園の事例は、明らかに時代を先取りしていた。当時、市民が公園運営を担うと想定して、計画段階から市民が公園づくりに参加できる制度は存在しなかった。このため、市民側は市と交渉し、前例のなかった公園予定地の使用許可を認めさせ、谷戸の自然や文化を生かした社会実験を行い、その実績を踏まえて公園計画を提案する運動を推し進めた。ところが、一九八〇年代後半には、それまで例外的だった舞岡公園のような市民参加方式を横浜市が取り入れるようになった。背景としては、当時、行政による公園整備計画が「画一的でつまらない」と言われ、「公園は誰のものなのか」という批判を寄せられていたことがあった。そこで、都築中央公園（自然体験施設）や長屋門公園（文化体験施設）などでは、ワークショップを多用した公園づくりが進められ、開園後に多くの市民が管理運営を担うようになった。今日では、「ワークショップ方式は、雑木林や水田、溜池など里山を活かした公園や古民家等歴史的資産を活用した公園などそれぞれの資源、特色を活かした公園づくりには優れた手法であると考える。これらの公園は活動できる拠点施設を備えているため整備方針がスムーズに管理運営に移行でき、管理運営への市民参加も活発である」〔横浜市環境創造局施設整備部公園緑地課 2009〕と、こうした公園づくりを横浜市は高く自己評価している。かつて、先駆的な運動の末にこじ開けられた市民と行政の間の回路は、今日では広く開放され、自主的・主体的に公園づくりに参加する市民は協働のパートナーとして行政から期待されているのである[松村 2010]。

3 新治地区における市民参加の里山保全

里山保全戦略において重要な新治地区とその地域社会

ここまで、緑地保全と公園整備において、横浜市が先進的に取り組んできたことを示してきた。しかし、時代の先を行く試みは、どこよりも早く課題に直面するため、それを乗り越えるために、さらなる変化を求められる。そこで、横浜市内の里山ガバナンスがどう進化してきたのかを知るために、一九九〇年代後半以降の緑区新治地区に焦点を当てよう。

新治地区一帯は、横浜市が優先的に保全する「緑の七大拠点」の一つに位置づけられている。また、市北部にあることから「北の森」と呼ばれ、林地保全・農業振興・公園整備によって保全・活用を図るという上位計画がある[横浜市環境創造局総合企画部環境政策課編 2007]。とくに、一〇〇ヘクタール以上の林地・農地が残されてきた新治地区は、市内における里山保全戦略上の重要エリアとされている(写真9-1・9-2)。

一方、地域社会に目を向ければ、この地区は市街化調整区域として開発が抑制されてきたので、隣接する市街化区域で宅地開発が進むにつれて、地付層の間では時代から取り残されたという思いがあった。このため、横浜市の緑地保全施策は、それだけでは地元から受け入れられず、地域振興策と抱き合わせることが期待された。一九九八年、新治地区における緑地保全活用の基本的な考え方が示された際に、「地元・地権者等を中心とした組織」「地元の人材活用」などが謳われた

写真9-1 新治地区に残る谷戸.

写真9-2 新治地区空撮.
出所:横浜市環境創造局総合企画部環境政策課編[2007]

のは、地域振興が重視されたことを反映している。

地元以外の動きとして、新治地区の自然保護運動にもふれておく必要がある。旧緑区では、一九七〇年代後半から大規模開発が進展したことに対し、一九八二年、区内の自然保護を目指して「緑区自然保護談話会」が設立された。この会が保護に力を入れていた赤田谷戸（旧緑区茌田町、現在の青葉区あざみの南・みすずが丘）が開発されると、一九八七年に「緑区・自然を守る会」と改称し、活動拠点を新治地区に移して生物調査、自然観察会などを実施するようになった(3)。

新治の貴重な自然を守ろうとする動きは、図らずも、私有地に勝手に侵入して山野草を盗掘するような者も招いてしまう。そうした被害に悩まされた地域住民のなかには、鉄条網を張りめぐらして、よそ者の侵入を阻止しようとする人も現れた。しかし、横浜市が「北の森」構想にもとづき、一九九七年から「市民の森」の指定に向けて動き出した頃には、地付層が来住層に向けるまなざしにも変化が見られるようになった。

林地管理を担う新しいコミュニティの組織化――新治市民の森愛護会

従来、「市民の森」の管理は、土地所有者などを中心に設立された愛護会に委託されてきた。一般的に愛護会は、林内のパトロール、清掃、草刈り、施設の補修などの管理作業を行う。しかし、ごみの放置、施設の破壊、植物の盗掘、隣接する農地や竹林からの生産物の窃取など、利用者のマナーの悪さに悩まされることもある［方田 1978］。実際、一九八二年には、嫌気をさした土地所有者が、一〇年間の契約更新をいったん拒否するという事態が生じた。このトラブルを調査した社会学者は、「利用者である地域住民層も管理主体とする新しい住民参加の制度をつくり、利用する地域住民の自主性と自前主義を発揮させる」ことでマナー問題を解決すべきと考え、そのために「地付層（地権者）と来住層（利用者）の新しいレベルのコミュニティ形成が必要」と主張した［吉沢 1986:57］。

こうしたコミュニティ論による課題解決策は理想的ではあるが、土地所有者と利用する市民との間に信頼関係が醸成されないかぎり、実現可能性は乏しい。しかし、新治地区では、両者の協力体制が生まれる条件がそろっていた。土地所有者は数十年も山林に入っていないことが多く、また高齢であったり近隣に住んでいなかったりして、「市民の森指定には応じても、自分たちの手では管理できない」［田並 2003:312］状況にあった。他方、周辺に住む市民のなかには、愛護会に所属して林地の管理に取り組みたいと希望する人が多いと見込まれていた。すでに市では、人手が入らなくなった林地と保全活動に関わりたい市民をつなぐ仕組みをつくるために、一九九四年度から「森づくりボランティア育成事業」（二〇〇三年度から事業名を「市民による里山育成事業」に変更）を進めていた。そのなかで、市民参加による林地保全を目指し、一般公募した市民を対象に「森づくりグループの育成・支援」のためのワークショップを開催して、毎年、一〜二団体ずつ組織化に成功してきた経験があったのだ。そこで、新治地区では、土地所有者だけで愛護会を設立するのではなく、保全活動に関心のある市民を巻き込んで組織化を図ることになった。

一九九九年七月から一二月にかけて、市民が保全管理の技術を身につけ、新治地区を理解することを目的に「新治森づくり講座」が開催された。当初、土地所有者のなかには、周辺住民が愛護会に参加することに対し、「山が乗っ取られるのではないか」、「愛護会に入ってもすぐやめてしまうのではないか」などと消極的な声もあったので、両者による対話の機会が意図的に設けられた。その結果、不信感を抱いていた所有者が、「地主だけでは、山は守り切れない。これからは市民と一緒に力を合わせて山を守っていこう」と発言するなどの変化が見られた。一一月頃からは、コアメンバーによる運営委員会を設立し、愛護会の設立に向けて規約や活動のルールなどについて議論を重ねた。そして、二〇〇〇年二月に「新治市民の森愛護会」は、役員数三六名（約半数が土地所有者）、会員数一一三名というかつてない規模で誕生し、翌月、市内最大の面積約六七ヘクタールを誇る新治市民の森が開園した［浅羽 2003；田並 2003］。

4　里山保全に関わる多様なアクター

公園づくりを核とした里山保全への挑戦——新治里山公園

新治地区では、公園づくりという点でも、ユニークな試みが取り組まれてきた。舞岡公園の建設当時は、市民運営という目標から逆算して公園整備を考えることが先駆的であった。しかし、二〇〇〇年代の市民参加方式としては当然の水準であるため、新治地区では、さらに意欲的な理念を掲げ、ハードルの高い課題に挑戦してきた。ここでは、この地区にある新治里山公園の整備経緯を説明しておこう。

一九九七年から始まった新治市民の森の指定に際し、多数の土地所有者の意見をまとめた奥津誠さんという地権者がいた。ところが、市民の森が開園した二〇〇〇年一〇月に急逝し、遺族の申し出により、母屋、長屋門、土蔵などを含む邸宅と周辺の山林が横浜市へ寄贈された。新治の里山景観を守ろうとしてきた故人の遺志を受けて、市は寄附された土地を生かす形で公園計画を立案した。そして、二〇〇三年八月、近隣の関係団体代表者と公募選考を経た一般市民で構成する「旧奥津邸活用検討会議」を発足させ、新治地区の公園づくりが始まった。会議の冒頭、「新治地区の里山・農地等の貴重な自然環境を、地域の皆さんの理解と協力のもとに、民の力によって保全・活用し、地域の活性化を図りつつ、未来に継承していこう」［横浜市緑政局公園部運営改善課 2003］という将来像が示された。さらに、「将来は旧奥津邸の運営を、市民の手で行う」と、最終的には市民運営を目標としていることが明確にされた。新治里山公園が、舞岡公園のような従来の里山型公園と異なるのは、この会議が「公園（旧奥津邸）と地域、里山、農地の関連・活用方法を考える会議」と位置づけられたところにある。つまり、この公園には、隣接する林地、農地、河川なども含めた里山景観を一体的に保全管理する拠点として役割が与えられた。ガバナンスの範囲を公園区域に限定せず、里山全体を保全していく方針が決まったのである(4)。

「旧奥津邸活用検討会議」は毎月開催され、施設を活用するための仕組みやルール、運営を担う組織づくりなどについて話し合われた。二〇〇四年度からは「旧奥津邸活用実行委員会」へと発展的に移行し、自主企画した事業を実験的に実施しながら、市民運営を担える組織へと鍛えられていった（写真9-3・9-4）。その間に、都市計画決定が済み、新治里山公園の整備に対して事業認可が下りた。それまでの経緯から、公園づくりに関わってきたメンバーを中心に組織化すれば、横浜市からその団体へ管理運営が委託されると予想された。ところが、横浜市は二〇〇四年七月から公園に指定管理者制度を導入し、新設される新治里山公園もその対象となった。舞岡公園や長屋門公園などでは、地域住民による管理運営が適当とされ、非公募の審査を経て委任されているので、この決定は公園づくりを進めてきた市民側を驚かせた。それでも、これまで培ってきた経験を生かして公園の市民運営を実現するために、メンバーたちは「新治里山「わ」を広げる会」を立ち上げ、二〇〇八年一二月にＮＰＯ法人格を取得した。

写真9-3　旧奥津邸母屋.
現在は「にいはる里山交流センター」として,
新治里山公園の中核施設となっている.

写真9-4　旧奥津邸活用実行委員会(2004年11月).

写真9-5　横浜市主催の「市民による里山育成事業」(2003年4月，新治市民の森)．

新治里山公園の指定管理者の選定には、このＮＰＯのほかに「財団法人横浜市緑の協会」も応募した。横浜市と協働しながら五年以上にわたって公園づくりを進めてきたのに、競合相手として市の外郭団体が出てきたことは、市民感覚からすると納得できなかったに違いない。最終的には、委員会による書類審査とヒアリングを受け、総合点では劣っていたものの、審査員五人のうち三人がＮＰＯの提案を高く評価したという理由で、辛うじて選定された。そしてようやく二〇〇九年四月、中核施設となる旧奥津邸の名称を「にいはる里山交流センター」とし、新治里山公園がオープンしたのである［松村 2010］。

多様なアクターを調整するキーパーソンの重要性

新治地区は、里山保全の戦略上とても重要な場所であるため、横浜市の緑政・農政・公園・河川の各部局、さらに地元の緑区は、おのおの地域資源である里山を保全し活用する施策を展開してきた。その結果、「新治市民の森愛護会」「新治里山「わ」を広げる会」(以下、「「わ」を広げる会」)のほか、「新治谷戸田を守る会」「梅田川水辺の楽校協議会」「一本橋メダカひろば水辺愛護会」という五つの市民団体が行政支援を受けながら組織化され、さらに「新治恵みの里準備会」という地元の農家組織もできた。新治地区の里山を一体的に保全していくには、これらの団体が相互に連絡と調整を図ることが必要である。このため、毎月第一日曜日、各団体の代表者が集まり、樹林地、公園、谷戸田、河川、農地での活動や課題等について連絡調整する「新治里山調整会議」が開催される。その後すぐに、公園内で実施されるプログラムの企画会議が開かれ、これにも各団体の代表者は出席する。「にいはる里山交流センター」に常駐する「「わ」を広げる会」には、こうしたアクターをコーディネートする役割が期待されている。また適宜、行政とのやりとりや地元住民との対話も担っている［澤田2009］。アクター間の調整は、三年程度で担当者が交替する行政職員よりも、新治地区の里山保全に長く関わっている市民の方が適している。そのなかでも、吉武美保子さんというキーパーソンが果たしている役割は大きい。

二〇〇〇年、彼女はＮＰＯ法人「よこはま里山研究所」を設立し、交友関係のあった奥津家の長屋門に事務所を置き、新治地区の里山資源を生かして起業しようと考えていた。当主の急逝により、その構想は変更を強いられたものの、この地区の里山を守り生かしたいという気持ちはひとおりではない。以前から市内の里山保全に積極的に関与してきたので、「新治市民の森愛護会」の設立に際しては、市からの委託業務のなかで関わり、新治里山公園づくりにも当初は仕事として携わっていた。しかし、市民運営に向けて組織化を進めていく段階になると、みずからの当事者性を明確にしておきたいと考え、「「わ」を広げる会」に一会員という立場で所属することにした。そして、新治里山公園に軸足を置く市民として動くときは「「わ」を広げる会」の会員として、市内の里山づくりやボランティア育成の専門家として動くときには「よこはま里山研究所」の主任研究員として活動している。新治地区の当事者性を問われる場合と、新治に関わるアクターの共同性を超えて広く公共性が問われる場合とがあるので、立場を使い分けているのである。

一般に、行政主導で団体を組織化する場合、初期は行政担当者が事務局を担当することが多い。このため、現場のボランティア活動に参加する人は多いのに対して、運営を支えるボランティアは不足しやすい。市民有志が自発的に団体を立ち上げる場合は、発起人を中心に運営スタッフが構成されるために、こうした問題は起こりにくいことと対照的である。それでも、組織運営上、ボランティアのコーディネートは必要なので、誰かがその役割を担うことになる。新治地区の場合には、さらに、行政、市民団体、地域住民とのコーディネートも必須である。ここでの里山ガバナンスの成否は、多様なアクター間の調整がうまくいくかどうかにかかっているだろう。吉武さんのように経験を持ち、多様なアクターと調整できる人材は不可欠だと思われるが、コーディネートという専門技能は正当に評価されにくく、現状では個人の資質や熱意、創意工夫に頼っている部分が大きい。

5 求められる生物多様性という観点

今日、里山の保全活動を評価するとき、生物多様性という観点を外すことはできない。このため、新治地区の里山ガバナンスを考えるとき、アクター間の調整とともに生態系の順応的管理もおのずと求められてくる。そもそも、一九九〇年頃から里山が保全すべき対象として認識されるようになったのは、原生自然に劣らぬほど二次的自然に多くの生物種が育まれるからであった。植生自然度の高い原生自然を守るべきという従来の自然保護の考え方に、生物多様性の高い身近な自然も保全すべきとする新しい考え方が加わったのである。その後、高い生物多様性を誇る二次的自然の重要性が理解されるようになり、里山はその代表として国を挙げて高く評価されるようになった［松村・香坂 2010］。二〇一〇年一〇月、名古屋で生物多様性条約第一〇回締約国会議が開催された際には、これに合わせて生物多様性をキーワードにした調査研究・事業・施策が国内で数多く実施された。横浜市は、二〇〇九年に「横浜市生物多様性保全再生指針」を、二〇一一年に「ヨコハマbプラン（生物多様性横浜行動計画）」を策定した［小田嶋 2010］。

生物多様性という観点から、「市民の森」などをあらためて評価すると、多くの問題があった。横浜市では、早い時期から緑地の量を守ることに熱心だったが、質の問題については対応が後手に回っていたのである。たとえば、土地所有者による管理が行き届かない林地がある反面、市民ボランティアによる森づくり活動では、作業そのものが目的化して過剰管理となった例が見られた。また、同じフィールドを利用する市民同士や、市民と行政との間で管理方針が定まらず、整合性を欠いた作業の結果、希少生物の生息環境が奪われることもあった。これまで、愛護会による生態系管理については、ほぼ任せきりだったのである［内山 2010］。

そこで、二〇〇九年度から始まった「横浜みどりアップ計画」では、「市民の森」などで保全管理計画を策定することとなった。その内容は、森の将来像を示すゾーニング図、管理作業と環境・生物の関係を示した断面図など、現場作業に役立てやすい実践的な計画となっている。そして、施業計画に則って管理作業を実行し、随時、モニタリングをしながら順応的管理を行うことにしている。もちろん、常に市内の林地保全のモデルとして宿命づけられた新治市民の森でも、計画的な生態系管理が求められた。愛護会や連携団体と一〇回を超える検討会を開き、アドバイザーによる専門的な助言を得て、二〇一一年三月、新治市民の森保全管理計画が完成した。

しかし、実際には市民ボランティアにも行政担当者にも、生物多様性に配慮した管理作業やモニタリング調査を適切に実施できる人材は多くない。新治市民の森でも、保全管理計画に従って作業を進めることが難しいという声を聞く。そのため、市民と行政が共有できる技術的な指針として、二〇一〇年九月に「横浜市森づくりガイドライン(案)」を作成し、管理手法の標準化を図ろうとしている(5)[内藤 2010]。いまや、横浜市内で森づくりに関わる市民団体は、生物多様性を損なうことのないよう、常に自己管理することが求められるのである(6)。

6 環境統治性の進化と当事者のいらだち

このように新治地区では、「にいはる里山交流センター」を拠点として、里山景観を構成する公園(新治里山公園)、林地(新治市民の森)、農地(新治恵みの里)、河川(梅田川)を一体的に保全するために、行政・市民団体・地域住民が連携を図っている。そして、林地においては市民参加型で保全管理計画を立て、順応的な管理を試みている。これは、都市近郊における里山ガバナンスのユニークな先進事例であろう。

しかし、先を進んでいることは、良いこと、好ましいことと同義ではない。都市近郊の里山は、公有地であればもちろん、私有地であっても公共性の高い保全すべき領域とされている。このため、今日の市民社会は里山保全に関わるアクターに対して、透明性の高い意思決定の手続きとともに、少ない費用で高い環境保全効果を期待する。この要請を具現化しようとすると、関係するアクターが民主的に保全計画を定め、可能なかぎりの自発性にもとづき保全活動を実行し、その結果をモニタリング調査によって明らかにしながら計画の見直しにフィードバックし、順応的に里山生態系を協働管理していくことになる。すると、新治地区にみられる先進的な里山ガバナンスは、こうした市民社会の要求に応えようとしてたどり着いた必然という見方もできる。

このような分析には、フーコー(M. Foucault)の統治性を応用した環境統治性(environmental governmentality/eco-governmentality)という概念が有効である[Darier 1999]。統治性とは、人びとが特定の規範や合理性を内面化し、主体として振る舞うように影響する知や権力などを意味する。たとえば、新自由主義的な社会では経済合理的な統治が機能するように、小さい政府では対応できない問題を発見し、自発的に解決を図ろうとする市民ボランティアが推奨される[中野 2001; 仁平 2011]。普通、ボランティアは個人の自発性にもとづき、主体的に行動するというが、統治性——主体の対関係を意識すれば、新自由主義的な社会にふさわしい規範や合理性を備えて主体化されたとも記述できる。

これに対して環境統治性とは、この概念を社会システムのみならず社会—生態系にまで拡張したものである。今日の市民社会では、自由かつ民主的であることに加えて環境への配慮が重要な価値となっている。あらゆる事象が環境的価値に組み込まれていく過程を「環境化」[古川 2005]と呼べば、私たちは環境化された社会空間に生きている。環境統治性が支配するこの社会に適応するには、環境に気を配る心性＝「エコゴコロ(environmentality)」[Agrawal 2005]を内面化する必要がある。このため、都市近郊の里山に環境統治性が拡大・深化していくと、みずからの活動が生態系の保全に適しているかどうかを評価・管理できなければ、主体的に活躍することはできない。

里山における環境統治性の進化は、第三者的な視点からすると、まったく正しいように見える。アクター間の民主的な意思決定にもとづき、ボランティアの自発性を最高度に引き出しながら公金を有効に活用し、里山の生態系サービスを最大限にまで引き上げるガバナンスのあり方に対し、異論を差し挟むことは難しい。しかし、里山保全を担う当事者の視点からすると、どうだろうか。新治地区の場合、都市公園の指定管理者として適当な責任を持つことや、市民の森愛護会として生物多様性保全のために適切に作業することが、関わる市民に求められる。実際、新治里山公園の管理運営にあたり、市から課せられる事務量は多く、連携団体や行政担当者との調整にも多くの時間を割く必要がある。さらに、事例の視察対応、研究者・学生の調査協力などもあって手一杯だという。そうした仕事を多く引き受けている吉武さんからは、「私は新治でこういう仕事をやりたかったわけじゃないのに……」という率直な声が聞かれる。また、新治市民の森愛護会では、保全管理計画に則って施業していく進め方について、会員のやる気を阻害するという不満の声もある。(7)

環境統治性の進化により、経済合理性の追究と民主的な意思決定プロセスを経て里山環境を漸進的に改良していくアクターが「環境的主体」［Agrawal 2005］となる。環境統治性が支配する社会――生態系では、あたかも適者生存の法則に従うように、適応できないアクターは淘汰され、適応できるアクターは環境的主体として陶冶されていく。新治地区の現場から聞こえる当事者のつぶやきやいらだちは、模範的な主体として振る舞うように促す公共的期待に対して、これに応えることの限界性を示しているのではないか［奥 2010］。このような考えから、当事者の視点を重視した里山ガバナンスのあり方を検討したい。

7 ガバメント型公共性を正当化する市民社会

自治体が住民から税を徴収して里山保全に取り組むのは、市場のもとでは十分な質と量が確保できないからであろう。こうした領域で環境統治性が強化されれば、費用を抑えながら里山保全の効果（生態系サービス）を高めようという経済が働く。ここでモデル的に、里山保全の費用対効果を上げるための戦略として、費用を抑えるか効果を高めるかという二つのいずれかを選べることにしよう。このとき当事者たちは、後者を選びたいという気持ちがあっても、費用と比較して効果の説明責任を果たすことが難しいという現実に突き当たる。たとえば、イベントの開催数、参加者数、アンケート調査による満足度などによって効果の一部は説明できよう。しかし、当事者がその地域の歴史的、社会的文脈を踏まえて提供するサービスの質は、十全には表現しきれない。一方の費用は、人件費、物品費、交通費などと仕訳して、金銭的に勘定しやすい。説明を受ける側の第三者からすると、当事者がこだわるサービスの質は、地域の文脈に依存しているために評価しづらく、費用を切りつめる方向で改善を求めやすい。こうした状況下では、当事者が市民社会への説明責任を果たそうとすればするほど人件費を削らざるをえず、「役所仕事」のような事務以外は、ますます無償に近い労働や奉仕を強いられることになる。

問題の根幹は明らかである。すなわち、ある地域の里山ガバナンスに関わる当事者の範囲と、そこでの公共サービスについて説明責任を果たすべき対象とのズレである。今日では、公園にかぎらずさまざまな施設などで、これまで行政に独占されてきた公共サービスを、NPOや企業等も担えるようになっている。また、たとえば現在では、公園の指定管理者が自主事業を行い、その収益を団体の運営費に充当できるが、これはかつての舞岡公園では許可されなかったことである。このように、たしかに公共サービスの見直しは、「ガバメントからガバナンスへ」という流れとともに進められてきた。しかし、規制が緩和されてもなお、新治地区の里山ガバナンスに見られるように、公共サービスの規制緩和や市場化という枠組み自体は、行政のコントロール下に置かれている。このため、関係するアクターはすべて、いわばガバメント型公共性が残ったまま、行政がセットした舞台に立たされるのである。これでは、常に協働が行政の下請けへと変質する可能性をはらむので、当事者が働きがいを感じなくなることもあるだろう。

こうした問題の責任は行政にあるのではない。なぜなら、ガバメント型公共性とは、今日の新自由主義的な市民社会の統治術そのものだからである。つまり、個人の自由が尊重されるとともに、民主的な手続きの説明責任を求める私たちが選んでいるのである。私たちの社会は、既得権益やしがらみを排除するために第三者による評価を積極的に導入した。私たちは、公共サービスの費用対効果を知るために、経済的な評価、客観的な数値でもって明確に応えよ、と要求する。数値化できないサービスの質は第三者による評価が難しく、文脈依存的な効果は公共的ではないからと冷淡に扱う。こうした評価方法を求める私たちの集合が、統治性をますます強化させ、ガバメント型公共性を正当化するのである。

今後も、里山における環境統治性の進展は不可避であろう。しかし、このガバメント型公共性をガバナンス型へと組み替えることは可能なはずである。(8) 新治地区の里山ガバナンスの現場では、当事者たちのつぶやきやいらだちが、環境統治性の行進にかき消されている様子を見た。この消えゆく声を発しているのは、新治の里山に誰よりも深く関わってきた人びとである。そうした当事者たちが豊かに生きられない里山ガバナンスは、決して望ましいとは言えまい。

8 里山ガバナンスにふさわしい公共性の転換へ

ガバメント型公共性を組み替えるためには、当事者たちの小さな声に耳を傾けることから始める必要がある。彼(女)らのつぶやきやいらだちは、表面上は対峙する行政へと向けられているが、その先にはガバメント型公共性を正当化する市民社会がある。現場の実態を知らない第三者が、自分たちの活動を評価してよしとする今日の社会に割り切れなさを感じている。しかし、公共サービス評価は、不信をベースとしたものとなりやすく、里山ガバナンスを担うアクターたちの活動も従来の行政業務と同様の尺度で測られる。これが行政の下請け化を生む。この流れを変えるためには、第三者評価ではなく当事者間の相互評価の導入が検討されてよい。この場合、当事者の間で培われてきた信頼関係を前提にして、共感とともに評価できる可能性がある。そうすれば、当事者は形式的で不要な作業を省略し、里山から得られるサービスの質をいっそう高められるかもしれない。当事者たちがその場にふさわしい公共性を決めるのであれば、予算の使い方などを決める権限も行政からガバナンス協議体へと大幅に移譲する必要もあるだろう。

ここで提起したガバナンス型公共性への転換が、私たちの市民社会にとってよいものかどうか。それは、私たちが地域の資源、歴史性・社会性を大切にするかどうか、地域のために力を尽くす当事者を信頼して支えるかどうかにかかっているだろう。もちろん、信頼した当事者たちが、固有の文脈に隠すようにして権益を肥大化させていくことはありえる。そうしたことも想定しながら、順応的に里山ガバナンスを使いこなすことが求められる。さしあたって今言えることは、環境統治性が進化するなかで、不信ベースの評価社会から生まれるガバメント型公共性のもとでは、里山と深く関わる当事者に模範的な主体となることを強要する。その不自由から人びとを解放するためには、順応的ガバナンスにおいて当事者への信頼に重要な位置を与えることがポイントとなるらしい、ということである。

今後の里山ガバナンスの行方は、私たちがどういう環境に、どういう社会に生きたいのかを示すに違いない。私たちは、人びとも里山もともに豊かになれる仕組みをつくれるのだろうか。

註

（1）「市民の森」のほかに、市街地の小規模な緑地を守る制度として「ふれあいの樹林」がある。

（2）緑地のなかで林地と区別される農地についても、一九七一年に農業専用地区制度を設けるなど独自の施策が講じられてきたが、紙幅の関係から割愛する。

（3）一九九二年、この会は新治の谷戸で撮影された写真、生物調査の結果などを出版物として刊行して解散した［緑区・自然を守る会 1992］。

（4）二〇〇五年四月、横浜市は、それまでの環境保全局、緑政局、下水道局を統合して環境創造局を誕生させた。古くは一九七一年に緑政局を設置するなど、横浜市は率先して総合的な環境づくりを図ってきた。

（5）これを、公共空間・資源の管理に働く「生態学的ポリティクス」の一例とみなすこともできるだろう［松村 2007］。

（6）二〇一二年一一月、「横浜市森づくりガイドライン」が発行され、横浜市のホームページ上に公表された。

（7）保全管理計画の策定に参加していたのに、こうした声が聞かれる。横浜市は里山保全の枠組みのなかに愛護会を位置づけようとするが、愛護会は会員のやる気を維持するため樹木の伐採を優先しようとしている。

（8）こうした着想は、十文字［1999］、宮内［2001］などに負っている。

第10章

まなびのコミュニティをつくる

石垣島白保のサンゴ礁保護研究センターの活動と地域社会

●清水万由子

1 はじめに――白保とサンゴ礁の海

八重山諸島の石垣島（沖縄県石垣市）、その東部に位置する白保《しらほ》集落。東の海には透きとおる青い海とサンゴ礁が広がり、低く積まれたサンゴの石垣が、赤瓦の家を取り囲むなかを歩くと、どこかから三線《さんしん》の音が聞こえてくる。白保はそんな風景と、のどかな雰囲気の残る村である。

白保集落のほぼ真ん中あたりに、ＷＷＦサンゴ礁保護研究センター（以下、センター）がある（写真10-1）。沖縄民家の造りに倣った赤瓦と石垣、風通しのよい中庭の周りには展示スペースやオフィスが配置されている。センターは、国際的な環境ＮＧＯであるＷＷＦジャパンによって二〇〇〇年に白保に開設された。地域計画と保全生態学の専門能力を持った職員が一人ずつ雇用され、彼らは白保で生活しながら研究と実践活動に取り組んでいる(1)。

センターはその名称が示すとおり、サンゴ礁の保護（保全）と研究を行い、地元住民主体のサンゴ礁保全と資源利用・管理を目指している。白保のサンゴ礁は、国内外の専門家や自然保護団体の調査によって、北半球で最古最大の健全なアオサンゴ群落を含むことが明らかにされた。世界的に貴重なサンゴ礁である（写真10-2）。

写真10-1　WWFサンゴ礁保護研究センター(しらほサンゴ村).

写真10-2　白保のアオサンゴ群落.
写真提供：高橋大輔氏

このサンゴ礁を、誰がどうやって守るのか。そして、なぜ守るのか。現場においてそれは自明ではなく、そこにさまざまな人が関わったり、人びとの考えが変わったり、あるいは自然環境そのものが変化したりする過程で、絶えずつくりかえられていくものと考えておきたい。変化することは不安定ではあるけれど、自然にも社会にも唯一の正解がないのだとしたら、よりよい方向を見いだしてそちらへ進んでいく力を生み出すことが重要になってくる。

白保にセンターがあることで、この一〇年間に白保にはさまざまな変化があった。もちろん、変わらないものの方が多いのかもしれない。とはいえ、少なくとも変化を生み出そうとするさまざまな試みが、白保の人びとに大小のさざ波を立てている。白保集落にとって、はるか遠くからやってきた落下傘のような存在であったセンターの使命は、白保での「地元住民主体のサンゴ礁保全と持続可能な資源管理」を実践することである。センターの活動が、サンゴ礁保全や資源管理に関して、地域社会にどのような変化を起こそうとしているのか？　実際にどのようなさざ波を立てているのか？　その過程を垣間見ることで、順応的ガバナンスを担う重要なアクターとしてのWWFサンゴ礁保護研究センターの機能が浮かび上がってくるだろう。

2　サンゴ礁に迫る危機と人びとの暮らし

社会的学習

本章で手がかりとするのは、「社会的学習(social learning)」という考え方である。社会的学習は、自然資源管理や環境保全の社会的な側面についての研究分野で近年関心が高まっている概念だ。リードらによれば、社会的学習は、(ある事象についての)個人の理解の変化であり、その変化は個人が属する社会的な単位(集団やコミュニティ)にも波及する[Reed et al. 2010]。個人の学習にとどまらず、「社会が」学習し変化するのである。そうした変化は、一方的な知識の注入ではなく、社会的な相互作用を通して生じる「社会を通じた」学習である。

自然環境の保全と管理が、専門家によるコマンド・アンド・コントロールのような「堅い」やり方から、ステークホルダー参加型資源管理や、順応的管理といった「柔らかい」やり方へと変化するなかで、社会的学習は後者のキー概念の一つとなっている。人びとはもはや、客観的な事実と特定の価値観にのみ忠実であればすべてがまるく収まるという世界には生きていない。さまざまなやり方で得られた知識や価値観があるなかで、ときには矛盾をはらみながらも、個人やコミュニティは意思決定をしなければならないということを、社会的学習という概念は示している。

ただし、社会的学習のプロセスにおいて何が鍵となるのか、定まった分析基準があるわけではない。とくに自然資源管理研究の分野では、さまざまな事例研究のなかから抽出されてきた考え方だから、地域によって異なる文脈を踏まえながら、社会的学習が何かを生み出していくプロセスを描いてみるのがよいだろう。

サンゴ礁と人びとのかかわり

現在の白保は、人口約一六〇〇人、約七〇〇世帯を抱え、サトウキビ栽培や畜産が盛んな、石垣島でも有数の「農村」である。生活様式はいくぶん都市化しているものの、今も地縁・血縁が人びとを強く結びつけ、公民館を中心に地域活動が盛んだ。

昔から白保の人びとは半農半漁の暮らしを営み、サンゴ礁の海から恵みを受けて暮らしてきた。白保の海は「魚湧く海」と表現されるほどに豊かで、サンゴ礁に棲む種々の魚、貝、ウニ、エビ、海藻などは毎日の食卓にのぼり、一つひとつに方言名があった。リーフの生き物は、「おのおのが目でとられる」［家中 2000］といわれたように、一人ひとりが海を見る眼を持っていた。そのきわめて多彩な海の恵みは、人びとと海とのかかわりの豊かさでもあった［野池 1990; 多辺田 1990］。

しかし、豊かな白保の海と人びととのかかわりは、変わってしまったようだ。

海好きのおじいさんに聞けば、昔はピー（リーフエッジ）にウニやイセエビがゴロゴロ転がっていたけれど、今はさっぱりだと言うし、浜でアーサ採りをするおばさんに聞けば、昔はスーナやモズクなどもっといろいろな海藻がたくさん採れたのだと言う。「どうして減ってしまったの？」と尋ねてみると、「ウミンチュ（漁業者）がとりすぎたから」、「農家がとりすぎたから」、「海が汚れたから」、「よくわからないが海がおかしくなっている」……など、さまざまな答えが返ってくる。

今、リーフで日常的におかず採りをするという人は、冬の海藻採りを除けば、あまり聞かない。家々では、台風で崩れたりハブが潜んだりするサンゴの石垣は、コンクリートのブロック塀に替わってしまった。「海は危ないから近づくな」と言われて育ったという人もいれば、「とくに用もないから行かないね」と言う人もいる。内地から来たと言うと、「サンゴは見た？　白保のサンゴは世界一よ」と言われたが、その人は自分で潜ってサンゴを見たことはないのだそうだ。

サンゴ礁に迫る危機

白保のサンゴ礁は、さまざまな危機にさらされている。センターは二〇一〇年四月に、開設以来のモニタリング調査結果をもとに、白保海域でのサンゴ被度が大幅に減少していると発表している。サンゴ礁にダメージを与える要因は、さまざまにある。

たとえば、集落の生活排水や農地からの赤土を含んだ排水が、貧栄養で透明度の高いサンゴ礁のリーフへ流れ込む。すると赤土の粒子によって海水が濁り、サンゴの体内にいる褐虫藻の光合成を妨げる。赤土の粒子がサンゴに付着すると、ストレス要因になる。また、海水が富栄養化して、サンゴに海藻がはびこったりする。センターは二〇〇〇年から白保海域での赤土堆積量のモニタリング調査を行っており、継続的な赤土堆積が確認されている［WWFサンゴ礁保護研究センター 2000–2012］。最近では、白保のサンゴを見るシュノーケリング観光客が増え、不慣れな客がサンゴを折ってしまうこともある。サンゴを危機にさらしているのは、多くの場合、人間の活動である。

人間活動との直接的な影響関係がはっきりとはわからないものもある。サンゴの白化による死滅は、異常高水温が関係するといわれているが、地球規模の温暖化ともかかわっていて、くわしい発生メカニズムはよくわかっていない。発生を予測したり、ローカルに予防したりすることも難しい。白保サンゴ礁でも一九九八年と二〇〇七年に大規模な白化現象が確認されているほか、小規模な白化は毎年のように確認されているという［WWFサンゴ礁保護研究センター 2007, n.d.］。

サンゴ礁を守るには、サンゴが受けている複合的なストレス要因を一つずつ取り除き、サンゴの回復力を高めることが必要である。ストレス要因のうちいくつかは、人間活動から生み出される。人びとは、サンゴ礁の海を利用しなくなったようでいて、流域生態系のなかでサンゴ礁とつながっている。しかしそのつながりは目に見えにくく、多くの人にとってサンゴ礁の危機は生活の危機として現れてはこない。

危機の経験

では白保の人びとにとって、サンゴ礁の海は失われても構わない存在なのだろうか。白保集落は、かつて「新石垣空港問題」を経験している。一九七九年に、沖縄県が白保地先海上に新石垣空港建設を計画していることが判明したとき、命をつないできた豊かな海を奪われたくないと、白保の人びとは集落をあげて反対を表明した。激しい反対運動の末、埋め立ては回避された［家中1996］。しかし、空港建設計画は二転三転する。問題が長期化するなかで利害関係は錯綜し、集落の内部にまでも対立関係がもたらされた。住民が二つの公民館に分かれるという集落分裂の事態を経て、二〇〇〇年にようやく白保集落内陸上への建設が決定した。

ともかくも、海は守られたのである。当時を知る人に話を聞くと、誰もが「あの頃は大変だった」と言う。反対運動に携わった当時のことを思い出し、涙を流して語ってくれた人もいた。「命をかけて」という表現がふさわしいほどに激しく闘って、守った海である。

その海を白保の人びととの生活のなかに取り戻すために、センターは、二〇〇〇年の開設以来、

図10-1　WWFサンゴ礁保護研究センターが関与する取り組み

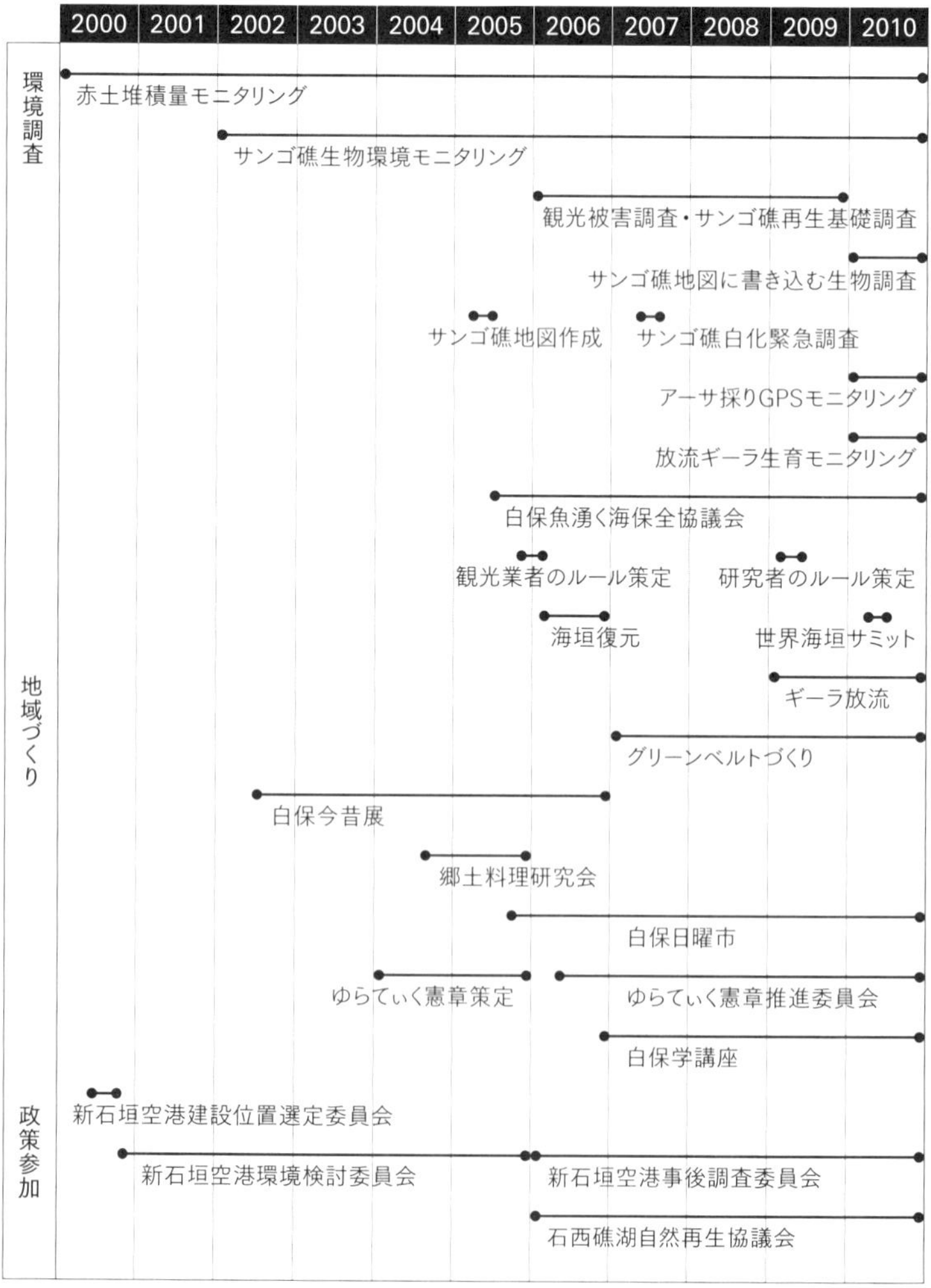

出所：WWFサンゴ礁保護研究センターの資料をもとに筆者作成.

実にさまざまな活動を生み出してきた。センターがかかわった活動として、大きくは白保の自然環境モニタリング調査と、地域づくりに関する活動がある。とくに、地域計画にかかわるシンクタンクに勤務した経験を持つA氏が二〇〇四年に職員となってからは、白保集落の人びととの協働プロジェクトが次々と取り組まれている。[2]

すべてのプロジェクトをくわしく紹介することはできないが、年表にしてみると、その多彩さがわかる(図10―1)。「サンゴ礁保護研究センター」なのに、料理や憲章などと一見してサンゴ礁とは関係のなさそうなタイトルの活動も少なくない。

数名の職員しかいないセンターで、多彩な活動ができるのは、その多くが協働プロジェクトであるからだ。環境調査の多くは、外部の研究者との協働によって行われている。地域づくりは、後で述べるように、白保の住民による活動をセンター職員が支えるというスタイルである。

この多彩さは、社会的学習の一つのポイントになる。次節ではいくつかのプロジェクトを少しくわしく紹介することで、センターの活動によって白保に生まれてきているものが何なのかを考えてみたい。[3]

3 サンゴ礁保全活動と地域社会での取り組み

赤土対策のグリーンベルトづくり――海と陸とのつながりの媒介

サンゴ礁のストレス要因の一つに、赤土の堆積があるといわれる。白保にかぎらず、本土復帰以降の琉球列島では、赤土問題はなかなか解決できない懸案となってしまった。二〇〇六年に始まった新石垣空港建設工事以外には大規模な土木工事がなく[4]、農業の盛んな白保で、農地からの流出をいかに減らすかは大きな課題だ。

白保では、公民館役員や漁業者、農業者の代表などで構成する「白保魚湧く海保全協議会」[5]（以下、協議会）によって、農地の縁に月桃《ゲットウ》や糸芭蕉を植え、海域への赤土流入防止と農地の土壌流失防止のための土留めとするグリーンベルトづくりが、二〇〇七年から続けられている（写真10-3）。月桃の葉には芳香と抗菌作用などがあり、モチを包んで蒸したりお茶にしたりと利用されてきた。糸芭蕉は芭蕉布の原料である。どちらも沖縄では昔から庭や畑の畦に植えられ、今も身近な植物である。しかし、土地改良事業で整備された畑には赤土の流出を防ぐ畦がないことも多く、かつて見られた田畑の風景は失われてしまっていた。

グリーンベルトづくりでは、白保だけでなく石垣市内の小中学生や島外からの大学生などが、協議会のメンバーと一緒に植え付け作業に参加して、海と陸の一体的な保全の必要性を学び、白保の人びとの自主的な環境保全活動にかかわったという実感を得て帰っていく。作業に参加する協議会の地元住民たちは、海を守る活動に貢献していることを、みずからが語ることによって確認する。

協議会は、サンゴ礁の海を保全することを目的に二〇〇五年に始まった。公民館役員や地域組織の代表などが入って、白保の海の保全と利用についての合意形成と実働を担っている。センターのA氏は協議会の事務局長を務め、協議会の発足から中心的にかかわっている。はじめに取り組んだのは、観光・遊漁・漁業など錯綜する海域利用を調整する自主ルールをつくることだった。A氏は「ウミンチュだけでは海を守れない」と、白保のある漁業者に言われたという。白保では、実は海を生業の場とする人は少数派である。サンゴ礁を保全しようと思えば、海に直接関係がないと思っている多数派である農業者が、海の保全にかかわることができるきっかけをつくることが重要だと考えた。グリーンベルトはその一つの形である。

写真10-3　月桃によるグリーンベルト.

A氏は、植え付け作業の受け入れ調整をしたり、当初は助成金を利用して苗を調達したりと、環境NGOとしてのセンターが持つネットワークや資金調達能力を活かして、グリーンベルトづくりを裏方として進めてきた。現在は、糸芭蕉の苗を地元住民から買い取る仕組みの確立や、住民組織（後述の白保日曜市組合）による月桃の葉からつくる精油の商品化が試みられている。環境保全が住民の小さな副業につながることで、持続的に取り組めるようにするための工夫である。赤土対策として月桃や糸芭蕉を植えることが、新しい商品開発や交流のための資源となり、ささやかではあっても生活の彩りと生業の変化をもたらす。

しかし、当初はグリーンベルトづくりを呼びかけても、

「作付面積が減る」、「農機を使う際の邪魔になる」といった理由で、応じる農家は少なかったという。その後、植え付けに協力する農家も現れてきた。植え付け用地を提供し、作業にも参加したある住民は、グリーンベルトで土壌を守ることが農家にとっていかに重要か、そしてそれは白保の海とサンゴを守るためにも意味のあることなのだと、話を聞きに行った筆者に熱心に説明してくれた。彼は、最初からこの活動に参加してきた人ではなかったが、公民館役員を務めたことで協議会やセンターとの関係ができて、協議会の活動にも参加するようになったようだった。いずれは県がつくる赤土流出ハザードマップ上でポイントを選んで、植え付けができるようになればより効果的だが、そのためには集落全体での合意も必要になってくるだろう、とA氏は言う。

海と陸が水を介してつながっていることは、誰でも知っている。サトウキビの夏植え前に大雨が降れば海が赤土色に染まることも、だから赤土対策が必要であることも、白保の人びとは知っている。それでも赤土は止まらないのが事実だ。そこには、「知っている」ことと「行動する」ことの間にある溝を埋める行動プログラム、しかも海と陸とのつながりを媒介する当事者たち自身が参加でき、続けられるプログラムが必要だった。グリーンベルトづくりは、多様な関係主体が少しずつの労力や資源を出し合い、少しずつの充実感や利益を分かち合うことができる。そこで成立する人びととの関係性と、海と陸との一体性が重なって見えるのである。

白保日曜市——地域資源の再発見と持続的利用

毎月第一・第三日曜日の朝は、センターの中庭で「白保日曜市」が開かれる。白保のおばさんやおじさんが自分で売り子となって、観光客や島内からやってくる客と楽しそうに話しながら、自分でつくった野菜や惣菜、クバ笠なんかを並べている。日曜市では、白保の若者から古老までが登場する八重山民謡のライブも開催される。白保の人たちは伝統芸能に熱心で、歌や踊りが好きな人が多い。最後は全員で踊って（モーヤーと呼ばれる）、お開きだ。

日曜市には白保の人しか出品できない。しかも、白保産の素材を使ったものしか売ることができない。日曜市は白保住民による、白保住民のためのマーケットである。白保の豊かな自然の恵みを住民自身が活用することで保全への関心を高め、地域資源を持続的に利用する地域経済活動を生み出す場となることを、A氏は期待している。白保の特産品をつくろうという意図もあったという。日曜市発足の前史は、二〇〇四年からセンターで開かれていた、白保で受け継がれてきた食材と調理法を学び合う「白保郷土料理研究会」であった。移住者も含む若い世代の女性たちが、食材の準備から調理方法、食べ方までをおばあさんたちに教わりながら、白保の自然と伝統文化を学んだ。今では研究会メンバー以外の出品も加わっているが、白保らしい自然の素材とそれを利用する知恵を共有しながら再発見するという発想は、一貫している。

多様な人とモノが行き交うマーケットの楽しさは、人を惹きつける。もずくの天ぷらなどの惣菜を出品しているおばさんは、「質の悪いものがあったら、次のときに言ってもらって、気をつけるようにしている」と、コミュニケーションを通じて商品を改善することも楽しそうであった。市に出すものを少しずつ変えながら、お客さんの反応を見るのも楽しいそうだ。一方で、白保日曜市運営組合の共同代表を務める人は、出品する人たちに商売気が少ないので、需要に応じた安定供給が難しいが、それも日曜市のよさなのかもしれないと語る。利益追求よりは、交流を動機とする小さな地域経済である。

長らく農業が盛んな白保では、すでに自然の恵みは持続的に活用されているではないかと思われるかもしれない。しかし、主流はモノカルチャー的なサトウキビ栽培である。効率性を追求し、自然環境に負荷をかけるような圃場構造や栽培方法となってしまっているのが現状だ。そんななかで、昔からつくられてきた米や雑穀の栽培に力を入れる農家や、エコファーマー認定を受けた農家らが、日曜市の中心的な出品者となっている。グリーンベルトづくりなどによって、主流の農業にマイナーチェンジを施すだけではなく、土地の性質に合った伝統的な作物をつくる農業もサブシステムとして確立しておくことが、環境にとっても経済的にも、状況の大きな変化に適応する力を増すことになるのではないか。

しかし、なぜ「サンゴ礁保護研究センター」が日曜市をやるのかと、不思議に思う人も少なくないようだ。センターで働き始めた地元出身の若い職員は、A氏から説明されても、日曜市がサンゴの保全にどうつながるのか、なかなか腑に落ちないと言う。

たしかに、これまでは環境保全活動と経済活動は対立するものと思われがちであった。開発や自然資源の過剰利用によって、生態系が破壊されてきた。しかし最近では、過少利用もまた生態系のバランスを崩すと指摘されている。結局はそのどちらでもなく、それぞれの地域の自然と社会に即した利用を、地域に暮らす人びと自身が生業と生活を通して探るしかないのだろう。きっと、正解は一つではない。白保日曜市は、多様な自然の利用法を試み、学び合う場でもある。

地域調査——科学知と在来知の収集・蓄積・利活用

「研究センター」という名称のとおり、サンゴ礁保全に関する調査研究は、センターの活動の一つの軸となっている。一つには、サンゴ礁を中心とする自然環境のモニタリング調査である。サンゴの被度調査、サンゴ礁の生物多様性調査、赤土堆積量調査などを、センター独自で、または外部の研究者との協働によって行ってきた。その結果はセンターでの展示やウェブサイトでの報告のほか、研究論文としても発表されている。

前出の協議会では、白保にやってくる研究者向けに「研究者のルール」を策定し、調査計画と実施報告の提出を求めている。最近では、白保のサンゴ礁にかかわる研究成果報告会が、住民向けに開催されている。これについて、公民館長を経験したある人は、「いずれは白保に有益な結果が出て、(環境に)負荷がかからないように(利用の)線引きをしてくれる人も出てくると思う」、「研究者はそれぞれの分野を掘り下げているから、何年かに一回は海も陸も合わせて総合的に(成果報告会を)やる必要がある」と語った。それが実現すれば、研究と地域との間に、新しい関係性がつくられていくかもしれない。

もう一つは、集落の生活にかかわる知恵や歴史の掘り起こしと記録である。二〇〇二年から始まった「白保今昔展」は、センター職員らが集落のおじいさん、おばあさんに、伝統的な漁法や自然素材をうまく使う知恵などを聞き取り調査した一方で、現在の漁法や海外との比較、資源管理の仕組みについても調査して、展示にまとめたものである。膨大な聞き取り内容を記録化することによって、かつて白保の人びととの経験のなかにあった知恵や技術は言語化され、知識として蓄積される。生活のなかで自然に関する知恵や技術を獲得する機会の少ない現代の人びとにとって、科学的な方法で海を知ることもまた、海とのかかわりの一部となる。

センターの最終的な活動目的は、科学的な知識、あるいは在来の知識を収集・蓄積し、住民に伝えることだけではない。それらは記録や記憶のなかに眠るのではなく、今を生きる人びとの生活において使われ、次世代へと受け継がれていくべきものである。

海垣の復元——集落と海とのかかわりのシンボル

協議会の活動として、かつて白保で盛んに使われていた「海垣」を復元したのは、その一つの形である。海垣はサンゴの岩を使って浜からU字型に石垣を積み上げ、潮の干満を利用して魚を囲い込む、原始的な定置漁具である。(6) 潜る必要がなく、特別な道具を使わなくても魚を捕ることができるので、農家は海垣をつくって、それぞれの親族で利用していたという。

研究者や地元の郷土史家らによる調査、センターの白保今昔展での聞き取り調査のなかで、海垣がつくられた位置や所有者(家)、利用方法などがわかっていた。それらをもとに、協議会では海垣を農業者と海とのかかわりのシンボルとして、復元することにしたのである。地元の石積み技術者による指導、住民による石や重機の提供、中学生による石積み作業など、集落の人びとは、自分たちの手で海垣を復元させた(写真10-4)。A氏はここでも事務局として、協議会での合意形成に始まり、漁業権上の権利確認や作業日程の調整や周知など、裏方として活動を支えている。

写真10-4　復元された海垣.
写真提供：WWFサンゴ礁保護研究センター

海垣は集落の共有財産とし、小学生の海垣漁体験、三月三日の伝統行事「浜下り」などで利用される際には、センター職員が参加して魚の個体数や体長などを記録する。センターでは、リーフ内に大きな人工構造物を造成することによる生態系への悪影響を懸念する専門家の意見もあったため、海垣の復元による生物への影響調査も行っている［上村 2007］。

白保学講座——地域づくりのためのまなびの場

復元された海垣は、失われていた海とのつながりを、人びとの意識のなかに取り戻すための装置である。しかし、すでに繰り返し述べてきたように、全体として、人びとの暮らしのなかに自然とのかかわりは少なくなってきている。それに案外、地元で暮らす人たちは地域のことを体系的に知る機会がないものかもしれない。白保の集落憲章である「ゆらてぃく憲章」を実現する活動に取り組む「白保ゆらてぃく憲章推進委員会」[7]（以下、憲章推進委員会）では、地域づくりに活かすために白保の自然や歴史を学ぶ成人学級「白保学講座」を二〇〇七年から開催している。講師は主に集落の古老や、郷土史家たちである。講座を受講したある人は、伝統行事の由来や、小さい頃から見ていた浜の石（サンゴ石灰岩）の一つひとつに名前がつけられていることを知って「感動的だった」と言い、あらためて、子どもたちに伝えていくべきだと感じた[8]と言う。何の役にも立たない石の名前を知ることが感動的な経験だったということの意味は、自分が生きている「いま、ここ」が時間と空間を超えて、どこかへとつながっていくことへの喜びである。先に述べた生態系とのつながりや、さまざまな人とのつながり（交流）にも通じる。

地域づくりに取り組む他の離島との交流や、外部から専門家を講師に招いての勉強会も、この講座では行われている。筆者が参加した回では、受講者同士のディスカッションやその後の酒宴の席でも、白保の地域づくりを今後どうしていくべきか、熱のこもった議論が聞かれた。白保学講座はカルチャースクールではなく、地域づくりのためのまなびの場である。憲章推進委員会のメンバーであり、市会議員でもある人は、白保学講座を人材育成の場であると言った。白保学講座を含む憲章推進委員会の活動も、センターのA氏をはじめ何名かが事務局を務めて、企画・運営にあたる。外部からの情報をうまく取り入れ、他の活動とも絡ませて、住民のまなびの場をセッティングしているA氏の役割を少しずつでも引き継ぐ住民を育てたいと、先の憲章推進委員会メンバーは語った。

4　センターの機能的特徴──サンゴ礁保全とまなびのコミュニティ

断片的ではあるが、センターやA氏がかかわって、白保で展開されてきた取り組みを紹介してきた。それらは実に多彩で、幅広く奥深い。サンゴ礁を正面から守る──かつて埋め立てから守ったように──だけではない、複線的な軌道を描いている。

センターが介在することによって、人びとと海とのかかわりはよりよく見えるようになったり、新しくつくりかえられたりしている。ここで、センターが社会的学習を通じて獲得し発揮している機能的特徴について整理してみよう。

人と自然の関係を可視化する

人と人、人と自然のつながりを可視化させ、人びとがそれをある程度、意識的にとらえることを促している。サンゴ礁調査は、普段の生活では目にすることのない海の状態を、誰もが見聞きできるように知識化する。今昔展や白保学講座では、経験として蓄積されてきた在来の知恵を知識化することで、経験として受け継がなかった人びとも、その価値を認識できる。海垣復元のような新しい共同活動によって、知識は再び新しい経験へと生かされる。

調査してわかったことを新しい活動に活かすだけでなく、調査の過程も重要だ。たとえば、昔の白保について繰り返し尋ねることで、聞き手と住民一人ひとりとの関係ができていく。日頃、白保の海を見ている観光業者や漁業者が環境調査の船を出し、海の変化をともに見て、考える。こうした相互作用を通して、白保の原風景を大切に思ったり、サンゴ礁の海への負荷を減らすような利用を考えたりする。センターが目指す「住民主体の資源管理」のための知識をつくる過程には、社会的学習が含まれている。

そうした過程は、近年、よりひらかれたものへと変わりつつある。住民向けの研究成果報告会や、人材育成の場としての白保学講座で、白保の人びとがみずから必要な知識をつくることにかかわっていく可能性は十分にあるだろう。「社会を通じた」まなびである。

内と外をつなぐ

センターは、白保集落内と外の世界とをつなぐネットワークのハブとして機能している。集落の外から資金・情報・人材などを集めて、内部の資源とあわせて活動の企画・実施に活用するというやり方は、かなり定着している。地理的にも社会的にも、きわめて限定された石垣島白保という舞台ではあるが、そこには国内外のさまざまな資源が投げ込まれているのだ。

それらの資源のなかには、住民の間に直接投げ込まれるものと、センターが選択・蓄積し、白保の状況に即した論理やプログラムに「翻訳」あるいは「編集」して住民へ提供するものがある。前者では、たとえば白保学講座や日曜市のように、住民一人ひとりが交流や学習によって刺激を受け、ものごとの認識や行動に変化を生じさせる場が形成される。ここで、センターは地域の歴史、自然、人びとの関心についてみずからまなぶ主体ともなる。ネットワークのハブであるセンターもまたアクターとして、学習を通じて新しい可能性を探し、その振る舞いを変化させている。

後者、つまりセンターが「翻訳」「編集」している例は、海垣復元やグリーンベルトなど、人と人、人と自然の具体的なかかわりを新しくつくり出すようなプログラムだ。日曜市への出品を環境保全型の地元一次産品にかぎるという限定も、それを鋭く切り出そうとするある種の「編集」といえるかもしれない。一定のゴール(目的)を設定し、達成のために必要な資源を集めて、住民の希望に沿いながら活動プログラムを設計・改善する。ハブは、明確な意志をもって人とモノを媒介することによって、ネットワークの形をつくろうとする。常に学び、みずからを変化させながら。

サンゴ礁保全を地域社会に埋め込む

サンゴ礁保全というやや特化したテーマが、地域の社会や文化、経済への「埋め込み」[9]によって、複合的な目的を持つ活動としてのサンゴ礁保全——あえてサンゴ礁保全と呼ぶ必要もないかもしれないが——となっている。そうすることで、さまざまな経路から方法を発想することができ、一見、「なぜそれがサンゴ礁保全か?」とも思える活動に、さまざまな動機と関心を持った人がかかわることができる。

かつて空港問題で集落が大変な状況にあったとき、「サンゴ」がタブー視された時期があった。A氏は、センターに着任した当初、ある人から「なぜサンゴなのか」と何度も問われたと言う。その人は、今では協議会などの活動の主要なメンバーである。本章で述べたような活動は、集落内の対立の記憶が凝集したマイナス・シンボルとしてのサンゴ礁が、多様な意味づけをされてプラス・

シンボルへと変わっていく過程に位置づけられるのかもしれない。二〇〇六年に白保公民館が制定した「白保ゆらてぃく憲章」には、「世界一のサンゴ礁」を守ることが謳われた。

センターは、住民の思いを汲み取りながら、地域社会の実態に合った「翻訳」「編集」を行おうとするが、そこには環境NGOとしてのミッションや、職員個人が望ましいと考える社会像が反映される。それに賛同しない人もいるだろう。実際、白保の全住民がセンターの活動を無条件に受け入れているわけではないと、A氏は見ている。A氏が事務局長を務める憲章推進委員会では、景観「修復」として、家々のコンクリートブロック塀をサンゴの石垣に戻す取り組みを行ってきた。白保小学校の塀も、かつてのようなサンゴの石垣に戻す計画を進めていたとき、児童の親世代から異議があがった。「自分たちが子どもの頃から、コンクリートブロックだった。それが昔の風景である」と。サンゴとコンクリートブロック、どちらが白保小学校にふさわしい景観なのか。それはどう決めるべきか。話し合いが続けられた。

サンゴ礁保全の地域への「埋め込み」には、センター自身が白保の社会構造のなかに埋め込まれているという見方が重要になる。A氏らセンター職員は、白保に住み込み、地域活動に日常的に参加することで、人間関係を形成する。センターの活動が、地域社会の具体的な変化を引き起こすことで、住民の思わぬ反応に驚いたり、喜んだり、傷ついたりする。彼らが担うセンターの活動も、そうした地域社会との相互作用に影響を受けている。センターが、地域からまなぶのである。

A氏は、「白保の人に任せていくことも大事なのではないか」と、自分の立ち位置の変化を感じているという。たとえば、海垣での漁体験イベントの際に、A氏がとくに依頼しなくても、漁業者たちが段取りをして準備をするようになった。白保で生まれ育ち、憲章推進委員会に参加しているある青年は、ときに仲間から「センターに洗脳されたのか」と冗談交じりに揶揄されることもあるというが、「自分は（憲章推進員の活動は）必要なことだと思う」と、活動がより広く深く地域社会に根付いていくにはどうしたらよいかを熱心に考えていた。

5 おわりに——まなびのコミュニティへ

センターの活動は、A氏らが白保の住民として生活しながら、白保の人びとと同じ目線を共有しようとしながら取り組まれてきた。しかし、センターは完全に白保に埋め込まれているわけではなく、センター職員は、よそ者としてのかかわりも維持している。彼らが、何らかの普遍性を携えて固有性と多元性に満ちた地域に入り込むよそ者［鬼頭 1998］であるなら、そのアンビバレンスこそが、社会的学習を支えているようにも見える。

白保の伝統的生活文化の文脈をなす海とのつながりは、それをこの地域に特徴的なものとして切り取って見せ、価値あるものであると語るよそ者と、その恵みを血肉化してきた人びととのまなび合いによって可視化された。身体的相互作用を促す魅力的な活動プログラムは、地域内外のさまざまな知識、情報、願い、共感などが、内と外をつなぐセンターの存在を通じて「翻訳」「編集」され、形となった。そして、白保にとってセンターとは、サンゴ礁保全とはいったい何なのか？　という問いかけがなされるたびに、活動の意味づけは更新される。

ここで見てきたまなびは、サンゴ礁保全の「正解」を知ることではない。自然とのつながり、人とのつながりに気づくこと、それを自分自身の経験を通じて更新しようとすることだ。自然も人間も絶えず変化するから、まなび自体には終わりがない。社会的学習が生じるような関係的空間――まなびのコミュニティ――を維持することで、よりよい状態を生む可能性を高めていくことが、変化を生きる私たちにできることであろう。(10)

註

（1）佐藤［2009］は、WWFサンゴ礁保護研究センターのように、地域の環境問題の現場で知識を生産し、地域社会の構成員として意思決定に関与し続ける研究機関を「レジデント型研究機関」と呼んでいる。

（2）センターの組織的活動とA氏の個人的活動は峻別しがたく、不可分である。ここでは基本的にセンターの活動として記述するが、A氏個人の能力や振る舞いがとくに重要である場合はA氏の行動に焦点をあてて記述する。

（3）以下の記述は、二〇一〇年九月から二〇一一年三月にかけて筆者が実施した、センター職員および白保住民への聞き取り調査にもとづく。聞き取り調査対象者は、地域のことをよく知る人、センターの活動によく参加している人などを、A氏からの紹介と、白保魚湧く海保全協議会と白保ゆらてぃく憲章推進委員会の会報から抽出した。

（4）一九九五年に施行された県の赤土等流出防止条例にもとづき、大規模な開発工事には一定の規制がなされている。

（5）くわしくは上村［2007］を参照。

（6）石干見とも呼ばれ、世界各地に同様の漁法が存在する。田和編［2007］、上村［2007］を参照。

（7）集落憲章である「白保ゆらてぃく憲章」を実現するために、二〇〇七年に白保公民館内に設置された。

(8) 位置や形などから、人びとが名前をつけて、浜でのおかず採りのときなどの目印とした。

(9) 人びとの選択は社会関係の構造に影響を受けるというマーク・グラノヴェッターの「社会的埋め込み」概念[Granovetter 1985]の応用である。

(10) 本章は、二〇〇九年九月から二〇一一年三月までに、筆者がセンター職員と白保住民に対して行った聞き取り調査にもとづいている。なお、本章はJST-RISTEX研究開発プロジェクト「地域主導型科学者コミュニティの創生」の成果の一部である。

第11章

グローバルな価値と地域の取り組みの相互作用

有明海の干潟における順応的ガバナンスの形成

●佐藤 哲

1 解放系としての地域コミュニティ

翻弄される地域？

あらためて強調するまでもないとは思うが、地域コミュニティは外部からのさまざまな影響にさらされる解放系である。現代社会において、外部とほとんど完全に隔絶され、閉じた系の内部のロジックだけに従ってガバナンスを考えることができるような牧歌的なコミュニティは、たいへん稀である。開発途上国の地理的に隔離された地域においてすら、程度の違いはあるものの、経済のグローバル化の影響、あるいは人間活動に起因する気候変動の影響などを無視することは困難である。政治や経済などの広域的な変化の影響に加えて、環境保護、生物多様性保全などの言説や制度、さらにはその基礎となる科学的な知識や予測もまた、「大きな物語」として地域コミュニティに強い影響力を持つようになっている。しかも、近代化のプロセスのなかで、地域外からの影響力の大きさも、影響が現れる速度も、増大の一途をたどっているように見える。地域コミュニティはその本来の性質として解放系であり、物質や情報の流れに多くの制約があった過去の時代に比べ、現代においてはその影響が格段に大きくなっているとみなすことができる。

地域と外部のかかわりを通じて地域コミュニティに生じる変化を、広域的な枠組みからの影響に対する地域コミュニティの応答という視点から見ていくことができる。たとえば、政治的なレジームの変化に対して地域がその影響を軽減するように対応している、という見方で地域の変化を記述することもできるし、住民が生業のあり方を大きく変化させていくプロセスを、広域的な需要の変化に対する受動的な反応として記述することもできる。とくに開発途上国のコミュニティに関して、経済のグローバル化や政治的なレジーム変化による地域の攪乱が抗いがたいほどに大きく、それに翻弄されて変化を余儀なくされる、あるいは被害をこうむる人びと、という図式での記述を行う傾向が顕著である。

たとえば東アフリカのヴィクトリア湖沿岸では、人為的に導入された外来魚「ナイルパーチ」の増加にともなって、環境悪化とこの魚を欧米や日本などに輸出する加工産業の発達による貧富の差の拡大など、さまざまな問題が発生し、それに対応するように地域コミュニティが多様な変容を見せている。湖のタンザニア沿岸の大都市ムワンザを舞台に、この状況をグローバリゼーションの影響を一方的に受けてなすすべもなく翻弄される地域の人びととして描いたのが、二〇〇四年に公開された「ダーウィンの悪夢」(フーベルト・ザウパー監督)というドキュメンタリー映画である。翻弄される弱者として地域の人びとを描く図式はシンプルで強力なメッセージであり、そのためもあってこの映画は欧米や日本の一部では高い評価を受けた。一方、地域で現実に起こっている環境や社会の改善に向けた多様な取り組みや、環境変動に対する人びとの多面的な応答を無視した描写への、タンザニア政府や地域の人びとの反発は大きく、地域の人びとの営みを受動的かつ平板に描く一面的な見方が明らかに不適切であることを物語っている[小川 2007]。

したたかな地域?

巨大で抗いがたい圧力に見えるような外部からの強力な影響に対して、地域コミュニティが柔軟かつしたたかに応答し、外来の制度や理念を在来の意思決定システムや規範に巧みに取り込み利用しているように見える事例も数多い。同じく東アフリカのマラウィ湖では、生物多様性の保全を目的とした水中保護区を持つマラウィ湖国立公園が一九八〇年に設立され、公園内の漁村で生活する人びとの漁業活動を制限することになった。この歓迎されざる制度の導入に対して、村の漁民は、一方では強制力がほとんどない保護区の規制を無視しつつ、漁業規制を換骨奪胎して村の伝統的首長の権威による在来の規範のなかに取り込み、保護区の制度の一部を異なる文脈に再構築した不文律である「強制されない自主的漁業管理」の仕組みをつくり上げて実践しているように見える[Sato et al. 2008]。ここでは、外来の保護区制度の導入をきっかけとして、伝統的首長、漁民などの地域のアクターと、国立公園管理局、科学者などの外来のアクターによる多面的な相互作用を通じて、コンフリクトを緩和しつつ保護区と共存していくための仕組みが創出されているとみなすことができる。

こういったグローバルな大きな物語を取り込み、飼いならして活用する地域の事例が、国際的なインパクトを生み出すこともある。一例を挙げると、知床《しれとこ》は二〇〇五年に世界自然遺産に登録されたが、この審査の過程において決定的に重要な役割を果たしたのは、審査主体である国際自然保護連合（IUCN）が求める海洋生態系保護の強化に対して、すでに行われてきた漁業者による漁獲の自主規制の枠組みを拡大して対応するという決断だった［松田 2007］。トップダウン型の規制強化ではなく、科学委員会が中心となって漁業者の自主的な資源管理活動に価値を見いだし、その強化を図ることで、世界遺産という制度を地域の実情に合わせて「翻訳」し直し、実現可能な解決策を導いたのである。IUCNは、知床世界遺産の、漁業者など多様なステークホルダーと科学者、行政が協働する仕組みを、世界各地の世界遺産地域における管理のモデルになるものとして称賛している［IUCN 2008］。また、この事例は科学委員会メンバーによる漁民の自主的な資源管理・生態系管理の意義に関する論文を通じて科学の言語に翻訳され、国際的に発信されて高い評価を受けている［Makino et al. 2009］。

世界各地の地域社会が多様な形で蓄積してきた実践の価値を、グローバルな文脈のなかに位置づけ直す試みも始まっている。生態系と生物多様性の保全・管理というグローバルな課題のために設立されてきた自然保護区は、国立公園などのトップダウンの枠組みで地域コミュニティに対する規制と圧力をかけ続けてきた。これに対して、各地のコミュニティによって自然発生的に管理されてきた土地や資源、地域生態系を「先住民共同体保全地域（ＩＣＣＡｓ：Indigenous and Community Conserved Areas）」と名づけ、その意義を明らかにしていこうとする動きが起こっている［古田 2011］。その主体となっている「ＩＣＣＡコンソーシアム」は、前出のＩＵＣＮの「環境経済社会政策委員会」などの支援を受けて、世界各地の先住民団体、地域団体、ＮＧＯなど三四団体が加盟して設立されたボトムアップの組織であり、ＩＣＣＡｓに関する認識を深め、その活動を支援することを目的としている［The ICCA Consortium 2009］。これらのＩＣＣＡｓは、ＩＵＣＮなどによる一般的な保護区の定義にすべてがあてはまるわけではない。しかし、慣習法によって守られてきた聖地や、コミュニティが管理してきたコモンズ、遊牧民族が巧みに維持してきた放牧地、漁業者によって管理されてきた漁場などは、実際にはかなりの面積におよぶものと考えられ、生物多様性保全と生態系管理の枠組みのなかで、その実質的な機能の重要性は明らかである。ＩＣＣＡｓの価値と機能に関する認識の広がりは、グローバルな大きな物語の文脈で活動する国際組織やＮＧＯなどのなかに、地域ですでに行われている実践を取り入れ、学ぶ動きが芽生えていることを示している。

ダイナミックな相互作用の視点

解放系としての地域コミュニティにいやおうなしに押し寄せるグローバリゼーションや国際政治、地球環境問題、さまざまな科学的言説などの影響や圧力の前に、地域はなすすべもなく立ちつくしているわけではない。何らかの形でこれらの外圧を取り込み、飼いならし、みずからの意思決定システムや規範のなかに埋め込んで、柔軟かつしたたかに活用している例は、各地に探すことができる。それだけでなく、知床世界遺産やＩＣＣＡｓの例からもわかるように、グローバルな枠組みを推進する側も、このような地域の反応、ないしは内発的な動きから、多様なレッスンを引き出し、学びながら、ダイナミックに変容している。地域の枠を超えた多様なスケール間で起こっているダイナミックな相互作用が、地域コミュニティの順応的ガバナンスを効果的に駆動させる仕組みを明らかにすることは、私たちが次々に立ち現れる環境問題に順応的に対処しつつ、みずからの未来を構築していくために、重要な一歩となるに違いない。

本章では、このようなダイナミックな相互作用を通じた地域の順応的ガバナンスの軌跡を、地域コミュニティの視点からだけでなく、地域に深く関与してきた外部のアクターによる大きな物語からの視点も含めて明らかにしていきたい。

対象とするのは、過去三〇年近くにわたって地域の多様な側面をダイナミックに変容させてきた有明海沿岸の小都市、佐賀県鹿島市と、沿岸生態系管理の観点からこの地域に深くかかわってきたＷＷＦジャパンの活動である。この両者が地域内外のさまざまなツールや資源、制度的仕組みや科学的言説を活用しながら相互作用と相互変容を積み重ねてきたプロセスを振り返り、地域からグローバルまでを俯瞰するダイナミックな順応的ガバナンスのあり方へのヒントを探っていくことにしよう。

2 ことの始まり――干潟を活用した地域振興と国際的な環境保全の取り組み

有明海の干潟と鹿島市

有明海の最奥部に位置する佐賀県鹿島市は、広大な有明海の干潟《ひがた》とそこに流れ込む多数の河川の扇状地に広がる豊かな農地、そしてその源流である経ヶ岳《きょうがだけ》（一〇七六メートル）を主峰とする多良《たら》岳《だけ》山系の山林の豊かな自然に恵まれた、人口三万人ほどの小都市である。有明海の恵みに支えられた海苔養殖などの漁業、豊かな水に支えられた米、小麦、みかん、タマネギなどの農業が、就業人口は減少しているものの現在でも重要な産業として息づいており、一次産業人口の割合は佐賀県のなかでは高いレベルを維持している。また、米と水が支える醸造業も盛んで、日本酒の名産地でもある。祐徳稲荷神社、肥前浜宿酒蔵通り、干潟が育むムツゴロウやワラスボ、ウミタケなどの海の幸（写真11–1）、伝承芸能「面浮立《めんぶりゅう》」など、観光資源にも恵まれている。

このののどかな小都市に衝撃が走ったのは一九八四年のことである。この年に発表された佐賀県総合計画で、鹿島市には新幹線も高速道路も通らないことが明らかになったのである。このことが地域の人びとの危機感を高め、当時の青年会議所理事長、桑原允彦（前鹿島市長）は、市内の青年層を中心とした地域振興団体「フォーラム鹿島」を結成した。フォーラム鹿島は、鹿島市民が職業や地域などの枠を超えて集まり、ふるさと鹿島の発展のためにみずからの力で活動していくことを目指して、青年会議所、商工会青年部、漁協・JA青年部、鹿島市連合青年団、さまざまな市民団体などがゆるやかに連携したグループで、参加団体は固定せず、会費も徴収しない。「危機」の認識が契機となって、市民のなかからゆるやかで柔軟な組織が生まれたことが、その後の鹿島市の順応的ガバナンスのあり方を特徴づけることになったと考えることができる。

フォーラム鹿島は、「実はガタリンピックをやるためにできたもの」（市民団体代表Aさん）らしい。フォーラム鹿島結成の翌一九八五年に、有明海に面する鹿島市七浦に鹿島市七浦海浜スポーツ公園（現在の「道の駅鹿島」）がオープンした。フォーラム鹿島は、その記念イベントとして、泥干潟に飛び込んで泥だらけになってさまざまな競技を楽しむ「ガタリンピック（干潟のオリンピック）」を企画・開催した。歩きにくい泥干潟で効率よく移動するための伝統器具である「潟スキー」を使った競技など、魅力的なアイデアにあふれた鹿島ガタリンピックは、全国から参加者が集まるようになり、二〇一二年には二八回目を迎えている（写真11−2）。

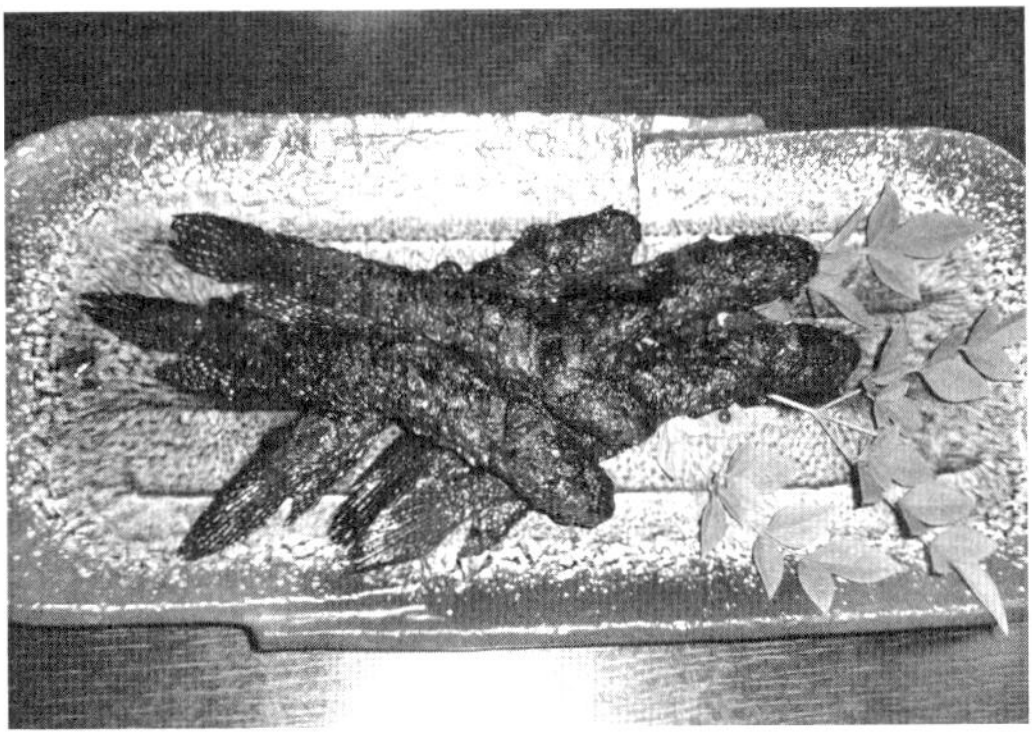

写真11−1 有明海の固有種ムツゴロウの煮付け．
有明海の豊かな海の幸は，魅力的なエコツアー資源である．

ガタリンピックは、干潟と深くかかわる生活を営んできた地域の人びとならではの、逆転の発想から生まれた［フォーラム鹿島 2012］。泥干潟は、サンゴ礁の美しさなどと比べるとどうしても魅力に欠け、観光価値は低いように思える。しかし、鹿島市の人びとは、引き潮にあわせておかず採りを楽しんだり、泥のなかで遊んだりといった経験と記憶を持ち、泥干潟の楽しさを熟知していた。魅力がない資源と考えて放置するのではなく、積極的に活用して遊ぶ。この発想がガタリンピックの企画につながった。ガタリンピックは、フォーラム鹿島の「鹿島の発展のためにみずからの力で活動する」という理念を現実化するものだったのである。

フォーラム鹿島は当初から、ガタリンピックを地域間交流、国際交流の機会としても位置づけていた。外国人留学生を積極的に招待して順調に回を重ねるなかで、ガタリンピックは地域イベントとして全国から注目されるようになり、日本各地の地域づくりへの取り組みと連携することを通じて、鹿島市は国内外のさまざまな地域とのつながりを構築していった。また、ガタリンピックを通じて、フォーラム鹿島はリーダーシップの継承にも成功している。ガタリンピックの実行委員長は毎年、若手が務めることになっており、大きなイベントの運営を多様な関係者との協働のもとに管理していく経験が、新しいリーダーの育成に大きな効果をあげている。

写真11-2　第25回ガタリンピックの様子（2009年）．
この年は1200人の競技者が参加し，3万5000人の観客が競技を楽しんだ．
写真は潟スキーを使ったレースのスタート直前で，
左端の干潟の上に並んでいる板状のものが潟スキー．

WWFジャパンのかかわり

このような背景を持つ佐賀県鹿島市に、国際的な自然保護団体WWFジャパンがかかわるようになった。WWFの主な関心は、日本有数の干潟を持つ鹿島市における行政と住民の協働による干潟管理を活性化することを通じて、グローバルな課題である沿岸生態系の保全と管理を推進することだった。日本国内の干潟は、江戸時代から始まった沿岸開発を通じて減少の一途をたどり、とくに戦後の大規模な干拓事業は沿岸生態系を大きく改変してきた。有明海は日本に現存する干潟の四〇パーセントが集中し、閉鎖的な環境と大きな潮位変動によって形成される広大な干潟は、多くの固有種を含む豊かな生物多様性を育んでいる。干潟は多様な伝統漁業を支え、人びとの生活のなかでおかず採りや泥の肥料利用などの資源として活用されてきた。このような豊かな生物多様性を象徴する泥干潟は、人びとの思いや関心が集約される「環境アイコン」として、多様なステークホルダーが協働した沿岸環境管理を駆動できる可能性がある［佐藤 2008］。ガタリンピックという地域振興活動は、泥干潟の環境アイコンとしての潜在力を如実に示すものだった。

有明海の干潟の沿岸生態系における機能の指標として、WWFジャパンは、渡り鳥シギ・チドリ類の渡りの経路を確保する取り組みを活用しようとした。シギ・チドリ類はシベリアの繁殖地とオーストラリアなどの越冬地の間の七〇〇〇キロメートルもの距離を一年のうちに往復する。この長距離の渡りを可能にするには、渡りの経路で羽を休め、餌をとることができる中継地が不可欠であり、日本沿岸の干潟や湿地は、餌資源としての生物多様性に富んだ渡りの中継地として、重要な役割を果たしている。東アジアにおけるシギ・チドリ類の渡りの経路を、中継地の環境の保全によって確保することを目指して、一九九六年のラムサール条約(特に水鳥の生息地として国際的に重要な湿地に関する条約)第六回締約国会議を契機に、日本の環境庁(当時)やオーストラリア自然保護庁(当時)などの主導のもとに、国際湿地連合によって「東アジア・オーストラリア地域シギ・チドリ類重要生息地ネットワーク」が構築された。日本国内でこのシギ・チドリ類ネットワークに加入する自治体と登録湿地を拡充し、中継地のネットワークを構築していくために、WWFジャパンは重要な湿地を有する各地の自治体に働きかけを行っていた。その一つが、チュウシャクシギなど三種のシギ・チドリ類の渡来地としてネットワーク登録の基準を満たしている鹿島市新籠《しんごもり》海岸の干潟だった(**写真11-3**)。

シギ・チドリ類ネットワークは、鳥獣保護区指定などの法的な枠組みによる土地利用規制を要求せず、地域の自主的な取り組みを基盤とするもので、自治体や地域の農林水産業にとっては、敷居が低い仕組みだとみなすことができる。それでも、WWFジャパンは当初から、国際的な環境保全という彼らの関心と、干潟を活用した地域振興という鹿島市やフォーラム鹿島の関心には、フレーミングの大きなズレがあることを認識していた[東梅ほか 2002]。この関心の違いを乗り越えて、鹿島市およびフォーラム鹿島とWWFジャパンが干潟生態系の管理に向けたパートナーシップを築いていくためには、双方の側に柔軟な発想の転換が必要だった。

有明海の環境悪化と共有可能な関心の発掘

こういった動きの一方で、有明海の環境は、諫早《いさはや》湾干拓事業の進展と前後して、大きく悪化しつつあった。有明海の重要な水産物であるアサリやタイラギなどの貝類の漁獲は、一九七〇〜八〇年代から大きく減少し、二〇〇〇年以降はタイラギの水揚げはほぼなくなっている［伊藤 2004］。海苔養殖は全国シェアの四〇パーセントを有明海が占めるが、海苔の色落ちが頻発し、二〇〇〇年には歴史的な不漁となった［環境省 2006］。有明海では赤潮が一九七〇年代から頻繁に発生してきたが、漁業被害をもたらした赤潮の発生件数は、とくに潮受け堤防の閉め切り以降、増加の傾向がある［環境省 2006］。また、貝類の大量斃死をもたらす可能性がある貧酸素水塊の発生も報告されている［堤ほか 2003］。

写真11-3　有明海の干潟．鹿島市新籠海岸．

このような有明海の環境変動に早くから危機感を募らせてきたのは、地元の海苔養殖業者を中心とする漁民であった。有明海の漁業生産は流入する河川が運ぶ栄養塩に支えられており、森林の整備が海の浄化につながるという認識のもとに、「海の森」植林事業が開始されたのは一九九五年のことであった。この事業は鹿島市内の源流域で大規模な落葉広葉樹の植林を行うもので、市内の四漁協の合併を記念する事業として始まったものだが、漁業者だけでなく、鹿島市環境衛生推進協議会の協力のもとに多様な市民、市内外のボランティアが参加するイベントとして定着し、二〇〇九年までに国有林を中心にのべ一七万平方キロメートルの面積に五万本の落葉広葉樹の苗木を植林し、参加者数はのべ三〇〇〇人を超えている［鹿島市 2009］。また、この事業に参加してきた市民が中心となって、多良岳山系から有明海への水の循環を維持するための流域環境保全と環境教育活動を行う多良岳〜有明海・水環境保護団体「水の会」（代表は前出のA氏）が組織され、活動を継続している。水の会はフォーラム鹿島の構成団体の一つでもある。

このような地域コミュニティ内部での有明海の環境に対する関心の高まりが、WWFジャパンとフォーラム鹿島の異なるフレーミングを接続する契機となっていった。WWFジャパンは、シギ・チドリ類ネットワークの推進というフレーミングではなく、鹿島市の行政・市民が関心を深めている有明海に関する環境教育活動にこそ、地域とグローバルな取り組みをつなぐ接点があることを認識し、二〇〇〇年から鹿島市と協力して市内の小学校における環境教育活動を開始した。これが契機となって、水の会を中核とするフォーラム鹿島、鹿島市、WWFジャパンの濃密な相互作用が始まることになった。

3 相互作用と相互変容のダイナミズム

「渡り鳥の民宿」——大きな物語の内部化

WWFジャパンによる、鹿島市の目の前に広がる干潟の価値と有明海の環境の現状を若い世代に伝えるための取り組みは、鹿島市の多くのステークホルダーに受け入れられていった。ガタリンピックは毎年多くの参加者を集め、地域振興イベントとして定着していたが、二〇〇一年にはガタリンピック会場に干潟の生物と触れ合う環境教育ブースが設置され、環境への視点が明瞭に意識されるようになった。これは、シギ・チドリ類を指標とした沿岸生態系保全という大きな物語が、相互作用を通じて、地域によってより切実な関心事である地域固有の価値を持つ干潟にかかわる環境教育に翻訳されて、地域振興を主たる目的として掲げるガタリンピックに取り込まれていったとみなすことができる。

シギ・チドリ類の重要生息地のネットワークに参加するという物語もまた、急速に鹿島市行政や市民のなかに取り込まれていった。鹿島市は二〇〇一年一一月に新籠海岸の六七ヘクタールの干潟について、シギ・チドリ類ネットワーク登録申請を環境省に提出し、二〇〇二年三月に日本で五番目の登録地として認められた。この過程で、新籠海岸に代表される鹿島市の干潟の価値が国際的に認知されることに対する、鹿島市民の誇りが形成され、共有されていった。当時の桑原允彦鹿島市長は、これを「渡り鳥の民宿」という言説で表現している。桑原市長の二〇〇三年二月の市議会における発言を引用しよう。

「私たちは有明海というすばらしい海を持っております。ここの干潟に飛来するシギ・チドリなどの渡り鳥に快適な「宿」を提供しなければなりません。そして、その「宿」は温かみのある民宿であり、民宿のあるじは鹿島市民にほかならないということを以前に申し上げました。皆様のおかげで幸いにこの民宿は現在順調に運営されております。昨年三月には鹿島新籠が「東アジア・オーストラリア地域シギ・チドリ類重要生息地ネットワーク」へ正式に参加が承認されました。これに登録されるということは湿地環境の豊かさを認められたことであり、渡り鳥の中継地としてこの有明海の干潟は環境保全の観点から重要な場所として位置づけられているということです」［鹿島市議会 2003］。

ここでは、シギ・チドリ類ネットワークへの参加が持つ意味が、国際的な環境保全の枠組みではなく地域の視点から語られており、地域の自然の価値が国際的に認知されることと、それによって生じる「民宿のあるじ」としての責任（オーナーシップ）が、地域への負担や足かせではなく、誇らしいもの、好ましいものとして受けとめられていることがわかる。ありふれた、とくに価値もない泥干潟に対する、人びとの日常における認識とかかわりが、大きな物語との相互作用のなかで大きく変容したのである。

地域に常駐するトランスレーター

鹿島市の市民と行政のこのような動きは、WWFジャパンのポリシーにフィードバックされ、大きな影響を与えた。国際環境保護団体として、WWFジャパンは主に、グローバルな文脈での環境問題の解決策をいかにして地域の草の根レベルで実現するか、というトップダウン型のアプローチをとってきた。しかし、鹿島市の事例と、これとほぼ同時進行していた沖縄県石垣市白保地区での取り組み［清水 2013：本書第10章；Shimizu and Sato *submitted*］の経験から、地域コミュニティの関心や問題構造のフレーミングの理解と、それに対応できる柔軟なアプローチの重要性が、強く認識されるようになった。人びとの活動を制限することによるのではなく、人びとが手を加え、管理していくことを通じた「里海」的な沿岸管理のあり方を意識的に推進するようにもなっていった。地域コミュニティのダイナミズムをグローバルな課題の解決に結びつけるための戦略として、WWFジャパンは二〇〇三年から専任職員を一名、鹿島市に常駐させることを決断した。二〇名ほどの自然保護室職員が多様な環境問題を扱っている体制のなかでは、これは大きな決断であった。

有明海担当として鹿島市に赴任したB氏は、それ以前から鹿島市においてWWFの環境教育プログラムの実践を主導して地域の人びととの信頼関係を築き、地域の意思決定システムや規範をよく理解していた。地域社会に定住して、ステークホルダーの一員として人びとと深くかかわりながら、地域社会の課題の解決に役立つ研究を実践している研究者や研究機関を、「レジデント型研究者・研究機関」と呼ぶ[佐藤 2009]。このような人びとは、地域の活動をグローバルな環境保全の文脈に再翻訳して発信するトランスレーターとしての機能を果たしていることも多い。B氏は、このようなレジデント型研究者、トランスレーターとして、グローバルな課題を地域の実情に即して翻訳し、地域のステークホルダーによる内部化を促すことが期待されていた。このもくろみは、当初の狙いも十分に達成したが、それに加えて予想外の副産物を生むことになった。B氏が赴任したことが、国際的自然保護団体が鹿島市を最重要地域の一つとして重視していることの証左として認識され、これがとくにWWFと密に協働してきたフォーラム鹿島や水の会などのメンバーに、地域に対する新たな誇りの源泉を提供したのである。

このような環境保護団体による外部からの介入は、ときとして地域コミュニティにとってはありがたくない攪乱要因となる。鹿島市とフォーラム鹿島の場合、それまでの密な相互作用を通じて、多くのステークホルダーがＷＷＦジャパンを地域にとって効果的な考え方やツールをもたらす存在とみなしていたこと、ＷＷＦがとってきたアプローチが地域にとって制御可能であり、新たに配置されるＷＷＦ職員も地域コミュニティの一員として受け入れて活用可能であることが十分に予想できたことが、ダイナミックな相互作用を拡大していくために重要な要因であったと思われる。

相互作用の拡大と深化

Ｂ氏が常駐するようになるのと相前後して、フォーラム鹿島の構成団体やガタリンピックにかかわる支援団体は、さらにダイナミックに、しかも多くの場合は内発的に、新たな活動を展開していく。そして、その多くにＢ氏が、主役ではなく後方からの支援者、アイデアの提供者としてかかわっていった。

フォーラム鹿島の支援団体であり、ガタリンピックの会場である「道の駅鹿島」を運営する七浦地区振興会は、ガタリンピックのアイデアを年一回のイベントにとどめるのではなく、日常的に干潟を体験できる機会を提供することを目指して、一九九七年から修学旅行などのメニューとして干潟体験プログラムを開発提供してきた（写真11-4）。Ｂ氏の参加を契機に、ガタリンピックでの干潟環境教育ブースの運営を通じて蓄積したノウハウを活用して、二〇〇三年からこれに環境教室のメニューが加わり、楽しみながら干潟環境への理解を深めるエコツアーとしての内容が整っていった。二〇〇四年には、干潟体験に有明海の伝統漁法や鹿島市の農業などの体験を織り込んだエコツアー商品として、「鹿島有明海堪能ツアー」をB氏と地域有志が主体となって企画した。この一連の取り組みが契機となって、現在では「七浦ニューツーリズム活動推進協議会」が組織され、農業体験(グリーンツーリズム)と干潟体験(ブルーツーリズム)を合わせた「ニューツーリズム」を地域ぐるみで推進する活動が展開されている。

写真11-4　干潟体験プログラムは，干潟環境教室とともに鹿島ニューツーリズムの重要なプログラムとなっている．

　フォーラム鹿島は、設立当初から地域間交流、国際交流を重要な課題として位置づけ、ガタリンピック自体もこのような交流のプラットフォームとして設計されていた。これにWWFジャパンのネットワークが加わることでさらに交流の輪が広がっている。二〇〇二年には、シギ・チドリ類ネットワークに登録された日本各地の自治体が集まる「シギ・チドリネットワークサミット」が鹿島市で開催されたが、その際には当時のフォーラム鹿島代表による「干潟を活かした地域振興と市民参加――鹿島ガタリンピック」と題した特別講演が行われ、鹿島市独自の取り組みと視点が全国に発信された。これは、鹿島市の地域コミュニティが、広域的な渡り鳥の生息地保全という大きな物語に飲み込まれるのではなく、干潟を活かした地域振興というみずからのフレーミングに、グローバルな視点を巧みに落とし込んでいることを示している。

また、WWFジャパンの活動サイトである石垣島白保地区との交流も活性化している。二〇〇六年から継続している「ふるさとの海交流会」は、サンゴ礁と泥干潟という大きく異なる沿岸環境を持つ地域の子どもたちが相互に訪問しあうという取り組みである。水の会が中心となって、石垣島白保のWWFサンゴ礁保護研究センターと協働して実施しているものだが、参加する子どもたち以上に、企画運営している大人たちが多くのことを学び、視野を拡大しているように見える。

このような地域外との相互作用を通じて、鹿島市の人びとは、外部からの多様な働きかけや「おせっかい」を、地域のフレーミングに照らして評価し、取捨選択する技を磨いてきたように見える。前出のA氏は、こういった外部からの働きかけは「基本的に来るものは拒まず」だと言うが、「自分のことだけしか語らない人は来なくなる」とも言う。つまり、地域コミュニティは外部との相互作用に関してオープンだが、相互作用が喚起されない相手とのかかわりは自然消滅していく、ということだろう。地域にグローバルなフレームを押しつけるのではなく、相互作用を楽しむことができる相手を、人びとが能動的に選択していると考えることができそうだ。二〇〇六年には、ガタリンピックの会場である七浦海洋スポーツ公園内に、佐賀大学干潟環境教育サテライト

「むつごろう館」が開設された。これは七浦地区振興会干潟体験事業部と佐賀大学の協働によって、干潟体験や干潟環境学習を含む「干潟エコツーリズム」の企画とその実践の拠点となることを目指す施設であり［佐賀大学有明海総合研究プロジェクト 2006］、環境教育とエコツアーの推進という関心を結節点として、大学と地域コミュニティの相互作用が活性化している。有明海の総合的研究を推進する近隣大学の施設ができ、レジデント型研究機関としての機能を果たしていくことで、グローバルな枠組みと地域との相互作用、および地域にとって価値のある新たな視点や知識技術の流入が促進されていくことであろう。

4 順応的ガバナンスを駆動する仕組み

本章では、佐賀県鹿島市における地域内外の相互作用の軌跡から、大きな物語との相互作用を通じて地域コミュニティにダイナミックな動きが生じる仕組みを探ってきた。鹿島市の事例は、地域組織をゆるやかにつなぐネットワークを基盤に、外部の視点をさまざまに取り込みながら、新しい取り組みを次々に試みて社会を柔軟に変化させているという点で、順応的ガバナンスが効果的に駆動されているケースであると考えてよいだろう。グローバルな環境保全を目指す環境保護団体が、その動きを阻害することなく、むしろ効果的に支援しており、それが環境保護団体にとっても新しい学習機会を提供し、グローバルな枠組み自体に変化を生じさせているようだ。このようなダイナミックな相互作用を通じた順応的なガバナンスが駆動された要因は、以下のように整理できる。

鹿島市の地域コミュニティの性質に着目すると、ガバナンスの中核となってきたフォーラム鹿島が、ゆるやかで柔軟なネットワーク構造を持ち、新しいアイデアや取り組みを実現しやすい組織であったことが重要な点であろう。それだけでなく、干潟を地域資源として活用するガタリンピックを核として、地域の未来に関するビジョンとソーシャル・キャピタルが形成されていたことも大きい。地域外からの働きかけに振り回されるのではなく、みずからのビジョンに照らして、地域資源を活用して対応していくための基盤を持つことが重要なのである。また、地域内外に対してひらかれた姿勢で、多様なかかわりを歓迎しながらも、慎重な取捨選択を通じてパートナーシップを構築していくアプローチがとられてきたことも、みずからのビジョンからぶれない対応を生んできたものと考えられる。

グローバルなビジョンの実現を目指して外部から鹿島市に働きかけてきたWWFジャパンについては、目標とアプローチに複数のオプションを持ち、地域とのかかわりのなかで柔軟に対応を調節できたことが重要だろう。この柔軟性があったから、環境保護団体としてのミッションや科学的なビジョンの性急な実現に拘泥するのではなく、地域のイニシアティブを支援する姿勢を貫くことができた。また、地域にさらに一歩踏み込んで、地域のステークホルダーとともに考え、活動する人材を提供したことも、信頼関係の構築に大きな効果があった。なによりも、地域の人びとの多様なアプローチから学び、みずからの活動を改善していこうとする姿勢が、ダイナミックな相互作用を促進してきたものと思われる。

筆者らは、持続可能な地域づくりを進める地域内外の科学者やステークホルダーが参加する全国ネットワークである「地域環境学ネットワーク」を二〇〇九年に組織して、地域のステークホルダーと科学者・専門家の協働のプラットフォームを構築してきた。また、ネットワークに集まった多数の事例をもとに、地域のダイナミックな動きを促進するためのヒントを集めた「地域と科学者の協働のガイドライン」を提案している［地域環境学ネットワーク 2011］。本章で明らかにしてきた鹿島市における地域内外の相互作用を通じた順応的ガバナンスを促進してきた要因は、このガイドラインとよく一致しており、かなりの普遍性を持つものと考えられる。また、その要因を裏返してみれば、ダイナミックな動きを阻害する要因を理解することもできるであろう。

鹿島市の事例はもちろんのこと、知床世界遺産地域などのような地域環境学ネットワークに集まった多様な事例は、さまざまな功罪を持つ外部からの影響と圧力が、むしろ地域の順応的ガバナンスのきっかけとなり、ドライバーにもなりうることを如実に示している。同時に、グローバルな枠組みを推進する組織や機関もまた、地域との相互作用を通じて、地域の経験や知識から学びながらダイナミックに変容し、それがまた地域への働きかけの変化を通じて地域コミュニティにフィードバックされている。解放系としての地域コミュニティを舞台に喚起されている、ローカルとグローバルという二項対立的な枠組みを超えた多様なスケールにまたがるダイナミックな相互作用に着目し、地域からグローバルまでのあらゆる階層で順応的ガバナンスを実現していく道筋を描き出すことにこそ、持続可能な地域づくりと地域からのボトムアップによる環境問題解決への鍵が隠されている(1)。

註

（1） 本章の研究の一部は、独立行政法人科学技術振興機構・社会技術研究開発センターによる「地域主導型科学者コミュニティの創生」プロジェクト、ならびに総合地球環境学研究所基幹研究プロジェクト「地域環境知形成による新たなコモンズの創生と持続可能な管理」による支援を受けて実施された。

第12章

持続可能性と順応的ガバナンス

結果としての持続可能性と「柔らかい管理」

●丸山康司

1 「堅い保全」と「柔らかい保全」

環境保全という大きな問題を解決するにあたって、協働やネットワークという取り組み方はどの程度有効なのだろうか。その成否を論じるには時期尚早ではあるが、各章で紹介されてきたように、ある程度、「成功」や「失敗」についての知見は蓄積されつつあり、議論を始めることは可能であろう。本章では、「堅い保全（あるいは管理）」と「柔らかい保全（あるいは管理）」を鍵として、持続可能性という視点から順応的ガバナンスについての論点を整理していくことにする。

従来の環境保全は、主として行政による規制や制度に依存してきた。これは近代社会における原則に則ったものである。人びとには基本的人権としての自由権や幸福追求権があり、これは公共の福祉に反しないかぎり尊重すべきものとされている。規制や義務は自由権を制限するものであるから、それなりの理由づけが必要となる。このような過程を経る必要はあるものの、いったんルール化されれば人びとの行為を強制することが可能になる。それゆえ、再発を防ぎ社会秩序そのものを維持するうえでは、一定の効果も期待できる。

環境の問題にかぎらず、近代社会における社会秩序はこのような仕組みによって維持されてきた。維持すべき秩序について厳密に議論し、合意されたものについては厳格にルール化するという意味で、「堅い管理」と呼べるであろう。こうした統治の仕組みは、社会問題の防止策として一般的には有効に機能する。現実に存在する無数の規制や義務は、少なくとも形式的には正当な手続きを経て定められている。公務員や専門家など、相当数の人びとが社会秩序を維持する役割を担う業務にあたっている。

ところが、このような秩序維持の機能が存在するにもかかわらず、社会の問題は次々と発生する。環境にかかわる問題に限定したとしても、近代以前から存在していた鉱害、高度経済成長期における産業公害、都市型公害、そして地球温暖化などの地球環境問題など、問題はむしろ拡大しているようにも見える。

これは行政の怠慢や企業の悪意など、単純な因果論で説明がつくものであろうか。あるいは人びとが問題と感じる事柄が多様化しているだけなのだろうか。そうであれば話は簡単であるが、「堅い保全」では環境と社会の関係を制御しきれないという構造的問題にも注意する必要がある。

2 市場の失敗と政府の失敗

端的に指摘されているのは「市場の失敗」や「政府の失敗」という問題であり、これを補完するために多様な主体による協治（ガバナンス）が必要とされている。「堅い保全」との対応でいえば、「柔らかい保全」ということになるだろう。

市場経済や民主主義といった近代社会の仕組みには、社会秩序を維持させる機能がある。市場の価格調整機能には適切な資源利用を実現する効果を期待できるし、民主主義は人びとが望むルールを導入するための仕組みである。それにもかかわらず問題が発生し続けることを構造上の欠陥としてとらえるのが、「市場の失敗」や「政府の失敗」という考え方である［金子 1998］。環境の問題は一つの典型例であり、既存の社会的仕組みと環境との齟齬が指摘されている。

経済主体は往々にして、長期的な持続可能性よりも短期的な利益の最大化を目指す。そこに直接、影響を与えるのは市場経済の仕組みである。だが、市場には外部性という問題があり、経済的な取引の結果として第三者に生じる廃棄物問題などの不利益を十分に制御できない。これを補完する機能を担いうるのは政府や自治体などであるが、規制的政策を遂行するための根拠づけは容易ではない。とくに困難なのは、問題の影響範囲が広い場合であり、意思決定に直接関与できる主体と、その影響を受ける主体の齟齬が発生する。近年、問題となっている気候変動や生物多様性は、将来世代の利害にも大きく影響する問題であるが、彼らの利害を直接反映させる社会的意思決定の仕組みは存在しない。

このような事情があるため、環境の問題においては市場や政府が機能不全を起こす場合がある。そもそも、市場や民主主義は正しいことを保証する仕組みではない。個人や社会が間違った判断をしたときには、その人たちが報いを受けるシステムである。その結果として、全体としての社会秩序が維持される仕組みだといえるだろう。それが個にとっても妥当であるとはかぎらないという意味で、個と全体の間に本質的な緊張をはらんだ仕組みである。

現代社会に特有の問題は、社会経済活動の物理的な影響範囲が拡大していることである。私たちの身体は空間的にも時間的にも一定程度制約されている。それにもかかわらず、その影響範囲は空間的には地球規模まで広域化し、時間的にも人の一生を超える期間にまで長期化している。このため、生身の身体を持った個人が合理的に判断したとしても制御しきれない問題が起こりうる。

その間接的要因となっているのは科学技術の発展である。近代以降、技術と社会は相互に影響を与えながら変化してきた。たとえば、人や物資の移動を容易にする技術が発展することによって物やサービスの流通範囲は広がり、経済活動は拡大してきた。別の見方をすれば、技術は社会のあり方を変えながら社会に普及してきたともいえる。自然からより多くの恩恵を引き出し、災いを制御しようとする発想そのものは伝統社会にも存在する。ただし、それが社会そのものの大規模な変化をともなう技術システムとして広く普及するようになったのは近代以降のことである。

近代技術の基本的発想は、人間の望むさまざまな機能を人工的なシステムによって実現することであり、それが自然の仕組みに対して自立的、閉鎖的に機能する方向で発展してきた。エネルギー技術はその典型であり、化石燃料や原子力といった高密度のエネルギー資源を利用することによって、人びとの要求は実現可能になった。

このことは、もともと存在していた自然システムによる制約から人間を解放したことも意味している。程度の差こそあっても、私たちの日常は多種多様な技術システムに支えられており、これに依存せずにいられる人は相当かぎられている。

このような状況において、「堅い管理」は機能不全を起こしやすくなっている。判断や行為の影響範囲と生物としての人間が生きている時空間の範囲との重なりが大きい場合には、従来の仕組みは十分に機能するだろう。だが、気候変動問題を典型例とするような地球環境問題は、時間レベルでも空間レベルでもその範囲を超えた領域における現象である。空間レベルでは地域間の、時間レベルでは世代間における利害の齟齬が発生する可能性を常にはらんでいる。私たちは、自分たちの行為や不作為の結果として影響を受ける他者のことをどの程度配慮できるかという倫理の限界と、どのような影響をもたらすのかについて考える想像力の限界の二つに直面していることになる。

3 「柔らかい管理」の可能性

社会経済活動の影響する時空間が広がると、想定すべき影響も多岐にわたってくるし、その予測も難しくなる。このため「堅い管理」は機能しにくくなる。こうした不確実性の問題への対応が「柔らかい管理」の背景となっている。

「堅い管理」においては、①生命健康などの自明視されている「公共の福祉」に反する行為を、②科学的知見も用いて合理的に検証し、③必要とされる対策については規制や技術的対応などを用いてあまねく適用するという方法がとられてきた。問題は、このような前提が妥当しない場合である。生命健康への直接的な悪影響という明確な問題として顕在化した環境問題は、現在では生活の豊かさといった漠然とした理念に至るまで相当な広がりをみせている。また、利害関係の当事者となりえる主体も多様化してきた。問題の多様化と当事者の多様化は連動しており、人びとの考え方やものの見方が多様であれば、そのぶんだけ問題視される事象が存在する可能性も高くなる。このような状況のなかで、「公共の福祉」について一律に定義することは困難である。

こうした広がりのある問題に対して、「堅い管理」が依拠する科学的知見が機能する範囲はかぎられている。科学が本来得意とするのは普遍性のある知見を得ることであるが、そのためには対象や手法を限定するといった条件づけが必要となる。そのような条件つきの知見だけでは、現実に起こっている出来事を十分に説明できない場合も多い［平川 2010］。さらに、こうして得られた知見に意味を与えることは科学ではできない。たとえば、ある生物が絶滅する可能性を明らかにすることは可能であっても、それが問題であるとみなすのは価値判断であり、これ自体は科学ではない。現実の問題は、さまざまな事実認識と価値判断が渾然一体となっている。問題とされる事柄が多様化するなかで、どの問題をとくに重視すべきか、あるいはそもそも特定の問題を重視すべきかどうかという問いに応えられるような科学は存在しない。

このように、「科学に問うことはできるが科学だけでは答えることができない問題」の所在は以前からも指摘されてきた［小林 2007］。近年の環境問題においては、科学に問うことすら困難な場合が存在する。一つの鍵になるのは不確実性である。これはさまざまなレベルで存在するが、現在の環境保全で問題となることの多くは、

・何が起こりうるかわからない（事象の想定における不確実性）
・その結果、誰に対してどのような影響が出るのかはわからない（当事者の不確実性）
・その問題が本当に起こるかわからない／いつ起こるかわからない（予測の不確実性）

という整理が可能である。このうち、予測の不確実性は科学の営みとしても困難な課題であるが、事象や当事者の想定は科学というよりは想像力と価値判断の問題である。

以上に述べたような状況を背景として、「柔らかい環境保全」の必要性が指摘されるようになっている。全体として不確実性が低い場合には、誰がどのように判断しても同様の結果になるので、確実な情報収集にもとづいて確実な対応をとる「堅い管理」が有効である。その一方で、不確実性が高い場合には、多様な主体の協働による「柔らかい管理」が機能しやすい。何が重要な問題であるのか、また、重要な問題だと判断された場合にどのような対応をとるのか、という問いに対する判断は、本質的には社会的合意によってしか決められない。こうした場合には、消極的な意味

でも積極的な意味でも多様な主体が協働しながら事実認識と価値判断を共有する必要がある。断片的な知見も、集約すれば一定の幅と厚みを持つ情報になりうる。人びとの多様な価値観にも重なりが存在することがある。あるいは自分にとっては重要な問題ではなくても、他者にとっての重みやその背景を理解することによって、何らかの共通認識に至る可能性もある。さらに、これらの過程を共有することによって、問題とされている課題を組み替え、望ましい解決を志向するということも可能であろう。このように、熟議を通じて事実認識、価値判断、課題設定を含む問題解決を組み替える「柔らかい保全」が、不確実性への対応方法として一定の効果を期待できるであろう。とくに、具体的な人やモノが想像可能で、関与する利害関係者(ステークホルダー)が網羅されている場合には、「柔らかい保全」が有効に機能する可能性が高いであろう。

ただし、この方法は万能ではない。単に話し合いや参加の機会を設けるだけでは、問題意識が高かったり不特定多数による議論の術に長けている人の影響力が強くなってしまうことがある。その人たちが想定していないような形で、思わぬ利害関係者が存在している可能性にも注意する必要があるだろう。これを補完する取り組みとして、たとえば市民による聞き書きのような形で、表面化しにくい情報を集めるような方法も必要だろう。

このような条件はあるし、熟議には手間ひまも必要である。それにもかかわらず、複雑な問題を複雑に解決する「柔らかい管理」が合理的な課題は存在する。複雑な現実のなかで問題を解決しようとすると、さまざまな局面で社会的合意でしか決められない問いが発生する。どのような問題を重視するか、事実認識に幅がある場合にどのような事象に警戒すべきか、それはどの程度避

表12-1　「堅い管理」と「柔らかい管理」の違い

		堅い管理	柔らかい管理
事実認識	枠組み	グローバル	ローカル
	想定する因果関係	線形	非線形（複雑系）
	事実認識の不確実性	低い	高い
	専門家の役割	権威 意思決定の根拠	情報提供 問題提起
価値判断	問題関心	生命健康	人間の福利
	問題解決の選択肢	唯一解が求まる	多数の解が併存
	合意形成の根拠	合理性	妥当性
	価値基準	普遍的	多元的
問題解決	問題解決の進め方	計画的	順応的
	手段	技術・規制的制度	社会的仕組み（誘導的制度・社会運動）
	利害関係	単純	複雑

けるべきか、そのためには何をどの程度規制すべきかというように、課題は連鎖的に発生する。それぞれの問いは独立しているわけではない。何かを規制すれば、それにともなう不都合や不利益が誰かにおよぶ場合もある。規制しないことによっても、誰かに不利益をおよぼす可能性がある。こうした複雑な問いに対して、「堅い管理」が依拠するような科学だけで答えるのは困難である。現在、私たちが直面している環境の問題の多くは複雑であり、多様な問題を同時に考慮する必要があるため、「柔らかい管理」が必要な場合は多い。

両者の違いを対比させるためにまとめると、表12-1のようになるだろう。

それぞれ、左側が「堅い管理」、右側が「柔らかい管理」を想定している。注意しなければならないのは、かならずしも前者が悪くて後者が良いというわけではないということである。問題の性質に応じて各項目について検討し、最適な組み合わせを探る必要があるだろう。その意味では、「堅い管理」を一つの手段として含む「柔らかい管理」ということになる。

当然のことながら、このような問題解決は対象範囲が広くなるほど難しくなる。だが、問題には常に具体的な現場が存在している。「自然」や「環境」は問題を普遍的にとらえるために使われている概念にすぎない。一見したところ共通の問題として扱うことが可能そうな課題であっても、実際には個別具体的な要素をかならず含んでいる。これは持続可能性のような抽象的な問題でも同様である。たとえば、日本のエネルギー自給率は四パーセント程度であるが、都道府県別にみると、〇・三〜二五パーセントという開きがある。自分の地域だけがよければ他がどうなろうと構わないという考え方が許されないとしても、背景となる事情が異なる以上、ものの見え方そのものは異なってくる。生物多様性のような課題の場合には、地域の固有性はより顕著である。どのような単位で見ても同一の生態系は存在しないし、相当類似したものが存在したとしても、そこにかかわる人びとは異なっている。同じ自然物から人びとが見いだす価値が同一である保証もない。現実は常に具体的に存在しているのである。

4 価値の多様性と多元性

こうして考えていくと、「堅い管理」は個別性を捨象することによって成立しているといえるだろう。あるいは、むしろ公権力による統治を基本とする近代社会の仕組みと整合するように、現実の多様性を単純化してきたともいえる。それゆえ、近代社会においては、基本的問題関心は生命・健康・財産といった権利に限定され、これらを阻害する要因を科学的に明らかにしたうえで抑制するという対策を講じてきた。人びとの行為を制御しようとすれば制度的な対応となるし、技術開発によって問題となる要因を直接制御しようとする方法も存在する。いずれにせよ、そこに通底するのは、明確な問題に対して一律に対応するという発想である。

環境の問題に即していえば、人間と自然の関係を資源（Goods）とゴミ（Bads）の問題に置き換え、その利害関係を解決するという課題設定を行ってきたということになる。私たちが必要とする資源の多くはかぎりがある。このため、利用したくても利用できない人が出てくるし、資源を使った結果として不要物が出てくる。これが直接誰かの迷惑となるゴミに転じる可能性がある。あるいは、物質的な反応の結果として誰かの迷惑になる可能性がある。公害問題から地球温暖化に至るまで、環境問題を示す概念は多種多様であるが、資源とゴミをめぐる利害関係の解決という課題に置き換えることが可能であるという点で共通している。資源やゴミとされているモノの認識に疑う余地がないかぎり、このような対応は機能する可能性がある。

問題は、こうした対応が結果的に自然物や人工物の価値や意味を単純化してしまい、潜在的可能性も含めて多様な現実との齟齬を拡大してしまうことである。これは「堅い管理」だけではなく、市場の機能としても存在してきた。物質的な存在としてのモノが持つ意味や機能は、多様な可能性を持つ。そのなかで現実に存在するものの大半は、市場・習慣・文化・制度といった仕組みが媒介している。これらの仕組みはモノから価値を顕在化させる機能を持つが、その逆に価値を限定する機能も持つ。市場の仕組みのなかでは、狭義の金銭的価値を持たないモノは資源ではなくなるし、狭義の社会問題として定義可能な事象をもたらさないモノは有害なゴミとしては扱われない。

実際には、同一のモノから多様な価値が同時に見いだされることも多い。こうした多様性をもたらすのは、人びとの多様な価値観と多様なかかわり方である。たとえば、ある人は森を見て木材の原料だと思い、ある人は燃料だと思うかもしれない。またある人は洪水を防ぐ機能を見いだしたり、酸素供給の機能に注目するかもしれない。野生動物の住処《すみか》ととらえる人もいるだろう。そのすべての機能が調和的に共存するわけではない。むしろ相矛盾することの方が多いかもしれない。木材として適当な樹木と野生生物が必要とする樹木の種類は異なることがある。これが両立するとしても、木材として使うためにはどこかのタイミングで樹木を切り倒す必要がある。この場合、程度の差はあっても野生生物の住処としての機能は損なわれることになる。このように、自然物というモノに特定の価値を見いだすことによって、別の価値が損なわれるという問題が発生する。また、自然の価値は肯定的なものにかぎらないという問題もある。現在、日本各地で問題となっている鳥獣害問題のように、一般的には貴重で保護すべきと考えられている野生動物によって人間が被害を受けるという矛盾も存在する。さらに、人間がかかわることによって維持されてきた二次的自然のように、燃料などの資源として利用するための行為が、副次的な効果として生物多様性という別の価値を生み出していたような場合もある。

モノがどのように認識され、その結果、資源とみなされるのか、またどのような資源とみなされるのか、あるいはみなされないのか、さらには排除すべき有害なゴミとみなされるのかという認識は、現実的にはさまざまな事柄によって規定されている。個人レベルでは、自然物との具体的な関係の結果として存在する経験則がある。これは社会的に規定されたり方向づけられたりもしている。そのなかには、習慣や文化のように明示的には定義されていないものも存在すれば、社会制度や技術といった堅い仕組みとして存在するものもある。

このような関係性のなかで、多様なモノの価値は存在している。そのなかで現在、社会で共有されているような認識が合理的であるとはかぎらない。また仮に、現在において合理的であったとしても、将来にわたってそうあり続ける保証もない。

5 抑圧的環境保全からの解放

ここまでの議論を踏まえると、資源やゴミへの現状の認識を前提とした利害関係を解決する「堅い保全」の限界も明らかになる。複雑な現実を単純に制御することは実務的に難しいだけではない。その過程でモノの持つ多様な価値を単純化してしまい、そこにさまざまな齟齬が発生する。また、モノの価値の潜在的な可能性を狭めてしまうことにもなる。「柔らかい保全」は複雑な問題を複雑に解決する方法であり、そこに積極的な意義を見いだせる。とくに、これまでの社会において自明視されてきた価値や制度の正当性に懸念が存在する場合には、「堅い保全」は変化に対する脆弱性を意味してしまう。逆に、モノに対して複数の価値が多様な形で併存していることは、社会全体に多様な選択肢が存在していることになる。多様性を維持するということは、さまざまな矛盾を内包しているということでもあり、その意味では効率的ではない。だが、矛盾が存在しないことをよしとすること自体も、一つの価値意識にほかならない。このことが「市場の失敗」や「政府の失敗」の背景になっているということに注意する必要があるだろう。

すでに述べたように、「柔らかい保全」は具体的な現場が存在するところで機能しやすい。自然再生や野生復帰といった直接的な取り組みも存在するし、生物多様性の観点から注目されるようになった里山保全、さらには農業や林業に都市住民が関与する取り組みなども生まれてきている。あるいは、再生可能エネルギーの導入のように、開発という側面を含む環境保全策も存在する。

その多くはローカルな取り組みであるが、単に問題解決の単位を狭く閉じた実践であるわけではない。たとえば農林漁業における認証制度のように、環境配慮を促す広域的な「柔らかい保全」も存在する。これらの仕組みでは、従来のやり方に対して制約を設けようとするよりは、望ましいあり方を具体的に条件づけ、それに対してプレミアを認証するという方法をとっている。設定する条件の内容にも多様性があり、有機農法の認証のように生産過程に限定したものもあれば、森林認証のように地域住民との合意といった社会的配慮までを含むものもある。あるいはフェアトレードのように、生産地における利益の配分といった社会的問題に注目した仕組みも存在する。その評価方法もさまざまであり、第三者機関による認証のようなものばかりではない。有機農法の生産者と消費者がコミュニケーションを通じて納得し、当事者間の合意として認証するというものもある［枡潟 2008］。

これらの取り組みが具体的にどの程度普及するのかという実効性については、今後検証していく必要があるだろう。ただし、その発想には注目すべきものがある。具体的には、①「堅い保全」における社会全体の合意形成という問題を回避している、②大きな価値観への転換をかならずしも前提としていない、③モノの全体性の回復、という三点が挙げられる。

まず、合意形成の回避について考察しよう。不確実性が存在するなかで、「堅い管理」を必要とするような望ましくない事象を合意することは容易ではない。だが、だからといって放置することが妥当であるとはかぎらない。このような状況に対して、「柔らかい保全」では、望ましい取り組みを促すという方法を試みている。これは一定数の当事者の合意があれば、そこから実現可能である。結果的に「堅い保全」において障害となりやすい議論を迂回しつつ、むしろ社会的望ましさにもとづいて具体的な行動を促すことが可能になる。

このことは、二つめの価値観の問題とも関連している。「柔らかい保全」においては、社会全体が共有可能な大きな価値観への転換をかならずしも前提としていない。個々の主体が重視する価値そのものは尊重しつつ、これと整合するような形で問題の構造を組み替えようとしている。たとえば、企業にとっての主たる関心事は経済的利益の追求であるが、それ自体の転換を求めるというよりは、社会の仕組みの方を変えようとしている。「市場の失敗」が示すように、企業という経済主体にとっては、追加的な費用をともなう環境配慮に積極的な意義を見いだしにくい場合がある。先進的な取り組みを行うことによって、同業他社との競争力をそぐ結果になることもある。こうした状況に対して、画一的な対応を求める制度を導入することは一つの解ではある。ただし、それと並行して、環境負荷を減らす取り組みを行うことが経済的利益につながるような社会の仕組みを整えるという方法にも合理性があるだろう。環境配慮の優先順位が高くはない主体も存在するという前提のなかで、問題解決に資する具体的な取り組みを進めようとしている。

もちろん、価値観の転換を放棄しているわけではない。ただし、「柔らかい保全」の問題関心は、意識よりも行動にあるといえるだろう。これが三番目の特徴であるモノの全体性に関係してくる。環境保全における問題の要因となっているのは、具体的な行為や不作為である。意識の変化はこうした行動面での変化を促す一つの要因ではある。ただし、それがこれまでの社会のあり方への反省や将来に対する不安といった問題意識にもとづいている必要はない。自然とのかかわりにおける精神的豊かさ、具体的取り組みを通じた問題解決への有効性の感覚など、多様でありうる。そこにみられるのは、単一の強い価値観にもとづいて人びとの行動の変化を促すというよりは、複数の価値を顕在化させることによって多様な人びととの価値観との対応関係を最適化しようという発想である。これは人びとの行動の変化を促すうえで実効的となる可能性もあるが、資源やゴミとして断片化されていたモノの全体性を回復するという点での意義がある。相矛盾するものも含めた多様な価値が存在するのがモノである。市場をはじめとする社会制度は、モノが潜在的に持つ価値を単純化、あるいは断片化しており、これが「失敗」の背景となっている。資源やゴミという現在の価値づけには回収されえない可能性を秘めているモノもあり、その可能性を顕在化させることも資源とゴミというジレンマを解く鍵になる。

6 結果としての持続可能性と「柔らかい保全」

ここまでは、「柔らかい保全」が「堅い保全」を補完しうるという意味での有効性について述べてきた。後者の失敗を前提としているという意味で、「柔らかい保全」の消極的な必要性について指摘したことになる。ただし、このアプローチは「堅い保全」と比較して機能しやすいという理由で必要とされるわけではない。むしろ積極的な意味で必要とされる場合がある。

典型的な例は「持続可能性」という課題である。よく使われている用語ではあるが、具体的な内容がかならずしも明確に定義されていない点に特徴がある。これが政策的な用語として広く用いられるようになったのは、一九八八年における国連の「環境と開発に関する世界委員会（ブルントラント委員会）」が始まりである。そこでは、「将来世代のニーズを損なうことなく現在の世代のニーズを満たす開発」と定義されている。実は、ここでいうニーズは特定されているわけではない。というよりも、特定することが不可能なのである。もちろん、たとえば生態系サービスという概念のなかで列挙されているような諸機能は存在する。その先には私たちの豊かさ（人間の福利）があり、生活のための基本資材、安全、健康、社会的絆といったものがニーズとして指摘されている［Millennium Ecosystem Assessment 2005＝2007］。けれども優先順位は設定されていないし、事実上不可能である。現在世代である私たちの問題に限定しても、人びとが何を重視するのかは相当多様である。ましてや将来世代のニーズのなかには、現在世代の人びとが想像できないものが含まれている可能性がある。

その一方で、人びとのニーズに対して無限に応えることが可能かといえば、それも不可能である。いうまでもなく、資源制約の結果としてモノの絶対量が不足する可能性がある。あるいは、モノの利用にともなうトレードオフ(二律背反)の結果として、すべての人のすべてのニーズに応えることが不可能になる可能性もある。

実際のところ、持続可能性という課題は、世代間や世代内の緊張をはらんでいる。将来において発生しうる多様なニーズの選択肢を最大化しようとすれば、現在世代に何らかの負担が発生する。もちろん、現在世代の人びとの暮らしに余裕があれば、配慮として負担を引き受ける可能性はあるが、それで問題が解決するとはかぎらない。その一方で、現在世代のニーズを最大化しようとしたりリスクを最小化しようとすると、それは将来世代の負担となる。同様の緊張関係はもちろん現在世代の間にも存在するが、当事者の発言を聞いたり現実を見たりすることができないぶん、世代間をまたぐ持続可能性はより困難な課題となっている。

緊張をはらんだ持続可能性という課題は、もはや「堅い保全」では対応不可能である。ニーズの可能性を担保する最低限のモノは必要であるとしても、そこから誰にとってのどのようなニーズがどの程度引き出されるかについては未知のことが多く、私たちの想像力に相当依存している。それゆえに、多くの人にとって優先順位の高い課題として認識されるとはかぎらない。これはかならずしも道徳や感性の問題とはいえず、人びとの賛同に過剰な期待を持つべきではないであろう。

むしろ、さまざまな形で問題構造をずらすという意味も含めた「柔らかい保全」が必要となる。本書の各章で指摘されているような「翻訳」や「飼いならし」といったキーワードに沿って考えてみよう。

一つの可能性は「翻訳」である。これはグローバルかつ長期的な課題の解決を、ローカルな利益と直接結びつける方法である。単純な例でいえば、再生可能エネルギー事業などが該当する。これは気候変動の抑止といった長期的な課題の解決手段でもあるが、やり方によっては地域での雇用をともなう産業振興になる可能性がある。あるいは有機農法もこうした解釈が可能である。社会全体のニーズは生物多様性の維持であり、その手段として有機農法への期待があったとしても、担い手の主たる動機は生計の維持ということはありえる。このような取り組みは金銭的対価も目的に含まれるため、不純であるという解釈も成り立つかもしれない。けれども持続可能性という課題の性質を踏まえると、モノとしての自然物に価値を見いだして資源とする営みそのものの継続性も問われてくる。その選択肢として生業化や産業化を無視するべきではない。

「翻訳」とならぶもう一つの可能性は「飼いならし」である。「翻訳」が成立する一つの条件は、環境保全に資する取り組みの継続性が経済的裏付けによって担保されていることにある。再生可能エネルギーや有機農法のように、狭義のビジネスとして成立する場合には、生業としての取り組みをともなう「翻訳」が機能する。だが、実際にはそうではない場合も多い。そこでは迂回的な問題解決としての「飼いならし」が必要となる。

方法はさまざまであるが、端的にいえば自然の価値の多機能化によって保全に資する行為の動機づけを多様化することである。一つひとつのニーズはかならずしも大きくなくても、より多様な人びとの部分的関与を引き出すという方法である。具体的には、環境保全が生み出す波及効果に注目する方法と、環境保全の過程で必要とされる行為の価値を多様化させる方法がある。前者の典型例は、地域づくりと結びつける方法であろう。たとえば、自然再生の取り組みにおいて、農業者など一次産業にかかわる主体の協力が必要となる場合がある。これが農業者の直接的な利益とはならず、彼らの協力を得られないことも多い。その一方で「○○を育む」といった生き物ブランドや地域ブランドの創成という波及効果へと結びつけ、そのことによって、農業経営にも資するという例が存在する。あるいは農業資材や労力の低減という農業経営的なメリットが生じることもある。このように異なる価値を創造したり認識するという方法がある。そこでは相異なる利害関心を持つ人びとによる「同床異夢」のような状態が存在するが、結果的に持続可能性の向上に資する内在的動機を引き出しているという意味で合理的である。

これらはどちらかといえば地域内部での多様な主体の関与が実現しているものであるが、地域をまたぐ形での人びとの関与を実現する方法もある。たとえば里山保全のような取り組みにおいて、それ自体は金銭的な価値を生み出さないことも多い。けれども、レジャーとしての山仕事、人びとの交流、子育ての一環といった価値をともないながら、周辺住民以外の人びとの関与を実現している例もある。前述した有機農業にしても、実際には農産物そのものの価値以外に、耕作地の生態系の維持や改善への賛同、あるいは生産者と消費者の間の結びつきといった価値をともなった結果として経営が成立している場合もある。

持続可能性の実現に資する取り組みはさまざまであるが、単独で生業として成り立つ場合もあれば、付加価値を必要とするものもある。いずれにせよ、長期的視野における必要性への認識だけではなく、短期的な利益をともなうさまざまな迂回路が存在する。長期的かつ広域的な問題設定である持続可能性という課題は、直接的経験によって認知しにくいという意味で非日常的な論理である。これを相対化しつつ日常性へと結びつける方法が、「翻訳」であり「飼いならし」だといえるだろう。

そもそも、何かが持続可能であるということは、それが固定的な状態にあることを意味しない。生態系は常に変動するし、社会も常に変動している。現在の社会を構成するのは生身の生物としての私たちであるが、その身体は日々変化している。考え方や情緒も一定ではない。変化していることが常態である。その意味で、堅牢な構造物のように個別具体的なものが固定的に維持されている状態として持続可能性を定義することは妥当ではない。むしろそれぞれが変動しつつ、そのことが矛盾やひずみを吸収する柔構造が維持されている状態として定義するべきではないだろうか。このことによって多様な要素がもともと備えている変動の可能性が担保されるからである。

持続可能性をこのようにとらえると、身近な利益に動機づけられつつ、結果的に環境保全的に機能するような行為はむしろ必要とされている。もちろん、モノとしての環境を維持するうえでは非効率的であるかもしれないし、相矛盾する価値をめぐって人びとの合意形成が壁となる可能性もある。だが、そこに何らかの肯定的な価値が存在したり創造されているかぎりは、それを守るべき理由が見いだされる可能性も常に存在する。人びとのニーズが確定できないということは、多様な可能性を秘めていることでもある。

環境保全の道筋は決して一つではないし、一つであるべきでもない。人びとの積極的関与という意味では継続性に期待できる道筋も存在する。多様な方法を試しながら、結果としての環境保全を実現するというシナリオを描いていくことが必要とされているのであろう。

終章

「ズレ」と「ずらし」の順応的ガバナンスへ

地域に根ざした環境保全のために

宮内泰介

1 環境保全の活動には幅広いズレが存在する

環境保全の活動を行うことは当然だし、環境保全とはどういうものなのかは決まっている、と考えている人たちにとって、この本で取り上げたような内容は、もしかすると少し意外に感じられるかもしれない。しかし、現場をよく見ている者は、こうした事例があちこちに存在していることに気づいている。

よかれと思って進めている環境保全の政策が地域住民の反発に遭ったり、環境保全の活動同士が対立したりといったことは決して珍しいことではない。しかも、それは単純に「環境」対「経済」の対立でもないし、単純な「よそ者」対「地元民」の対立でもない。

第1章で富田涼都は、霞ヶ浦の自然再生事業において、「失敗を認め、その次に生かす」という、「順応的管理」の視点からはまったく正しい行為が、地域住民の反発を受け、にっちもさっちもいかなくなった事例を描いている。専門家たちは、住民たちの反発に対して、「順応的管理」というものを理解してもらえていないとか、「住民はゼロリスクを求めがちだ」などと考えてしまう。しかし、富田の研究によれば、そうした見方は実は的外れである。住民(とくに漁業者)は生活のなかで実質的な順応的管理を行ってきた。住民の批判は、順応的管理そのものではなく、誰が「失敗」のリスクを背負うのか(住民のみがそのリスクを背負わされる理不尽さ)、ということとその納得のプロセスの欠如への批判だった。

第2章で鈴木克哉は、獣害に悩まされる地域を取り上げ、そこで、新しい考え方である「獣害に強い地域づくり」を地域に適用しようとするが、なかなかうまくいかない様子を描いている。獣害に悩まされているはずの地域住民が、なぜ獣害対策に熱心ではないように見えるのか。実は住民には住民の論理がある。獣害には困っているが、その対策を本格的に行うには費用対効果が薄く、また高齢化が進むなかで、ある程度は獣害を許容するしかない事情も存在する。正しい対策である「獣害に強い地域づくり」がかならずしも地域の文脈では正しくないこともある。そこのところのズレがかえりみられず、「正しい」対策を押しつけられそうになると、「とにかく害獣を捕獲しろ」という先鋭化した住民の声となってしまう。そしてそのことがますます行政と住民との間のズレを拡大させることにもなる。

第3章で二宮咲子は、希少種であるタンチョウの保護増殖の試みが、地元の酪農家たちの反発を受けている例を描いている。それだけを聞くと、「環境」対「経済」というよくある図式のように思えるが、二宮は調査から、生活向上のために努力してきた酪農家の営為があり、そのなかにタンチョウとの共存の試みもあったことを明らかにしている。しかし、その営みと、近年行われている「希少種保護」としてのタンチョウ保護との間にはズレがあり、そのことが酪農家たちの反発を招いている。

第7章で福永真弓が取り上げているのは、もう少し微妙で複雑なズレだ。米国北西岸の先住民族ユロックの人たちは、サケの「保護」の動きに対抗するため、近代的な文脈に合わせる形で「伝統的かつ科学的な資源管理」を構築し、それによって自分たちのサケ漁を守ってきた。そうやって科学的な管理のあり方を取り込んできたユロックの人たちだが、そのことが逆に自分たちの身体的かつ全体的な環境とのかかわりを少しずつすり減らしてきた。

第9章で松村正治が取り上げているのもそれと近いズレの話だ。先進的な取り組みとして喧伝される横浜の里山保全の試みの裏で、当事者たちが違和感を感じているさまが描かれる。市民参加で計画を立て、しかもアクター間の民主的な協働により、順応的管理の手法による里山保全を実現していく。そこには今日的な環境保全の「正しい」モデルが実現している。しかし、当事者たちは違和感をもち、いらだちを感じている。自分たちの豊かな生を求めて始めたはずの里山保全が、「公共的」な役割のなかで、自分たちをすり減らすことになっている。「私はこういうことをやりたかったわけではない」という声。松村の分析によれば、それは、里山保全にかかわる当事者たちの思いと、それについて広く公共に説明責任を負うという義務との間に大きなズレが生じているということに起因している。

このように、環境保全の現実には、広範な「ズレ」が存在する。序章で私は、「科学の問いと社会の問いのズレ」および「市民参加や合意形成におけるズレ」という二つのズレを指摘したが、現実には、さらに広範なズレが存在していることが本書で明らかになった。グローバルな価値とローカルな価値のズレ、地域のなかにあるさまざまな価値の間のズレ、制度と実態のズレ、公共的な目的と個人の思いのズレ、など多様なズレが存在している。

環境保全政策と地域住民の間のズレ、というと、理想を掲げる環境保全と実利的な地域住民という図式で描かれやすいが、現実はそうではない。各章で描かれてきたように、住民たちも実は環境保全の営みの歴史をもっている。しかし、それと近年の環境保全のプロジェクトがうまく接続されず、ときに対立構造をもたらしている。住民たちの環境保全はいわば「埋め込まれた環境保全」である。そして、その埋め込まれ方も、社会の変化に応じてダイナミックに動いている。そのダイナミックな「埋め込まれた環境保全」と、科学的で「公共的」な環境保全との間に生じたズレが、本書で描かれている多くのズレである。

2 ずらす——複数の解と多様な道筋

しかし本書は、そのズレを告発し、だから環境保全はダメなのだ、と主張する本ではない。むしろズレがあるのはよいこと、ズレは宝、と考えたい。そのズレをちゃんと認識し、フレームをずらしながら協働で前に進むことを提唱したい。

第7章で福永真弓は、先住民たちが、公的な場面でシンボリックに扱われるサケに代わり、日常の生物であるヤツメウナギ(ミツバヤツメ)をシンボリックに利用することで、自分たちと自然とのかかわりの全体性・身体性を回復させようとしているさまを描いている。それは資源管理のプロジェクトとか自然再生事業といったパブリックな試みではなく、もっと日常的なレベルで繰り広げられる営みである。

第3章で二宮咲子は、「タンチョウのえさづくりプロジェクト」という、タンチョウの保護増殖の視点からは大きな効果を期待すべくもないプロジェクトが、しかし、酪農家たちとの軋轢を解消する可能性があると希望的に論じている。酪農家たちはタンチョウ保護というよりも地域振興の観点からこのプロジェクトに参加しているが、体を使って一緒に作業をすることが、タンチョウの保護を含めた今後の地域づくりにつながっていくはずだと論じる。

第10章で清水万由子は、サンゴ礁保全を使命として地元に入り込んだ「WWFサンゴ礁保護研究センター」が、サンゴ礁保全とは一見関係がなさそうな、日曜市や地域の歴史の掘り起こしなどを行うことによって、サンゴ礁保全を地域づくり全体のなかに埋め込もうとしているさまを描いている。

第2章で鈴木克哉も、獣害対策の事業を、獣害だけにとどめておくのではなく、積極的に地域再生全体へずらしていくことを提唱している。獣害対策を、地域が抱えているさまざまな課題に結びつけること、そのために人材や制度を柔軟に配置していくことが大事だと論じている。

こうした試みは、第12章で丸山康司がいう「身近な利益に動機づけられつつ、結果的に環境保全的に機能する」ということである。一つの解しかないと考えると、しくみは硬直化し、活動は行きづまる。そもそも環境保全そのものに複数の解が存在し、またそこへの道筋も多様である。科学的でモデル化された活動は、そのことを忘れがちになる。そこでズレが出てくる。そのズレを認識し、道筋を少し変えてみる、ずらしてみることが必要になってくる。

3 多声性と質的調査――地域の視点を掘り起こす

ずらすことは、環境保全を地域の実情のなかで再編成していくことである。したがって、「ズレ」から「ずらし」へのプロセスのなかでは、まずもって地域からの視点、生活者の視点に立つということがスタートになる。地域社会にとって重要なのは環境保全だけではない。地域社会は多面的であり、そこから環境保全の側面だけを取り出しても意味がない。生活者が有する全体性のなかで、もう一度、環境保全を位置づけてみるとどうなるか。地域の課題全体から環境について考えた場合、どう位置づけられるか。そこがまずスタートポイントになる。

もちろん、地域社会も一枚岩ではない。むしろ一枚岩ではないのが地域であり、人びとの生活である。多面的な「生活」から、進めているプロジェクトに適合的な側面だけを取り出すことは避けなければならない。地域社会の多声性(polyphony)への目配りが重要になってくる。

地域の視点、生活者の視点を、しかも多声性に目配りしながら掘り起こすにはどうすればよいだろうか。

第4章で寺林暁良・竹内健悟は、社会調査がつなぎ役として生きたと論じた。対面による社会調査が、地域の人びとが外からの環境保全について理解をするきっかけとなった。地域の人びとは、その理解をもとに、自分たちの主張を「自然を守るために」とかこつけ、ずらすことができた。

地域の多声性を浮かび上がらせるためには、細かな声を拾ってくる、ということが大事になってくる。第9章で松村正治も、「当事者たちの小さな声に耳を傾ける」ことを提唱している。それはきちんとした質的調査でもよいだろうし、ワークショップでもよいが、そこまでちゃんとしなくても、たえず耳を傾け、それを無視しない、ということくらいでもよいかもしれない。

清水万由子は第10章で、石垣島において、WWFサンゴ礁保護研究センターが触媒になって社会的学習(social learning)の場ができていると論じているが、そうした場も、声を聞き、多声性を反映させるしくみである。

自分がもっているフレームを脱するのはなかなか難しい。耳を傾けても、その声から勝手に自分に都合のよいものを選択したり、意図的に解釈しがちだが、それでは元も子もない。とはいえ、解釈なしに耳を傾けるというのは原理的に不可能だから、実は耳を傾けるということは簡単ではない。私たちフィールドワーク系の社会科学者が担うべき一つはそこにあるが、しかし、これは研究者が特権的に担うべきものでもない。そもそもは誰でもできる営みのはずだ。そのためのシンプルで効果的な質的調査(市民調査)やワークショップの開発については、今後の課題の一つだろう。

4 順応的なガバナンスのあり方

一方、いくら耳を傾けてズレを認識しても、そこから「ずらし」ができるしくみでないと、ズレは拡大してしまう。柔軟にずらすことのできるしくみが必要になってくる。

第5章で山本信次・塚佳織は、青森県種差海岸の景観を保全するにあたって、折り重なるいくつもの制度から「名勝」という使いやすい制度が選択的に利用されたこと、さらに、多岐にわたるステークホルダーのなかから、互いに親交のある複数のキーパーソンがうまくガバナンスの中核を担っているさまを描いている。

第11章で佐藤哲は、有明海の干潟の事例(佐賀県鹿島市)を取り上げ、そこでは地域組織をゆるやかにつなぐ柔軟なネットワークがあったからこそ、外部の視点を柔軟に取り入れ、また、グローバルな価値とローカルな価値とをうまく相互作用させながら、環境保全と地域づくりの取り組みを進めることができたと論じている。

「制度を一本化しよう」とか「責任の所在をはっきりさせよう」といった一般論はよく語られる。しかしそうした一般論とは裏腹に、現場では複数の制度を選択的に利用したり、責任の所在がはっきりしないことを逆に利用したりしていることがよくある。それが実は重要なしくみになっていることは、本書の各章でも描かれている。

しくみは柔軟な方がよい。ズレを認識し、ずらしていくためには、硬直的なしくみは往々にして障害になる。そこが、本書で繰り返し議論されている順応的ガバナンスの要点である。

あらためて定義すると、順応的ガバナンスとは、環境保全や自然資源管理のための社会的しくみ、制度、価値を、その地域ごと、その時代ごとに順応的に変化させながら、試行錯誤していく協働のガバナンスのあり方である。順応的ガバナンスは環境保全や自然資源管理にかかわる協働のガバナンスの一形態であるが、その柔軟性に焦点を当てたガバナンスの形態である。その柔軟性が社会の強靱さ（レジリアンス）を生む。

では、その柔軟さとは具体的に何にかかわる柔軟さだろうか。これも本書の各章でさまざまな事例が描かれているが、以下の三点にまとめられるだろう。

第一に、視点や価値の柔軟さである。何を大事と考えるのか、何を目標としているのか、といった視点や価値にかかわる部分を、固定化させないで、変化してもよい、というふうにしておくこと。

第二に、計画が柔軟であること。プランを立てるとしても、そのプランは硬直的なものではなく、状況に応じて変化させてもよい、ということを最初から織り込んでおく。もっと言えば、最初から明確な目標と道筋を決めるのではなく、状況に応じて柔軟に目標やプロセスを変化させていくことが大事になってくる。

第三に、担い手の柔軟性、つまり担い手が固定されないこと。どこが中心に担っていくのか、誰が中心的な担い手か、ということを状況に応じて柔軟に変化させていく。最初の推進力はこの人たちだったが、次には別のこのグループが中心を担う、といったことが大事であり、そのダイナミズムを保証しておくことが必要である。

実のところ、多くの地域社会にとって大事な課題は、地域社会そのものの持続性である。社会の持続性ということを考えた場合、このような柔軟性こそが、持続的に動き続けること、つまりは持続的に生活し続けることの要件になる。順応的ガバナンスの肝もそこにある。

地域の持続性のため、地域に根ざした環境保全のためには、まずはズレが多様に存在することを認識する。そして、それをずらしていく。また、そうした「ずらし」を可能にする柔軟なしくみを確保しておく。私たちが現場から考え、本書で提起した順応的ガバナンスのあり方とは、そうしたものであった。

編者あとがき

この本は、地域の環境保全や自然資源管理について環境社会学的な視点から行ってきた研究のなかに位置する本である。私たちは、そうした研究の成果をこれまで、『コモンズの社会学——森・川・海の資源共同管理を考える』(井上真・宮内泰介編、新曜社、二〇〇一年)、『コモンズをささえるしくみ——レジティマシーの環境社会学』(宮内編、新曜社、二〇〇六年)、『半栽培の環境社会学——これからの人と自然』(宮内編、昭和堂、二〇〇九年)と出してきたが、その次にあたるものとしてこの本を作った。四年間にわたる共同研究の成果でもある。

環境保全や自然資源管理をめぐる問題を考えるとき、最初の根本的な問題は「誰がそれを担うのか」という問題だと考えた私たちは、『コモンズの社会学』で、地域の自然環境は地域の人間でルールを作って共同で利用・管理するのが最もよい、というコモンズのモデルを打ち出した。しかし、コモンズの担い手もその価値も常に変動しているのが現実であり、静的なコモンズのモデルだけでは議論が足りないと考えた私たちは、続く『コモンズをささえるしくみ』で、誰がどんな価値のもとに、あるいはどんなしくみのもとに、かかわり、管理していくかという問題、さらにはそのことについての社会的認知・承認がどうなされるかという、レジティマシー（正当性／正統性）の問題を扱った。さらに『半栽培の環境社会学』では、そもそもどんな自然が望ましいのかという問題をあえて社会科学の観点から扱い、人間と自然との多様な相互作用が大事であること、そしてその相互作用と社会のしくみとの間に密接な関係があることを議論した（「半栽培」とは、民族植物学者の中尾佐助が野生から栽培に至る中途の状態を指すものとして作った歴史的概念だが、私たちはそれを野生でも栽培でもない人間と自然との多様な相互作用を表す共時的概念として使った）。

コモンズ概念から出発した議論を、一方で担い手や価値の問題についてレジティマシー概念を使って深め、一方で自然のあり方の問題を半栽培概念を使って深めた私たちは、もう一度それらを統合し、誰が何をどんなしくみで守ればよいのか、というガバナンスそのものの問題を再検討しようと考えた。

私たち執筆者の多くは「現場屋」である。現場からものを考える、という学問的な経験を積んできた私たちは、何かすっきりしたガバナンスのモデルがあるという考え方に最初から懐疑的だった。むしろ、現場で起きているさまざまな葛藤や試行錯誤からものを考えようとしていた。

そうしたとき、野生生物管理や保全生態学の分野ですでに一定程度確立していた「順応的管理」の概念がヒントになると私たちは考えた。「順応的（adaptive）」という言葉に、現場のダイナミズムや試行錯誤をすくい上げる可能性があると感じたからだ。しかし一方、この「順応的管理」概念がさまざまな社会的側面を十分に拾いきれないことにも不満があった。そこで別のフレームワークを考えていたところ、自然資源管理にかかわる社会科学の国際的な議論のなかで使われ始めていた「順応的ガバナンス（adaptive governance）」の概念に行き当たった。私たちが日本で議論してきたことにかなり近いことが「順応的ガバナンス」という言葉のもとで議論されていることを知り、この概念を使って議論してみようと考えた。

四年間にわたる共同研究では、現場からの詳細な報告を軸に、共通の問題は何か、どういうガバナンスが望ましいか、について議論を繰り返した。事例をただ紹介するのでもなく、また、ただ理論をもてあそぶのでもなく、事例を十分に踏まえながら実践的な理論枠組みを作ることを心がけた。実際、現場からの報告のなかにたくさんのヒントが隠されていた。「順応的ガバナンス」のフレームワークは、そうした議論のなかで比較的うまく適合し、またその概念をさらに豊饒化させることができたと思う。

なお、「adaptive governance」の日本語訳として、そのまま「アダプティブ・ガバナンス」とするか「順応的ガバナンス」とするか、少し迷うところもあったが、なるべく日本語を使った方がよいだろうこと、「adaptive management」の訳として「順応的管理」が定着していることなどを勘案し、本書では「順応的ガバナンス」とした。

現在、さまざまなバックグラウンド（生態学、地球科学、工学、地質学、地理学、考古学、経済学、社会学、法学、心理学など）をもつ環境研究が国内外で活況を呈しており、お互いの交流も進みつつある。そのなかで、主に環境社会学に立脚している私たちの役割は、フィールドワークをもとに、現場のさまざまな人の動き、人びとの声、社会の細かなしくみをボトムアップで浮かび上がらせ、そこから環境研究や環境保全に資することだと私は考えている。

その役割は実は案外大きい、と私は考える。環境にかかわる政策、地域社会にかかわる政策は、理念先行ではかならず行きづまるはずだし、そもそもトップダウンの理念そのものが危うい。生物多様性や持続可能性といった理念と、さまざまなものが埋め込まれた現場とを、双方向的につなぎ、現場の「声」を軸にしながらもう一度理念を組み立て、政策をつみあげていく。そこにこれからの環境政策のあり方がある。

そうした意図のもとに企画されたのが本書だが、その強力な援軍は新泉社の安喜健人さんだった。安喜さんを私たちとつないでくれたのは、この共同研究のメンバーでもあった赤嶺淳さん(名古屋市立大学)だった。安喜さんは私たちの研究会にも足繁く参加し、さらに編者の私や各執筆者と綿密なやりとりを繰り返してくれた。安喜さんとの真剣なやりとりによって、私たち自身も、私たちが伝えたいことをより明確にさせることができたように思う。

なお、この研究は科学研究費補助金基盤研究(A)「アダプティブ・ガバナンスと市民調査に関する環境社会学的研究」(二〇〇八〜二〇一一年度)によって支えられた。また、出版にさいしては、北海道大学大学院文学研究科出版助成を受けた。記して感謝します。

二〇一三年一月

宮内泰介

編 者・執 筆 者 紹 介

【編者】

宮内泰介（みやうちたいすけ）

1961年生まれ.

東京大学大学院社会学研究科博士課程単位取得退学. 博士（社会学）.

北海道大学大学院文学研究院教授.

専門は環境社会学, 地域社会学.

主要著作：『歩く, 見る, 聞く　人びとの自然再生』（岩波新書, 2017年）, 『どうすれば環境保全はうまくいくのか——現場から考える「順応的ガバナンス」の進め方』（編著, 新泉社, 2017年）, 『かつお節と日本人』（藤林泰と共著, 岩波新書, 2013年）, 『グループディスカッションで学ぶ社会学トレーニング』（三省堂, 2013年）, 『開発と生活戦略の民族誌——ソロモン諸島アノケロ村の自然・移住・紛争』（新曜社, 2011年）, 『半栽培の環境社会学——これからの人と自然』（編著, 昭和堂, 2009年）, 『コモンズをささえるしくみ——レジティマシーの環境社会学』（編著, 新曜社, 2006年）, 『コモンズの社会学——森・川・海の資源共同管理を考える』（井上真と共編著, 新曜社, 2001年）.

【執筆者】

富田涼都（とみたりょうと）＊第1章
静岡大学農学部准教授．専門は環境社会学，環境倫理学，科学技術社会論．
主要業績：『自然再生の環境倫理――復元から再生へ』（昭和堂，2014年），「自然環境に対する協働における「一時的な同意」の可能性――アザメの瀬自然再生事業を例に」（『環境社会学研究』16，2010年）．

鈴木克哉（すずきかつや）＊第2章
特定非営利活動法人里地里山問題研究所代表理事．
専門は野生動物の被害管理，野生動物と共生可能な地域づくり．
主要業績：「野生動物との軋轢はどのように解消できるか?――地域住民の被害認識と獣害の問題化プロセス」（『環境社会学研究』14，2008年），「半栽培と獣害管理――人と野生動物の多様なかかわりにむけて」（宮内泰介編『半栽培の環境社会学――これからの人と自然』昭和堂，2009年）．

二宮咲子（にのみやさきこ）＊第3章
関東学院大学人間共生学部共生デザイン学科准教授．専門は環境学，自然共生社会論．
主要業績：「生態系保全を理念とする法的規制と住民の反応――釧路湿原のウチダザリガニをめぐる環境問題を事例として」（『環境社会学研究』15，2009年），「ローカルな「問題化の過程」と「外来種問題」――地域特性と歴史的文脈を踏まえた政策的取り組み」（西川潮・宮下直編『外来生物――生物多様性と人間社会への影響』裳華房，2011年）．

寺林暁良（てらばやしあきら）＊第4章
北星学園大学文学部専任講師．専門は環境社会学，地域社会学，地域金融論．
主要業績：「「自然」を受け入れる地域社会――岩木川下流部河川敷を事例として」（『北海道大学大学院文学研究科研究論集』10，2010年），「生態系保全における社会的諸条件への考慮のあり方――岩木川下流部のヨシ原を事例とした環境史による提言」（『保全生態学研究』13(2)，2008年）．

竹内健悟（たけうちけんご）＊第4章
青森大学SDGs研究センター客員研究員．専門は保全生態学，環境社会学．
主要業績『アメリカ自然史紀行』（無明舎出版，1995年），『里の自然学――津軽の人と自然と』（弘前大学出版会，2012年）．

山本信次（やまもとしんじ）＊第5章
岩手大学農学部教授．専門は森林政策学，自然資源管理論．
主要業績：「森林ボランティア活動に見る環境ガバナンス――都市と農山村を結ぶ「新しいコモンズ」としての「森林」」（室田武編『グローバル時代のローカル・コモンズ』ミネルヴァ書房，2009年），『森林ボランティア論』（編著，日本林業調査会，2003年）．

塚 佳織（つかかおり）＊第5章
住友林業緑化株式会社勤務．専門は森林政策学，自然資源管理論．
主要業績：「祭礼行事のソーシャル・キャピタルへの影響――岩手県陸前高田市気仙町けんか七夕を事例に」（『農村計画学会誌』28（論文特集号），2009年）．

関 礼子（せきれいこ）＊第6章
立教大学社会学部教授．専門は環境社会学，地域環境論．
主要業績：『環境の社会学』（中澤秀雄・丸山康司・田中求と共著，有斐閣，2009年），「開発の海に集散する人びと――平安座における漁業の位相とマイナーサブシステンスの展開」（松井健編『沖縄列島――シマの自然と伝統のゆくえ』東京大学出版会，2004年）．

福永真弓（ふくながまゆみ）＊第7章
東京大学大学院新領域創成科学研究科准教授．専門は環境社会学，環境倫理学．
主要業績：『サケをつくる人びと――水産増殖と資源再生』（東京大学出版会，2019年），『未来の環境倫理学』（吉永明弘と共編著，勁草書房，2018年）

菊地直樹（きくちなおき）＊第8章
金沢大学人間社会研究域附属地域政策研究センター准教授．
専門は環境社会学，野生復帰論．
主要業績：『蘇るコウノトリ――野生復帰から地域再生へ』（東京大学出版会，2006年），「コウノトリの野生復帰における「野生」」（『環境社会学研究』14，2008年）．

松村正治（まつむらまさはる）＊第9章
恵泉女学園大学研究員．専門は環境社会学，公共社会学．
主要業績：「里山保全のための市民参加」（木平勇吉編『みどりの市民参加――森と社会の未来をひらく』日本林業調査会，2010年），「里山ボランティアにかかわる生態学的ポリ

ティクスへの抗い方――身近な環境調査による市民デザインの可能性」(『環境社会学研究』13, 2007年).

清水万由子(しみずまゆこ) ＊第10章
龍谷大学政策学部准教授. 専門は地域環境学.
主要業績:「持続可能な地域発展の分析枠組み――兵庫県豊岡市コウノトリと共生する地域づくりの事例から」(『環境社会学研究』18, 2012年).

佐藤 哲(さとうてつ) ＊第11章
愛媛大学社会共創学部教授, 総合地球環境学研究所名誉教授.
専門は地域環境学, 持続可能性科学.
主要業績:『フィールドサイエンティスト――地域環境学という発想』(東京大学出版会, 2016年), 『地域環境学――トランスディシプリナリー・サイエンスへの挑戦』(菊地直樹と共編著, 東京大学出版会, 2017年).

丸山康司(まるやまやすし) ＊第12章
名古屋大学大学院環境学研究科教授. 専門は環境社会学.
主要業績:『サルと人間の環境問題――ニホンザルをめぐる自然保護と獣害のはざまから』(昭和堂, 2006年), 『環境の社会学』(関礼子・中澤秀雄・田中求と共著, 有斐閣, 2009年).

文献一覧

序章

菊地直樹［2006］『蘇るコウノトリ——野生復帰から地域再生へ』東京大学出版会.

篠藤明徳［2010］「プラーヌンクスツェレと市民討議会」,『計画行政』33(3): 9–14.

曽根泰教［2011］「態度変化がある討論型世論調査　神奈川県藤沢市からの報告」,『ジャーナリズム』248: 36–43.

鷲谷いずみ編［2007］『コウノトリの贈り物——生物多様性農業と自然共生社会をデザインする』地人書館.

Allen, C. R. and C. Holling [2010] "Novelty, Adaptive Capacity, and Resilience," *Ecology and Society*, 15(3): 24.

Brunner, Ronald D. and Toddi A. Steelman [2005] "Beyond Scientific Management," [Brunner et al. eds. 2005 : 1–46].

Brunner, Ronald D., Toddi A. Steelman, Lindy Coe-Juell, Christina M. Crowley, Christine M. Edwards and Donna W. Tucker eds. [2005] *Adaptive Governance: Integrating Science, Policy, and Decision Making*, New York: Columbia University Press.

Folke, Carl, Steve Carpenter et al. [2002] "Resilience and Sustainable Development: Building Adaptive Capacity in a World of Transformations," *Ambio*, 31(5): 437–440.

Folke, Carl, Thomas Hahn, Per Olsson and Jon Norberg [2005] "Adaptive Governance of Social-Ecological Systems," *Annual Review of Environment and Resources*, 30: 441–473.

Gunderson, Lance and Stephen S. Light [2006] "Adaptive Management and Adaptive Governance in the Everglades Ecosystem," *Policy Sci*, 39: 323–334.

Lebel, Louis, John M. Anderies, Bruce Campbell, Carl Folke, Steve Hatfield-Dodds, Terry P. Hughes and James Wilson [2006] "Governance and the Capacity to Manage Resilience in Regional Social-Ecological Systems," *Ecology and Society*, 11(1): 19.

Millennium Ecosystem Assessment [2005] *Ecosystems and Human Well-being: Synthesis*, Washington D.C.: Island Press.（＝2007, 横浜国立大学21世紀COE翻訳委員会監訳『生態系サービスと人類の将来——国連ミレニアム　エコシステム評価』オーム社.）

Olsson, Per, Carl Folke and Fikret Berkes [2004] "Adaptive Co-management for Building

Resilience in Social-Ecological Systems," *Environmental Management*, 34(1): 75–90.
Olsson, Per, Carl Folke and Thomas Hahn [2004] "Social-Ecological Transformation for Ecosystem Management: the Development of Adaptive Co-management of a Wetland Landscape in Southern Sweden," *Ecology and Society*, 9(4): 2.
Olsson, Per, Carl Folke, Victor Galaz, Thomas Hahn and Lisen Schultz [2007] "Enhancing the Fit through Adaptive Co-management: Creating and Maintaining Bridging Functions for Matching Scales in the Kristianstads Vattenrike Biosphere Reserve, Sweden," *Ecology and Society*, 12(1): 28.
Olsson, Per, Lance H. Gunderson, Steve R. Carpenter, Paul Ryan, Louis Lebel, Carl Folke and C. S. Holling [2006] "Shooting the Rapids Navigating Transitions to Adaptive Governance of Social-Ecological Systems," *Ecology and Society*, 11(1): 18.
TEEB [2010] *The Economics of Ecosystems and Biodiversity: Mainstreaming the Economics of Nature: A synthesis of the approach, conclusions and recommendations of TEEB.*（邦訳：http://www.iges.or.jp/jp/news/topic/1103teeb.html）
Young, Kenneth R. and Jennifer K. Lipton [2006] "Adaptive Governance and Climate Change in the Tropical Highlands of Western South America," *Climatic Change*, 78: 63–102.

第1章

淺野敏久［2008］『宍道湖・中海と霞ヶ浦――環境運動の地理学』古今書院.
足立重和［2001］「公共事業をめぐる対話のメカニズム――長良川河口堰問題を事例として」，舩橋晴俊編『加害・被害と解決過程』講座環境社会学2，有斐閣，145–176頁.
霞ヶ浦河川事務所［2007］『霞ヶ浦湖岸植生帯の緊急保全対策評価検討会　中間評価』.
霞ヶ浦研究会［2002］『シンポジウム　霞ヶ浦の自然再生を考える――湖岸帯の植生と修復　要旨集』.
河川環境管理財団［2001］『第4回　霞ヶ浦の湖岸植生帯の保全に係る検討会資料』.
勝川俊雄［2007］「水産資源の順応的管理に関する研究」，『日本水産学会誌』73(4): 656–659.
佐藤常雄・徳永光俊・江藤彰彦編［1997］「川除仕様帳」，『日本農書全集』65，農山漁村文化協会.
富田涼都［2008］「順応的管理の課題と「問題」のフレーミング――霞ヶ浦の自然再生事業を事例として」，『科学技術社会論研究』5: 110–120.

――――［2010］「自然環境に対する協働における「一時的な同意」の可能性――アザメの瀬自然再生事業を例に」,『環境社会学研究』16: 79–92.
戸谷英雄・山内豊［2008］「霞ヶ浦湖岸植生保全対策のモニタリング・評価と順応的管理」,『河川環境総合研究所報告』14: 81–95.
鳥越皓之［2010］「霞ヶ浦の湖畔の環境意識」, 鳥越皓之編『霞ヶ浦の環境と水辺の暮らし』早稲田大学出版部, 219–232頁.
長谷川公一［2003］『環境運動と新しい公共圏――環境社会学のパースペクティブ』有斐閣.
原科幸彦［2005］「公共計画における参加の課題」, 原科幸彦編『市民参加と合意形成――都市と環境の計画づくり』学芸出版社, 11–40頁.
舩橋晴俊［1998］「現代の市民的公共圏と行政組織――自存化傾向の諸弊害とその克服」, 青井和夫・高橋徹・庄司興吉編『現代市民社会とアイデンティティ』梓出版社, 134–159頁.
松田裕之［2001］「生態系管理――システム・リスク・合意形成の科学」,『数理科学』462: 79–83.
村田由美［2000］「霞ヶ浦沿岸のレンコン生産に関する文化生態学的一考察」,『目白大学人文学部紀要　地域文化篇』6: 63–74.
鷲谷いづみ［1998］「生態系管理における順応的管理」,『保全生態学研究』3: 145–166.
鷲谷いづみ・草刈秀紀編［2003］『自然再生事業――生物多様性の回復をめざして』築地書館.
Walters, Carl J. and Ray Hilborn［1976］"Adaptive Control of Fishing Systems," *Journal of the Fisheries Research Board of Canada*, 33(1): 145–159.

第2章

井上雅央［2002］『山の畑をサルから守る――おもしろ生態とかしこい防ぎ方』農山漁村文化協会.
上田栄一［2003］「家畜放牧ゾーニングによる獣害回避対策」, 高橋春成編『滋賀の獣たち――人との共存を考える』サンライズ出版, 132–157頁.
坂田宏志［2010］「被害防除の取り組み」, 日本自然保護協会編『改訂　生態学からみた野生生物の保護と法律』講談社, 164–172頁.
鈴木克哉［2007］「下北半島の猿害問題における農家の複雑な被害認識とその可変性――多義的農業における獣害対策のジレンマ」,『環境社会学研究』13: 189–193.

―――［2008］「野生動物との軋轢はどのように解消できるか?――地域住民の被害認識と獣害の問題化プロセス」，『環境社会学研究』14: 55–68.
―――［2009］「半栽培と獣害管理――人と野生動物の多様なかかわりにむけて」，宮内泰介編『半栽培の環境社会学――これからの人と自然』昭和堂，201–226頁.
花井正光［2008］「近世史料にみる獣害とその対策の歴史――獣類との共存をめざす新たなるパラダイムへの観点」，河合雅雄・埴原和郎編『新装版　動物と文明』朝倉書店，52–65頁.
丸山康司［2003］「多元的自然と普遍的言説空間――ニホンザル問題における《科学に問わざるを得ない問題》」，『科学技術論研究』2: 68–78.
三戸幸久［2008］「ニホンザルの分布変遷にみる日本人の動物観の変転」，河合雅雄・埴原和郎編『新装版　動物と文明』朝倉書店，89–105頁.
三戸幸久・渡邊邦夫［1999］『人とサルの社会史』東海大学出版会.
室山泰之［2003］『里のサルとつきあうには――野生動物の被害管理』京都大学出版会.
室山泰之・鈴木克哉［2007］「ヒトとサルの生活空間と境界のうつりかわり」，京都大学霊長類研究所編『霊長類進化の科学』京都大学出版会，114–127頁.
山中成元・上田栄一・藤井吉隆［2008］「放牧ゾーニングによるイノシシの農作物被害防止効果と多面的効果」，『滋賀県農業技術振興センター研究報告』47: 51–60.
山端直人［2011］「獣害対策の進展が農家の農地管理意識に及ぼす効果――三重県における集落の調査事例」，『農村計画学会誌』第29巻論文特集号：245–250.

第3章

環境省自然環境局・自然環境共生技術協会編［2004］『自然再生――釧路から始まる』ぎょうせい.
タンチョウコミュニティ編［2008］『たんこみ通信』2.
鶴居村史編さん委員会編［1987］『鶴居村史』鶴居村.
二宮咲子［2011］「ローカルな「問題化の過程」と「外来種問題」――地域特性と歴史的文脈を踏まえた政策的取り組み」，西川潮・宮下直編『外来生物――生物多様性と人間社会への影響』裳華房，207–226頁.
Wilson, Edward O.［1992］*The Diversity of Life*, Cambridge: Harvard University Press.（＝2004，大貫昌子・牧野俊一訳『生命の多様性』上・下，岩波現代文庫.）

第4章

河川生態学術研究会岩木川研究グループ［2012］『岩木川の総合研究』.

川本彰［1983］『むらの領域と農業』家の光協会.
環境省編［2010］『生物多様性国家戦略2010』.
佐藤哲［2008］「環境アイコンとしての野生生物と地域社会——アイコン化のプロセスと生態系サービスに関する科学の役割」,『環境社会学研究』14: 70–85.
竹内健悟［2004］「岩木川下流部のオオセッカ繁殖地——その成立と保全への課題」,『環境社会学研究』10: 161–169.
竹内健悟・東信行［2005］「岩木川下流部におけるオオセッカ繁殖場所選択」,『野生生物保護』9: 59–68.
竹内健悟・寺林暁良［2010］「多様な価値・目的が生み出す環境管理の正当性——岩木川下流部ヨシ原における火入れ実施の課題と3事例の比較」,『環境社会学研究』16: 169–178.
寺林暁良［2008］「生態系保全における社会的諸条件への考慮のあり方——岩木川下流部のヨシ原を事例とした環境史による提言」,『保全生態学研究』13(2): 169–177.
日本野鳥の会弘前支部［2000］『初列風切』101.
宮内泰介［2009］「半栽培の多様性と社会の多様性——順応的な管理へ」, 宮内泰介編『半栽培の環境社会学——これからの人と自然』昭和堂, 118–131頁.
吉村真・坂之井和之・内藤正彦［2011］「岩木川下流域の河川管理に関する研究」,『リバーフロント研究所報告』22: 11–18.

第5章

加藤峰夫［2008］『国立公園の法と制度』古今書院.
司馬遼太郎［1978］『陸奥のみち　ほか』街道をゆく3, 朝日文庫.
橋本善太郎［1997］「わが国の都道府県立自然公園制度の評価に関する研究」,『東京大学農学部演習林報告』98: 25–97.
八戸市［2008］『名勝種差海岸保存管理計画運用指針』.
八戸市史編纂委員会編［2008］『新編　八戸市史　近現代資料編2』八戸市.
八戸市民新聞社［2010］『月刊ふぁみりぃ』5月.
宮内泰介［2009］「「半栽培」から考えるこれからの環境保全——自然と社会の相互作用」, 宮内泰介編『半栽培の環境社会学——これからの人と自然』昭和堂, 1–20頁.
渡部高明［2001］「八戸・種差海岸の環境保全と観光資源——ナショナル・トラストとエコ・ツーリズムの視点から」,『八戸工業大学紀要』21: 241–249.

第6章

関東森林管理局［2007］『第3次地域管理経営計画書（会津森林計画区）　計画期間 自平成19年4月1日　至平成24年3月31日』.

十返舎一九，麻生磯次校註［1973］『東海道中膝栗毛』上，岩波書店.

関礼子［2012］「観光の環境誌1——まなざされる国の生成」，『応用社会学研究』54: 15–41，立教大学社会学部.

野本寛一［2008］『生態と民俗——人と動植物の相渉譜』講談社学術文庫.

檜枝岐村［1970］『檜枝岐村史』檜枝岐村.

檜枝岐村民俗誌編さん委員会監修，関礼子編［2012］『檜枝岐の山椒魚漁』檜枝岐村文化財調査報告書1，檜枝岐村民俗誌編さん委員会.

星和美編［1989］『奥会津桧枝岐方言集』（私家本）.

松井健［2004］「マイナー・サブシステンスと日常生活」，大塚柳太郎・篠原徹・松井健『生活世界からみる新たな人間—環境系』東京大学出版会，61–84頁.

山口弥一郎［1963］「奥会津」，宮本常一編『秘境』有紀書房，59–65頁.

Hobsbawm, Eric and Terence Ranger eds.［1983］*The Invention of Tradition*, Cambridge: Cambridge University Press.（＝1992，前川啓治・梶原景昭ほか訳『創られた伝統』紀伊國屋書店.）

Urry, John［1990］*The Tourist Gaze: Leisure and Travel in Contemporary Societies*, London: Sage Publications.（＝1995，加太宏邦訳『観光のまなざし——現代社会におけるレジャーと旅行』法政大学出版局.）

第7章

石山徳子［2004］『米国先住民族と核廃棄物——環境正義をめぐる闘争』明石書店.

佐藤哲［2009］「半栽培と生態系サービス——私たちは自然から何を得ているか」，宮内泰介編『半栽培の環境社会学——これからの人と自然』昭和堂，22–44頁.

Anderson, M. C.［2005］*Tending the Wild: Native American Knowledge and the Management of California's Natural Resources*, Berkeley: University of California Press.

Berkes, F.［1999］*Sacred Ecology, Traditional Ecological Knowledge and Resource Management*, Philadelphia and London: Taylor and Francis.

Berkes, F., J. Colding and C. Folke［2000］"Rediscovery of Traditional Knowledge as Adaptive Management," *Ecological Appplications*, 10(5): 1251–1262.

California Department of Fish and Game［2004］*September 2002 Klamath River Fish-Kill: Final Analysis of Contributing Factors and Impacts.*

Hobson, G. [1992] "Traditional knowledge is science," *Northern Perspectives*, 20(1): 2.
Most, S. [2006] *River of Renewal: Myth and History in the Klamath Basin*, Portland: Oregon Historical Society Press, in association with University of Washington Press, Seattle and London.
Norgaard, M. K., R. Reed and C. V. Horn [2011] "A Continuing Legacy: Institutional Racism, Hunger and Nutritional Justice on Klamath," A. H. Alkon and J. Agyeman eds., *Cultivating Food Justice: Race, Class and Sustainability*, Cambridge and London: MIT Press.
Petersen, R. S. [2007] *The Role of Traditional Ecological Knowledge in Understanding a Species and River System at Risk: Pacific Lamprey in the Lower Klamath Basin*, Master of Arts Thesis, Oregon State University.
Western, D. and R. Wright [1994] "The Background to Community-based Conservation," D. Western, R. M. Wright and S. C. Strum eds., *Natural Connections: Perspectives in Community-Based Conservation*, Washington D.C.: Island Press, 1–14.

第8章

池田啓 [2000]「コウノトリの野生復帰をめざして——地域の人々と研究者が取り組む新しい科学」,『科学』70(7): 569–578.
石原広恵 [2010]「コモンズと生業形態の関係性が共同体の紐帯に及ぼす影響——豊岡市・田結地区の事例から」, 豊岡市ウェブサイト(http://www.city.toyooka.lg.jp/www/contents/1214890421676/html/common/other/4f7519ef020.pdf) [最終アクセス日：2012年10月5日].
——— [2011]「コモンズ再生の現場から——豊岡市・田結地区における住民の意識調査より」, 豊岡市ウェブサイト(http://www.city.toyooka.lg.jp/www/contents/1214890421676/html/common/other/4f7519ef014.pdf) [最終アクセス日：2012年10月5日].
井上真 [2004]『コモンズの思想を求めて——カリマンタンの森で考える』岩波書店.
大沼あゆみ・山本雅資 [2009]「兵庫県豊岡市におけるコウノトリ野生復帰をめぐる経済分析——コウノトリ育む農法の経済的背景とコウノトリの野生復帰がもたらす地域経済への効果」,『三田学会雑誌』102(2): 3–23.
菊地直樹 [2006]『蘇るコウノトリ——野生復帰から地域再生へ』東京大学出版会.
——— [2008]「コウノトリの野生復帰における「野生」」,『環境社会学研究』14: 86–99.

――――［2011］「コウノトリ・ツーリズム」，敷田麻実・森重昌之編『地域資源を守って生かすエコツーリズム――人と自然の共生システム』講談社，152–163頁.
――――［2012］「野生復帰によるコウノトリの観光資源化とその課題」，『湿地研究』2: 3–14.
菊地直樹・池田啓［2006］『但馬のこうのとり』但馬文化協会.
桑子敏雄［2008］「トキを語る移動談議所の試み――風土のなかの生き物」，『ビオストーリー』10: 18–23.
――――［2009］「制御から管理へ――包括的ウェルネスの思想」，鬼頭秀一・福永真弓編『環境倫理学』東京大学出版会，255–277頁.
コウノトリ湿地ネット［2010］『2009年 .豊岡市 湿地再生白書』.
鳥越皓之［1997］「コモンズの利用権を享受する者」，『環境社会学研究』3: 5–13.
兵庫県立コウノトリの郷公園［2011］『コウノトリ野生復帰グランドデザイン』.
家中茂［2000］「石垣島白保のイノー――新石垣空港建設計画をめぐって」，井上真・宮内泰介編『コモンズの社会学――森・川・海の資源共同管理を考える』新曜社，120–141頁.

第9章

青柳みどり・山根正伸［1992］「都市近郊における使用貸借型の林地保全施策の事例について」，『造園雑誌』55(5): 343–348.
浅羽良和［2003］『里山公園と「市民の森」づくりの物語――よこはま舞岡公園と新治での実践』はる書房.
内山翼［2010］「横浜市における「保全管理計画」を通じた市民協働型の森づくり」，『ランドスケープ研究』74(2): 98–101.
奥敬一［2010］「現代の里山をめぐる背景の変化」，『ランドスケープ研究』74(2): 82–85.
小沢恵一［1971］「都市化地域と自然保護――横浜市の場合」，『ジュリスト』492: 208–214.
小田嶋鉄朗［2010］「横浜市水と緑の基本計画と生物多様性の取組」，『新都市』64(9): 37–40.
川口弘［1972］「横浜市における「緑」の保全施策」，『新都市』26(3): 10–14.
関東弁護士会連合会編［2005］『里山保全の法制度・政策――循環型の社会システムをめざして』創森社.
澤田忍［2009］「横浜市「新治里山公園」」，『ランドスケープデザイン』68: 8–17.
十文字修［1999］「舞岡公園での市民による管理運営をめぐって――行政的「公共性」を

超えて」，『社会運動』226: 2–13.
田並静［2003］「横浜市の緑地保全事業——新治市民の森の愛護会づくり」，『ランドスケープ研究』63(4): 312–314.
内藤恒平［2010］「横浜市における生物多様性保全——横浜みどりアップ計画と市民協働による樹林地再生の取り組み」，『グリーン・エージ』37(10): 20–23.
中野敏男［2001］『大塚久雄と丸山眞男——動員，主体，戦争責任』青土社.
仁平典宏［2011］『「ボランティア」の誕生と終焉——〈贈与のパラドックス〉の知識社会学』名古屋大学出版会.
日本自然保護協会編［1985］『自然保護NGO半世紀のあゆみ——日本自然保護協会50年誌　上　1951～1982』平凡社.
古川彰［2005］「環境化と流域社会の変容——愛知県矢作川の河川保全運動を事例に」，『林業経済研究』51(1): 39–49.
方田卓夫［1978］「緑の保全と創造」，『調査季報』59: 29–36，横浜市.
松村正治［2007］「里山ボランティアにかかわる生態学的ポリティクスへの抗い方——身近な環境調査による市民デザインの可能性」，『環境社会学研究』13: 143–157.
————［2010］「里山保全のための市民参加」，木平勇吉編『みどりの市民参加——森と社会の未来をひらく』日本林業調査会，51–68頁.
松村正治・香坂玲［2010］「生物多様性・里山の研究動向から考える人間——自然系の環境社会学」，『環境社会学研究』16: 179–196.
緑区・自然を守る会［1992］『カタクリの咲く谷戸に——横浜・新治の自然誌』文一総合出版.
宮内泰介［2001］「環境自治のしくみづくり——正統性を組みなおす」，『環境社会学研究』7: 56–71.
村橋克彦［1994］「横浜市舞岡公園と市民運営」，『環境と公害』23(4): 46–47.
————［2001］「舞岡公園における市民運営の現段階」，『経済と貿易』183: 27–39.
横浜市環境創造局施設整備部公園緑地課［2009］「横浜市における公園緑地づくり——市民参加から市民協働への展開」，『公園緑地』70(3): 14–16.
横浜市環境創造局総合企画部環境政策課編［2007］『横浜市水と緑の基本計画』.
横浜市緑政局公園部運営改善課［2003］『旧奥津邸・活用検討会議　瓦版』1.
吉沢四郎［1986］「都市の再生と緑の保全——横浜「市民の森」を中心に」，『中央大学論集』7: 25–58.
Agrawal, A.［2005］*Environmentality: Technologies of Government and the Making of Subjects*, Durham and London: Duke University Press.

Darier, E. [1999] "Foucault and the Environment: An Introduction," E. Darier ed., *Discourses of the Environment*, Oxford: Blackwell, 1–33.

第10章

上村真仁 [2007]「石垣島白保「垣」再生——住民主体のサンゴ礁保全に向けて」,『地域研究』3: 175–188.

鬼頭秀一 [1998]「環境運動/環境理念研究における「よそ者」論の射程——諫早湾と奄美大島の「自然の権利」訴訟の事例を中心に」,『環境社会学研究』4: 44–59.

佐藤哲 [2009]「知恵から智慧へ——土着的知識と科学的知識をつなぐレジデント型研究機関」, 鬼頭秀一・福永真弓編『環境倫理学』東京大学出版会, 211–226頁.

多辺田政弘 [1990]『コモンズの経済学』学陽書房.

田和正孝編 [2007]『石干見』ものと人間の文化史135, 法政大学出版局.

野池元基 [1990]『サンゴの海に生きる』農山漁村文化協会.

家中茂 [1996]「新石垣空港建設計画における地元の同意」, 村落社会研究会編『村落社会研究』32: 211–237.

——— [2000]「石垣島白保のイノー——新石垣空港建設計画をめぐって」, 井上真・宮内泰介編『コモンズの社会学——森・川・海の資源共同管理を考える』新曜社, 120–141頁.

Granovetter, Mark [1985] "Economic Action and Social Structure: The Problem of Embeddedness," *American Journal of Sociology*, 91(3): 481–510.

Reed, Mark S. et al. [2010] "What is Social Learning?," *Ecology and Society*, 15(4): r1.

WWFサンゴ礁保護研究センター [2000–2012]「白保海域赤土堆積情報」, WWFジャパンウェブサイト(URL: http://www.wwf.or.jp/shiraho/lib/akatsuchi/index.html)[最終アクセス日:2012年10月5日].

——— [2007]「2007年8月8日　緊急レポート　白保サンゴ礁でサンゴが大量白化」, WWFジャパンウェブサイト(URL: http://www.wwf.or.jp/shiraho/topics/2007/sr20070807brcrep.html)[最終アクセス日:2012年10月5日].

——— [n.d.]「サンゴ礁の危機:サンゴの白化」, WWFジャパンウェブサイト(URL: http://www.wwf.or.jp/shiraho/nature/hakuka.html)[最終アクセス日:2012年10月5日].

第11章

伊藤史朗 [2004]「有明海における水産資源の現状と再生」,『有明水産振興センター研

究報告』22: 69–80.
小川さやか［2007］「批評：ドキュメンタリー映画「ダーウィンの悪夢」の舞台から」，『アフリカレポート』45: 44–48.
鹿島市［2009］「海の森植林事業について」，鹿島市ウェブサイト（http://www.city.kashima.saga.jp/kankyou/ku_uminomori.html）［最終アクセス日：2012年6月3日］.
鹿島市議会［2003］「鹿島市議会会議録　平成15年2月28日　1」，鹿島市ウェブサイト（http://www.city.kashima.saga.jp/gikai/kaigiroku/2003/03/20030228_kaikaibi.pdf）［最終アクセス日：2012年6月3日］.
環境省［2006］『有明海・八代海総合調査評価委員会報告書』，環境省ウェブサイト（http://www.env.go.jp/council/20ari-yatsu/rep061221/all.pdf）［最終アクセス日：2012年6月13日］.
佐賀大学有明海総合研究プロジェクト［2006］「鹿島市に佐賀大学の干潟環境教育サテライト「むつごろう館」オープン」，『佐賀大学有明海総合研究プロジェクトNEWS LETTER』3: 1.
佐藤哲［2008］「環境アイコンとしての野生生物と地域社会――アイコン化のプロセスと生態系サービスに関する科学の役割」，『環境社会学研究』14: 70–85.
――――［2009］「知恵から智慧へ――土着的知識と科学的知識をつなぐレジデント型研究機関」，鬼頭秀一・福永真弓編『環境倫理学』東京大学出版会，211–226頁.
清水万由子［2013］「まなびのコミュニティをつくる――石垣島白保のサンゴ礁保護研究センターの活動と地域社会」，本書第10章.
地域環境学ネットワーク［2011］「地域と科学者の協働のガイドライン」，地域環境学ネットワークウェブサイト（http://lsnes.org/guideline/）［最終アクセス日：2012年6月3日］.
堤裕昭・岡村絵美子・小川満代・高橋徹・山口一岩・門谷茂・小橋乃子・安達貴浩・小松利光［2003］「有明海奥部海域における近年の貧酸素水塊および赤潮発生と海洋構造の関係」，『海の研究』12: 291–305.
東梅貞義・佐藤哲・前川聡・花輪伸一［2002］「渡り鳥とその生息地保全に係わる国際的活動レベルと地域活動レベルの視点の共有について」，『ランドスケープ研究』66: 102–105.
フォーラム鹿島［2012］「ガタリンピックってなに?」，フォーラム鹿島・ガタリンピック実行委員会ウェブサイト（http://www2.saganet.ne.jp/gatalym/gatalympic/gatalympic.htm）［最終アクセス日：2012年6月3日］.
古田尚也［2011］「保護地域のガバナンスと〈地域性〉」，『国立公園』698: 25–28.
松田裕之［2007］「知床-世界自然遺産登録をめぐる人と自然の関係――漁業とシカ」，

公開講座『ユネスコ世界遺産をめざす地域社会の課題と展望』鎌倉女子大学二階堂学舎，横浜国立大学松田裕之ウェブサイト（http://risk.kan.ynu.ac.jp/matsuda/2007/071023KJ.pdf）.

IUCN［2008］“Shiretoko Natural World Heritage Site, Japan: Report of the reactive monitoring mission,” 北海道地方環境事務所ウェブサイト（http://hokkaido.env.go.jp/kushiro/nature/mat/m_1_1/report_e.pdf）［最終アクセス日：2012年6月3日］.

Makino, M., Matsuda H. and Sakurai Y.［2009］“Expanding Fisheries Co-management to Ecosystem-based Management: A case in the Shiretoko World Natural Heritage area, Japan,” *Marine Policy*, 33: 207–214.

Sato, T., N. Makimoto, D. Mwafulirwa and S. Mizoiri［2008］“Unforced control of fishing activities as a result of coexistence with underwater protected areas in Lake Malawi National Park, East Africa,” *Tropics*, 17: 335–342.

Shimizu, M. and T. Sato［*submitted*］“Functions of residential research institutions contributing to community-based ecosystem management: a case study of coral reef conservation in Shiraho, Japan,” *Sociologia Ruralis*.

The ICCA Consortium［2009］“Indigenous Peoples' and Community Conserved Areas and Territories (ICCAs): A bold frontier for conservation,” The ICCA Consortium website（http://www.iccaforum.org）［最終アクセス日：2012年6月10日］.

第12章

金子郁容［1998］『ボランタリー経済の誕生――自発する経済とコミュニティ』実業之日本社.

小林傳司［2007］『トランス・サイエンスの時代――科学技術と社会をつなぐ』NTT出版.

平川秀幸［2010］『科学は誰のものか――社会の側から問い直す』NHK出版.

桝潟俊子［2008］『有機農業運動と〈提携〉のネットワーク』新曜社.

Millennium Ecosystem Assessment［2005］*Ecosystems and Human Well-being: Synthesis*, Washington D.C.: Island Press.（＝2007, 横浜国立大学21世紀COE翻訳委員会監訳『生態系サービスと人類の将来――国連ミレニアム　エコシステム評価』オーム社.）

World Commission on Environment and Development［1988］*Our Common Future*, New York: Oxford University Press.

なぜ環境保全はうまくいかないのか
——現場から考える「順応的ガバナンス」の可能性

2013年3月10日　初版第1刷発行©
2021年1月31日　初版第3刷発行

編　者＝宮内泰介
発行所＝株式会社 新 泉 社
〒113-0034　東京都文京区湯島1−2−5　聖堂前ビル
TEL 03(5296)9620　FAX 03(5296)9621

印刷・製本　萩原印刷
ISBN978-4-7877-1301-8　C1036　Printed in Japan